“十三五”职业教育部委级规划教材

FUSHI SHOUGONGYI

服饰手工艺

刘　辉◎主　编
王志红　周福芹◎副主编

中国纺织出版社有限公司

内 容 提 要

本书服务于服饰手工艺术，具体介绍了服饰手工艺术概述、刺绣工艺与设计（包括色线刺绣、抽绣、缎带绣、珠片绣、抽绣、贴补绣等）、面料肌理与设计、编结工艺与设计、手工花饰工艺与设计、手工包饰工艺与设计、帽子工艺与设计等。本书将基础的服饰手工工艺与流行时尚相结合，既介绍了服饰手工艺相关的基础技法，又有大量的实用创意作品，体现了服饰手工艺技法的实用性与时尚性。本书希望能给广大的服饰专业人士及服饰爱好者一定的帮助及参考，将服饰手工艺发扬光大。

本书适合作为高职高专院校服饰类、服装外贸类、服装营销类和纺织工程类专业教材，同时适合广大的服饰爱好者阅读。

图书在版编目（CIP）数据

服饰手工艺 / 刘辉主编. --北京：中国纺织出版社有限公司，2019.9（2023.9重印）
“十三五”职业教育部委级规划教材
ISBN 978-7-5180-6278-2

Ⅰ.①服… Ⅱ.①刘… Ⅲ.①服饰—手工艺—高等职业教育—教材 Ⅳ.①TS941.3

中国版本图书馆CIP数据核字（2019）第106532号

责任编辑：宗　静　　特约编辑：杨晓洁　　责任校对：韩雪丽
责任印制：何　建

中国纺织出版社有限公司出版发行
地址：北京市朝阳区百子湾东里A407号楼　邮政编码：100124
销售电话：010—67004422　传真：010—87155801
http：//www.c-textilep.com
E-mail：faxing@c-textilep.com
中国纺织出版社天猫旗舰店
官方微博http：//weibo.com/2119887771
北京通天印刷有限责任公司印刷　各地新华书店经销
2019年9月第1版　2023年9月第5次印刷
开本：787×1092　1/16　印张：11
字数：143千字　定价：59.80元

前　言

在服装流行千变万化的今天，中国的传统服饰手工艺渗透到现代流行服装的许多方面。现代的许多高级定制中的服装都离不开中国传统的服饰手工艺。服饰手工艺在服饰上的应用就越来越广泛，服饰手工艺因其所具有的独特的不可抗拒的魅力重新被人们所重视并认可。

服饰手工艺的种类很多，有服装制作工艺、扎染蜡染工艺、刺绣工艺、面料造型工艺、绳编工艺、编织工艺、配饰品手工艺等。本教材为了更好地适应社会的需要，跟上服装行业发展的步伐，以“必需、够用”为度的教学改革思想，将其运用在服装设计中比较常见的一些手工技法进行系统的阐述，具有很强的原理性与知识性。本书内容系统、全面，宗旨在于培养学生动手实践操作的能力，同时使学生将传统艺术结合现代审美观念、现代材料及科技手段，进行创造性的设计，将传统手工技艺“古为今用”，继承创新。

本教材第一、第二章由周福芹、岳海莹、王志红编写，第三章由王芳编写，第四章由贡丽华编写，第五章由王志红编写，第六章由范树林编写，第七章由刘辉编写，最后统稿由刘辉完成。

本书内容全面，图文并茂，实例丰富，叙述系统，可作为高等职业技术教育服装专业教材，也可作为服装专业人员和广大服装爱好者自学参考书。本书如有不妥之处，恳请各界读者及服装专业同行多提宝贵意见，望再版时及时更正。

编者

2019年2月

教学内容及课时安排

章 / 课时	课程性质 / 课时	节	课程内容
第一章 （4 课时）	理论知识 （4 课时）		服饰手工艺概述
		一	服饰手工艺的发展
		二	服饰手工艺的设计
第二章 （20 课时）	讲练结合 （20 课时）		刺绣工艺与设计
		一	刺绣概述
		二	色线工艺与设计
		三	丝带绣工艺与设计
		四	串珠绣工艺与设计
		五	抽绣工艺与设计
		六	贴补绣工艺与设计
第三章 （8 课时）	讲练结合 （8 课时）		面料肌理设计
		一	面料肌理设计概述
		二	面料肌理设计技法
		三	褶饰工艺应用
第四章 （8 课时）	讲练结合 （8 课时）		编结工艺与设计
		一	编结概述
		二	编结基础技法
		三	编结工艺应用
第五章 （8 课时）	讲练结合 （8 课时）		手工花饰工艺与设计
		一	手工花饰概述
		二	手工花饰基础技法
		三	手工花饰工艺应用
第六章 （8 课时）	讲练结合 （8 课时）		手工包饰工艺与设计
		一	手工包饰概述
		二	手工包饰工艺应用
第七章 （8 课时）	讲练结合 （8 课时）		帽子工艺与设计
		一	帽子概述
		二	帽子制作实例

目录

CONTENTS

——理论知识

第一章　服饰手工艺概述

服饰手工艺概述

教学课题：服饰手工艺概述

教学学时：4 课时

教学方法：任务驱动教学法

教学内容：1. 服饰手工艺的发展

2. 服饰手工艺的设计

教学目标：1. 了解服饰手工艺的发展演变过程。

2. 理解传统服饰手工艺在现代服饰设计中如何进行创新设计。

3. 通过讲述服饰手工艺的变迁及设计，使学生了解服饰手工艺的基本概念及发展历史，并能够灵活运用到服装设计中去，丰富服装设计的内蕴。

教学重点：传统服饰手工艺在现代服饰中的创新设计。

课前准备：学生需要查阅相关资料理解服饰手工艺的历史及传统服饰手工艺在现代服饰中的创新应用实例。

服饰手工艺作为服饰文化的一部分，是人类特有的劳动成果。它既是人类物质文明的结晶，又具精神文明的含义，是服装设计重要的组成部分，在人类服饰发展的长河中为服装增添了无穷的艺术魅力。

服饰手工艺也叫装饰工艺，是指服装及其饰品在材料、工艺、图案、色彩等方面进行美化而展开的一种手工制作的、创意性的装饰设计。它的表现形式各种各样，有刺绣、装饰花、面料肌理的设计、绳编等。

第一节　服饰手工艺的发展

在人类的服饰艺术史上，传统服饰手工艺是一个古老的艺术品种。现代考古研究证实，自人类诞生以来，手工艺的历史也就开始了。

服饰手工艺的发展是伴随着服装发展与变化的轨迹而发展的，中华民族有着悠久的文明史，是世界文化艺术发源地之一。中国传统服饰手工艺浸润着光辉灿烂的华夏文明，在以农耕文明为主的社会中，它始终散发着璀璨的光芒。

我们的祖先早已在以穴居、渔猎为生的时代，就开始在制作简单工具时，并注意对其外形进行一些手工技艺的处理。一般他们都将不能食用的兽骨、兽牙经过打磨、钻孔、染色等手工技艺，将其制作成精美的装饰品戴在身上，以美化人类自身，如图 1–1 所示。

在旧石器时代末期，我国的山顶洞人和同时期法国的克罗马农人的出土文物中都发现了骨针（图 1–1），骨针作为一种最原始的缝纫工具，它的出现说明在旧石器时代已经有了手工缝制的技艺了。也正是因为骨针的出现，我们的祖先可以用它将设计裁剪好的原始的兽皮、树皮等材料进行缝合，制作成外衣、腰裙、帽子、鞋子、头巾等服饰，这不仅丰富了服装的形制与款式，也增强了服装的装饰魅力。

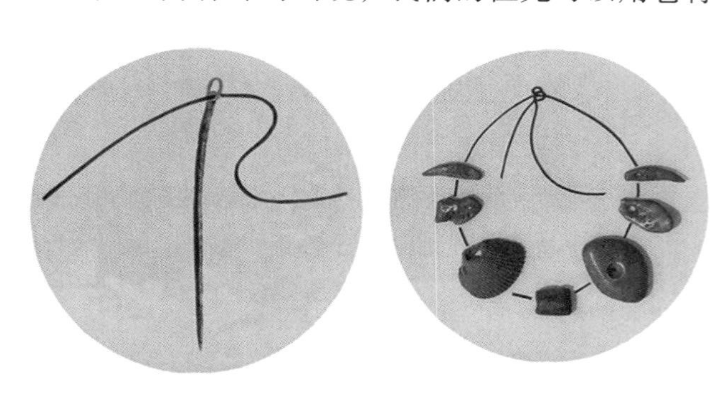

图 1–1　山顶洞人的骨针和装饰品

在新石器和青铜器时代，中华民族的先民就已掌握了服饰的造型、裁剪、缝制和编织等手工技术。周代《礼记祭义篇》中说："古代天子诸侯都有公室养蚕。蚕熟，献茧缫丝，把它们染成红、绿、玄、黄等色，以为黼黻文章。"据《辞海》，"黼（音辅）"字解释为在古代礼服上绣半黑半白的花纹；"黻（音符）"字解释为在古代礼服上绣半青半黑的花纹。"文章"在古汉语中的含义为：用青、红两色线绣称之为"文"，用红、白两色线绣称之为"章"。

在经历了漫长的缝制岁月以后，到 14 世纪，出现了第一把钢剪、第一根钢针，从此人类的服饰手工技艺开始飞速发展起来，走过了一个逐步发展、丰富和完善的漫长里程，日渐发展成独立的染色、造型、裁剪、缝纫、镶边、刺绣、图案、盘扣等工艺，并创作了无数精良、千姿百态的服饰。

服饰手工艺制作是最古老、最传统也是持续时间最长的一种生产方式。但自从工业革命以来，它被作为一种农业时代的落后产物，遭到了遗弃。

在信息化社会的今天，传统服饰手工艺更是以其独特的艺术魅力越来越广泛地被应用在各种服饰当中，成为服饰设计不可或缺的重要元素之一，如图 1–2 所示。

现在越来越多的服装设计师将传统手工艺与现代服装设计相结合，在传承中不断创新与变革，这不但有利于保护传统文化，同时，也能让现代服装设计具备鲜明的个性与特色，如图 1–3 所示。

图 1–2　设计师郭培作品

图 1–3　曾凤飞中国风礼服

第二节　服饰手工艺的设计

设计是在某种目的指导之下，进行创造性的想象，把其计划、规划或设想通过视觉的形式，具体表现出来的一种活动。服饰手工艺设计主要是指以图案设计为主的一种创造性的活动。

服饰手工艺的物化过程，基本上是依赖手工的技艺和方法来完成，所以它兼具美术设计和手工艺术的特点。因此服饰手工艺的设计与其他设计一样要遵循“经济、适用、美观”的原则，同时也要考虑到不同设计元素的运用，如点、线、面的构成等 。但服饰手工艺在艺术与形式的表现上，具有自己独特的规律与个性，而且不同的服饰手工艺都有各自的艺术规律和表现形式。

在现代社会中服饰手工艺的设计应该以文化、创新为核心，运用新的知识和技术，产生出新的价值，所以作为传统的服饰手工艺在新时代的创新设计应该具有以下条件：

一是运用先进的材料、工艺进行创新设计，但图案的造型仍然不失传统。

二是将现代的材料、工艺技法与传统的材料、工艺技法进行混搭使用，如图 1–4 所示。

三是注重消费者的需求特点，顺应个性化、多样化、人性化的设计原则。由于生活环境、文化修养、兴趣爱好等方面的差异，人的个性是多种多样的。服饰手工艺装饰形式多变，技巧变化丰富，可以表现不同的个性特色。

服饰手工艺的载体是服装及其饰品，因此其设计在某种程度上受其载体的影响，所以在装饰部位、材料选择、表现技法等方面都要受到服装款式、色彩、穿着对象、穿着场合的制约。服饰手工艺的装饰通常在服装的领、袖、肩、胸、腰、背等部位进行美化。例如，较有代表性的（1977 ~ 1978 年秋冬）圣・洛朗的中国风格的作品，传统的平面结构手段能够迎合简约的风格，但如果将传统的平面结构完全再现，便很难在现代设计中全面再现，所以，除了式样上的设计承袭宽大之风外，更多的是用传统的领、襟、扣等局部设计加以有效强调。在材料选择上，要根据服装的面料和设计的需要，选用相应的布、线、缎带、花边、珠子、亮片、皮革等。在表现技法上，可以根据穿着场合的不同而异，比如出席晚会的礼服着装者需要光彩耀人地显示自己的身份和地位，常采用华丽的珠片绣、独特的面料造型、立体花饰等技法，如图 1–5、图 1–6 所示。

图 1-4　混搭工艺礼服

图 1-5　中国风刺绣礼服

图 1-6　曾凤飞浓郁中国风作品

——讲练结合

第二章　刺绣工艺与设计

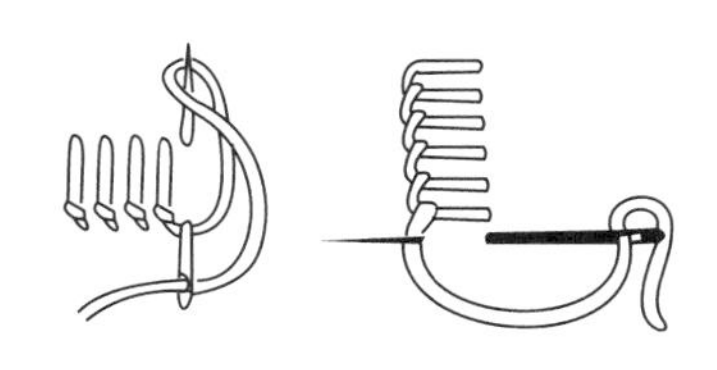

刺绣工艺与设计

教学课题：刺绣工艺与设计

教学学时：20 课时

教学方法：任务驱动教学法

教学内容：1. 刺绣概述

2. 色线工艺与设计

3. 丝带绣工艺与设计

4. 串珠绣工艺与设计

5. 抽绣工艺与设计

6. 贴补绣工艺与设计

教学目标：1. 了解刺绣工艺的起源和发展现状。

2. 掌握色线技法、丝带绣、串珠绣、抽绣、贴补绣的基础知识及技法，熟悉材料与用具的使用方法。

3. 通过讲述各种绣技法及所需材料的基本特性，抓住各类材料的特征进行设计制作。

4. 通过各种技法的反复练习，能够融会贯通，并能灵活运用到服装及服饰品设计中去，丰富服装及服饰品设计的内蕴。

教学重点：1. 掌握刺绣技法与缝制要点。

2. 能够将传统的刺绣工艺，恰当地运用到各类的服饰品设计中。

课前准备：课前查阅刺绣技法相关资料便于课上学习。色线、丝带绣、串珠绣、抽绣、贴补绣各种材料与用具的准备（面料、直尺、水消笔、针、线、小纱剪等）。各种绣法的教学课件及供学生观察的实物样品。

第一节　刺绣概述

刺绣俗称“绣花”，又名“针绣”，古称“黹”、或“针凿”，它是用针和线并结合各种针法及其他辅助性的材料，在已经织好的织物上进行再创造的一种装饰艺术的形式。由于刺绣多为妇女所为，故又称之为“女红”。刺绣同其他艺术形式一样，有一定的外形和意义，能够表达人们的思想感情及审美情趣。

一般认为刺绣起源于古代的埃及，发展于古代的东方，我国也是刺绣手工艺起源较早的国家之一。本部分内容主要简单介绍我国刺绣的起源及发展。

一、刺绣的起源及发展

（一）刺绣的起源

刺绣起源于人们装饰美化身体的需要，自从有了麻布、纺织品等，就有了服装，人们就开始在服装上绘制各种各样的图腾纹样。但刺绣究竟起源于那个朝代？由于纺织品不宜保存的特性，很难说清楚这个问题。

关于刺绣的起源还有很多美丽的传说，但从出土的文物来看，现在我们所能见到的最早的刺绣花纹，大概是殷商和西周时期用单线刺绣使用“辫子股”针法，粘附在泥土上的织物纹路和刺绣花纹。据史料记载，殷商以来刺绣作为一种装饰服装的手段，就在服装上被广泛使用，几乎每件衣服上都有刺绣，其图案形式多变，色彩丰富，而且还有身份地位的区别。

图 2-1　龙凤虎纹绣罗

目前能看到的最早的刺绣实物是荆州战国楚墓出土的“龙凤虎纹绣罗”，这是一幅保存完好的、完全用锁绣针法制作完成的刺绣作品，如图 2-1 所示。

（二）刺绣的发展

刺绣在中国经过几千年的发展，不同的历史时期呈现出不同的特点。

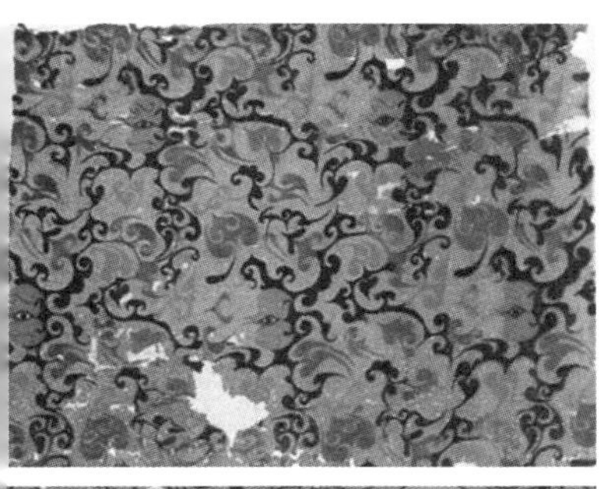

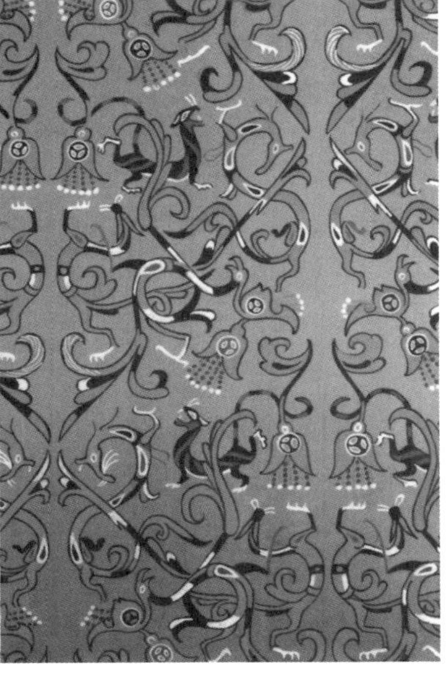

图 2-2　马王堆刺绣织物及纹样

1. 春秋战国时期

说到刺绣，就不得不提到丝织品的发展，因为丝织品的发展成就了刺绣的发展。春秋战国时期，农业得到了很大的发展，每家每户都种植桑麻，进行纺织，织造水平有了很大的提高。织造水平的进步也促进了刺绣工艺的发展，春秋战国时期的刺绣工艺已日渐成熟，这从出土的文物中就可以得到证实。例如，1982 年湖北江陵马山楚墓出土的绣品，上面绣有对龙、对凤、虎和花卉等动植物图案，图案结构严谨、层次分明、刻画精妙、非常生动，采用写实与抽象并用的手法，具有极强的节奏、韵律感，充分说明了春秋战国时期刺绣工艺已发展到相当成熟的阶段。

2. 秦汉时期

秦汉时期，因为经济繁荣、百业兴盛，丝织业尤其发达，所以刺绣工艺也得到进一步发展。1972 年，湖南长沙马王堆西汉墓出土的刺绣织物精美绝伦，其配色、针工都运用得恰到好处，如图 2-2 所示。此外，还在再次出土的竹简遗册中还记载着三种刺绣的名称：信期绣、乘云绣、长寿绣，据记载其中信期绣的价格比黄金还要贵。这些都充分说明当时的刺绣工艺已相当发达。

3. 隋唐时期

魏晋至隋唐期间，佛教盛行，为示虔诚，信教徒会选择费工费时的刺绣作为绘制供养佛像的一种方式，称为绣佛。作为古代刺绣的一种特殊形式，这种类型的刺绣作品一般都是宏伟巨制，而且工艺精湛、色彩华美。这种现象说明刺绣已不单单是绣在服饰上，而是从服饰上的花花草草发展到了纯欣赏性的刺绣佛像、刺绣画、刺绣佛经等。据传武则天时，曾下令绣佛像四百余幅，赠予寺院及邻国，由此可见唐代绣佛像已非常盛行。

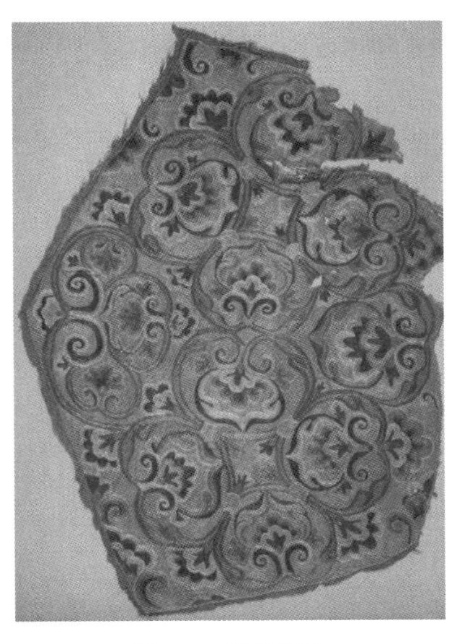

图 2-3　唐代刺绣

唐代刺绣发展的另一特点是针法运用上的推陈出新，刺绣工艺发展到唐代已有数十种针法，如图 2-3 所示。唐代的刺绣针法除了运用以前一直流行的锁绣外，还发明了平绣，因平绣针法变化多，刺绣者有更大的发挥空间，如图 2-4 所示，便很快取代了锁绣针法而迅速流行开来，成

图 2-4　唐代黄罗刺绣残片

图 2-5　宋代刺绣作品

图 2-6　明清时期刺绣作品

为刺绣中应用最广的，也是至今一直被人们所应用的一种针法，它的出现开启了刺绣发展史上的另一崭新时代。此外，在唐代还出现了打点绣、纭裥绣等多种针法（图 2-4）。

4. 宋代

宋代的刺绣向着精致化的方向发展，可以说已达到了数量和质量上的高峰（图 2-5）。宋代的刺绣之所以有如此成就，主要有以下几方面的原因：

（1）针法变化丰富，出现很多新的刺绣针法。

（2）工具的改良和材料的创新，宋代刺绣使用精致的钢针和细如发丝的丝线进行刺绣。

（3）参与刺绣人员的壮大，这主要是由它的社会环境所决定的，因为在男耕女织的封建社会里，女孩子都要学习“女红”，掌握刺绣。

（4）刺绣与其他艺术的结合，在宋代，由于文人们的积极参与，使刺绣发展成为一门与书法、绘画相结合的艺术，形成了画师供稿、艺人绣制的一种新的发展趋势。

5. 明清时期

明清是中国手工艺极度发达的时代，是刺绣发展的黄金时期，也是中国历史上刺绣流行风气最盛的时期（图 2-6）。这一时期刺绣也表现出了许多新的特点：

（1）流行范围广，明清时期刺绣广泛流行社会各阶层，而且社会上出现了大量的刺绣作坊。

（2）刺绣技艺娴熟，能够推陈出新。

（3）刺绣种类的创新，刺绣原是以丝线为材料的，但到明代有选用新的材料进行刺绣，如发绣、纸绣、贴绒绣等，据记载甚至孔雀羽毛也被应用到刺绣中。

（4）传统吉祥的图案被广泛应用于刺绣作品中，如鸳鸯、石榴、梅花、牡丹、竹、松鹤等。

（5）多种流派与风格并存，刺绣工艺的兴盛促进了流派与风格的发展，形成争奇斗妍的局面。著名的有四大名绣之称的苏绣、粤绣、湘绣、蜀绣，此外还有京绣、鲁绣等。

6. “民国”时期

“民国”时期，因晚清政府给国家和百姓带来的生活困苦还没来得及改善，而且非帝制下的统治者不再使用刺绣装饰官服，此外崇尚西方的风气盛行。所以，这一时期刺绣的发展几乎处于停滞不前的状态，未出现非常罕见的刺绣艺术精品，而且存世量极少，即使流传至今的绣品也都是与人们生活息息相关的作品（图 2-7）。

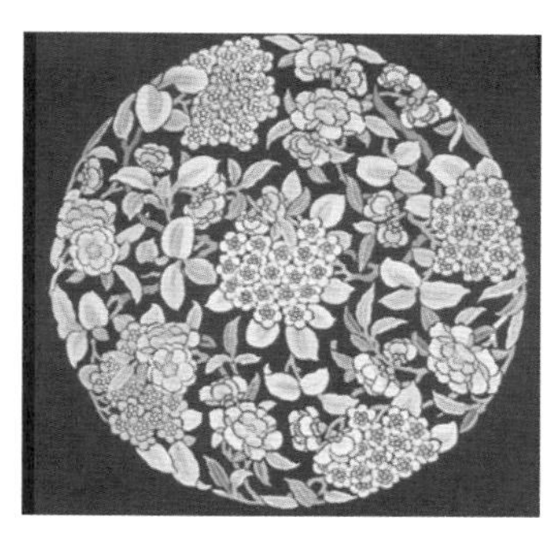

图 2-7 “民国”时期刺绣作品

7. 现代

中国的刺绣历经千年的发展，然而时至今日，随着社会经济的发展和人们生活方式的改变，从事这一行业的人越来越少。但是随着人们对文化遗产保护意识的不断增强，中国的传统刺绣也越来越受到人们的重视及喜爱，而且还博采一切传统刺绣之长，突破传统，大胆采用一些新工艺、新材料和新技术，强化并发展刺绣作品的视觉效果（图 2-8）。

图 2-8 现代刺绣作品

二、刺绣的艺术特点

（一）手工刺绣的艺术特点

手工刺绣的主要艺术特点是图案工整绢秀，色彩清新高雅，针法丰富，雅艳相宜，绣工精巧细腻绝伦。就刺绣的针法而言，极其丰富而变化无穷，共有九大类 43 种，主要有齐针、抢针、套针、施针、乱针、滚针、切针、平金、打点、打子、结子、网绣、冰纹针、挑花、纳锦、刻鳞针、施毛针、穿珠针等，采用不同的针法可以生产不同的线条组织和独特的手工刺绣艺术表现效果。例如，运用施针、滚针绣的珍禽异兽，毛丝颂顺，活灵活现，栩栩如生；采用散套针绣的花卉，活色生香，香味朴鼻，尽态尽妍；使用乱针绣的人像和风景，绒条组织多变，装饰味浓，艺术效果强，富有浓郁的民间、民族特色；使用打点绣的绣品，则清静淡雅，极富诗情画意；运用打子绣的绣品，则具有古色古香、淳朴浑厚的艺术效果与技巧上的平、齐、细、密、和、光、匀、顺的特色。

（二）中国四大名绣的艺术特点

“四大名绣”指的是产于江苏的苏绣、产于湖南的湘绣、产于广东的粤绣和产于四川的蜀绣。“四大名绣”的称谓形成于19世纪中期，它的产生除了不同地域的刺绣具有各自的艺术特点之外，还有就是刺绣产品不断商业化所致。

1. 苏绣

苏绣历史悠久，至今已有2000多年的历史，它的发源地在苏州吴县一带，现已遍布江浙一带。据史料记载，苏绣在春秋时期就已形成一定的规模；到宋代就已经有“丝绸之乡”的美誉了；发展到明代，苏绣形成了自己独特的艺术风格；清代的苏绣可以说是达到了鼎盛时期；中华人民共和国成立后，苏绣得到了进一步的恢复和发展，1957年成立的苏绣研究所，苏绣的针法也由原来的18种发展到今天的40余种。

苏绣自古就已形成了“精、细、素、雅”的艺术风格，如图2-9所示，它的特点主要有以下几个方面：

图2-9　苏绣作品

（1）构图简练、主题突出、层次分明，同时讲究平衡与对称。

（2）题材选择极为广泛，有人物、山水、动植物等，如有仙鹤、凤凰、麒麟、喜鹊等表示吉祥的动物，有牡丹、梅花、百合等名贵植物，还有历史人物等。

（3）借鉴中国画的色彩，使其色彩丰富、清新淡雅。

（4）针法活泼丰富且变化无穷，共有9大类43种之多，刺绣时采用不同的针法可以产生不同的艺术效果。

（5）刺绣工艺精巧细致，可以用“平、齐、细、密、和、光、顺、匀”这八个字来形容。

总之，苏绣的艺术特点可以用一段话来概括：“山水能分远近之趣，楼阁具现深邃之体；人物能有瞻眺生动之情，花鸟能报绰约亲昵之态。”

2. 粤绣

粤绣包括两大流派，它们是以广州为中心的“广绣”和以潮州为代表的“潮绣”，如图2-10所示。粤绣在唐代时已发展成熟，到了明朝中后期逐渐形成了自己的特色，粤绣的主要特点有：

（1）构图布局满，而且很少有空隙，即使有空隙，也都会用山水草地树根等补充，使画面显得热闹而紧凑但不繁乱，装饰性极强。

（2）在设计构思方面，善于把寓意吉祥和美好的愿望融入绣品的创作中，同时所选题材比较固定，多选百鸟朝阳、龙凤等图案，有时也会选择牡丹、松鹤等为题材。

图 2-10　粤绣作品

（3）用色明快，浓郁鲜艳，对比强烈，具有华丽的效果，刺绣时多使用浓郁的七彩原色及光影变化，使画面有一种西方绘画的韵味。

（4）粤绣的针法更加丰富，主要有直扭针、捆咬针、续插针、辅助针、编绣、饶绣、变体绣等以及钉金绣中的平绣、织锦绣、饶绣、凸绣、贴花绣等。

（5）用线多样，除丝线、绒线外，还用马尾缠绒作线。而且绣品种类丰富，有被面、枕套、床楣、披巾、头巾、绣服、鞋帽、戏衣等，也有镜屏，挂幛、条幅等。

（6）粤绣针法均匀、简约多变，绣品光亮平整，纹理清晰分明，物像形神兼备，栩栩如生，惟妙惟肖，充分地体现了它的地方风格和艺术特色。

（7）粤绣的绣工多为男工，极其罕见。

3. 湘绣

湘绣是湖南长沙一带的刺绣产品的总称，创始于春秋战国时期的楚国，带有鲜明的湘楚文化特色。它是在湖南民间刺绣的基础上，经过 2000 多年的发展，不断吸收苏绣和粤绣的优点，进而逐步形成了自己独特的艺术风格。它的特点是：

（1）多以中国画为题材，所绣内容多为狮、虎、松鼠等，特别是以虎最为多见，如图 2-11 所示。强调写实，所绣形象生动逼真，形神兼备，栩栩如生，曾有“绣花花生香，绣鸟能听声，绣虎能奔跑，绣人能传神”的美誉。

（2）绣线色彩的丰富，使用不同颜色的线相互掺和，逐渐变化，色彩饱满，色调和谐。据《雪宧绣谱》记载，湘绣有 88 种原色，在此基础上再将其染制成 745 种不同的色彩。所以，湘绣用色基本上可称为“有色皆备”。

图 2-11　湘绣作品

（3）湘绣主要用丝绒线刺绣，并以画稿为蓝本，以针代笔、以线晕色，在刻意追求画稿原貌的基础上，进行艺术再创造。

（4）湘绣的绣品既有名贵的欣赏艺术品，也有美观适用的日用品。主要品种有单面绣、双面绣、条屏、屏风、画片、被面、枕套、床罩、靠垫、桌布、手帕、各种绣衣以及宫廷扇、绣花鞋、手帕、围巾等各种生活日用品。

（5）湘绣针法多变化，主要以掺针绣为主，刺绣时人们发挥掺针绣参色的作用，将各种颜色的花线互相掺和，达到由深到浅或由浅到深的过渡，并根据表现对象和不同部位的不同纹理要求，发展成为 70 多种针法。

4. 蜀绣

蜀绣起源于素有“天府之国”之称的四川，它不仅受到当地的自然环境和风俗文化的影响，而且还在一定程度上受到销售地区的反馈影响，如图 2-12 所示。因此，蜀绣的风格特点在很大程度上体现出我国西南地区人民的性格和喜爱。其技艺特点是：

（1）蜀绣绣片平滑、针脚整齐，绣品严谨细腻、光亮平整、掺色柔和，图案精美、造型多变，构图疏朗、虚实得体、画面逼真，任何一件蜀绣都将这些特点展现得淋漓尽致。

图 2-12　蜀绣作品

（2）蜀绣主要以民间流行的题材为内容，多为花鸟、走兽、山水、虫鱼、人物等，而且是取寓意或谐音来表达某个含义，一般会选取吉祥喜庆等人们心目中美好的愿望为题目。如表示爱情的鸳鸯戏水，表示富贵的凤凰牡丹，表示家庭和睦、人丁两旺的五子登科，表示长寿的松柏仙鹤，等等。

（3）蜀绣有单面绣和双面刺绣之分，用于纯观赏类的品种相对较少，除了绣屏之外，以日用品居多，有被面、枕套、靠垫、衬衣、桌布、头巾、手帕等几十个品种。

（4）蜀绣主要以软缎和彩丝为主要原料，针法多而细腻，现有针法 12 大类，有晕针、切针、拉针、沙针、汕针等 100 多种针法。其中特别突出的要数表现色彩浓淡晕染效果的晕针，它是蜀绣最具有特色的创造，也是区分蜀绣与其他刺绣流派的主要标志之一。

5. 京绣

京绣也是我国刺绣艺术重要的流派之一，起初盛行于明清宫廷，后来，京绣技艺渐渐流传到民间，京剧所用戏装大量采用京绣，如图 2-13 所示。京绣又称宫绣，它最大的特点是雍容大气、材质华贵、用色典雅，绣法多以平绣、盘金绣、打籽绣为主，且针法灵活、绣工精巧。此外，京绣图案秀丽、形象逼真，图必有意，纹必吉祥，充分体现了富贵精美的京绣艺术。

图 2-13　京绣绣片

三、刺绣用具及材料

刺绣是一种历史悠久的手工技艺，它所需要的材料与用具也非常普通，主要有以下几种。

（一）刺绣所需材料

布和线是刺绣的载体，选择适合绣品用途的布、线和其他装饰物，再配以恰当的刺绣针法，才能绣出漂亮的绣品。

1. 底布

不同的布料表现出不同的材质特征，刺绣时对底布的要求是易让针穿过、易刺透。一般刺绣会选择丝绸、绢、绫、罗、麻、尼龙、纯棉等作为绣品的底料，由于纺织面料种类繁多，刺绣时会根据所绣的品种而选择合适的底布。如纳纱绣、十字绣等就必须选择经纱、纬纱纹路清晰的面料；双面绣则选择正、反面纹理一致的透明面料。

2. 线

绣线就像是一幅绘画作品的颜料一样，颜色越多，画面就越丰富、生动。绣线大多是小把包装的，且比较长，形状变化也比较多，如图 2-14 所示。同时在包装上都会标有绣线的名称、所选用的材料、粗细、长度、重量、品牌等。

（1）种类。绣线的种类有很多，有的是按照材质分类的，有的是按照粗细分类的。

按照材质分类的绣线有纯棉线、丝线、毛线、金银线、尼龙线、发丝线、马鬃线等，其中纯棉线的使用范围最广，其次是丝线。

按照粗细分类的绣线，线的号数越小表示线越粗，线的号数越大表示线越细，种类有：3 号、5 号、8 号、25 号刺绣线等。

图 2-14　绣线

（2）使用注意事项。由于绣线都是一把一把的，使用时都是先将其从中间剪断，而后从一头一根一根地往外抽取，这样就保证了所用的绣线不会太长，一般以 40 ~ 50 厘米为最佳，否则容易伤害绣线的光泽；但若是绣线较粗的话，可以稍微长一些。绣线的粗细与针的粗细应是对应的，这样不容易损伤绣线。选择绣线时一定不要选易褪色的，否则清洗后绣品易花。

3. 其他装饰物

有时根据绣品图案的要求，或绣品完成后为了增强绣品的艺术效果，也会添加一些其他的装饰物，如各种绣珠、珍珠、玛瑙、珊瑚、木珠、琉璃等。如古代皇帝的龙袍，其上有九条龙，在每条龙的身上绣缀上细小的珍珠，以示皇权的尊贵与威严。

（二）刺绣所需用具

1. 针

针是缝织衣物时，引线用的一种细长的工具。最细的针为羊毛针，是明代朱汤所创。刺绣所用的针是钢制的，但是不同的刺绣类型对针的要求也不尽相同，所以，针眼的大小、针尖的形状以及针的长度，在选针时都必须加以考虑。在此，我们按照刺绣的品种将刺绣用针进行分类。

（1）绣花针。绣花针的针孔大，呈扁长的椭圆形，便于穿线，也不易咬线，而针尖不但长而且锐利。绣花针的大小是按照号型排列的，号越小针越细，号越大针越粗。当然在刺绣的过程中也会根据绣制的要求及线的粗细，选择合适的针号，如图 2-15 所示。

（2）十字绣针。由于十字绣面料的经纬纹路清晰可辨，所以一般十字绣的针是不易戳穿布面的短粗针，即针尖是圆钝的钝针，这样便于在经纬纱的缝隙之间进行穿插。此外，还有一种十字绣的针，它适合绣制中小型的精细作品，这种针有长长的针孔，毛线针比较粗，也用于毛线编织，刺绣时会选择粗线，而且所选用底布的质地会较粗糙，因此也称绳线绣，如图 2-16 所示。

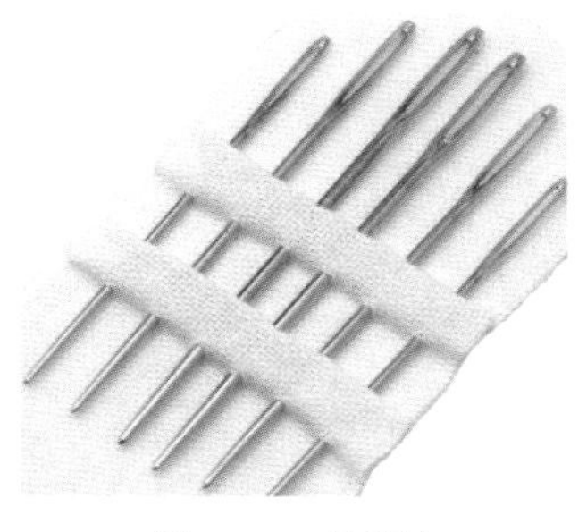
图 2-15　绣花针

（3）钉珠针。钉珠针是串珠绣的专用针，它的特点是针体细长，针眼孔不但细而且长，针体直径小于珠子、竹片的洞口的直径，这样才能够顺利地穿梭于珠孔之间。

2. 剪刀

刺绣用的剪刀跟我们平时用的剪刀有所区别，但是它也有分类。如剪线头的剪刀，体积小巧，剪刀的尖部向上翘起，这样的剪刀造型便于平贴绣面剪断线头，同时避免剪断线头时伤到绣面的其他部位，如图 2-17 所示。所以，这种剪刀在使用时应斜平不竖起，以防止剪坏绣底。而用来雕绣和抽丝的剪刀，剪刀的尖不但要细尖而且要锋利，最好选用钢口好的剪刀，因为这样的剪刀可反复使用，并且越磨越锋利。同时要求剪刀不用时可放在近身不绣的地方，以免牵绞绣线。

3. 绣绷子

绣绷子是刺绣时用于固定布料的，按照不同的标准有不同的分类，按材质分为竹制的、木制的和塑料的三种，一般竹制的、塑料的多用来制作圆形的绣绷子，木制的多用来制作方形的绣绷子，如图 2-18 所示。

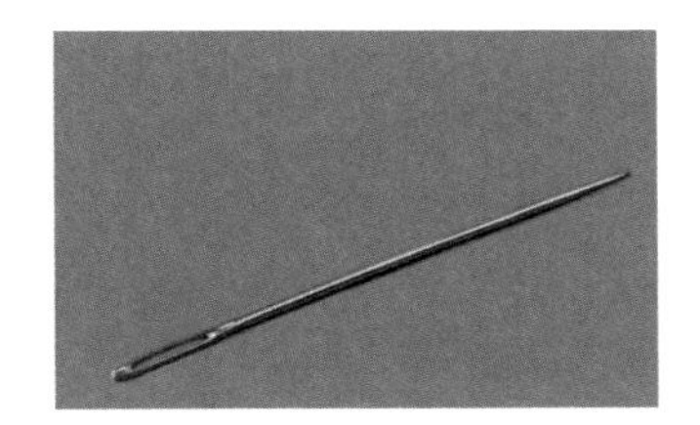
图 2-16　十字绣用针

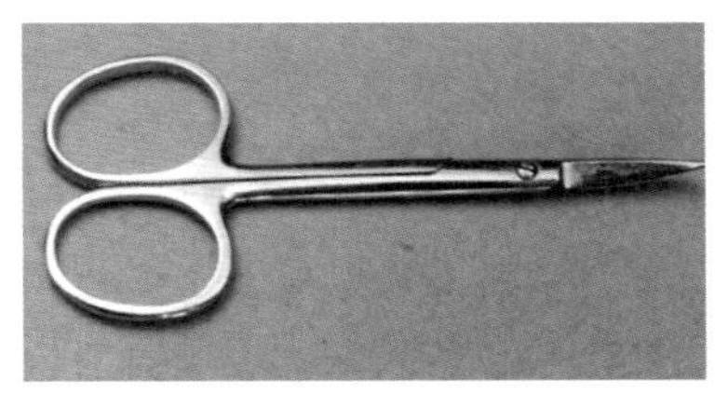
图 2-17　刺绣用

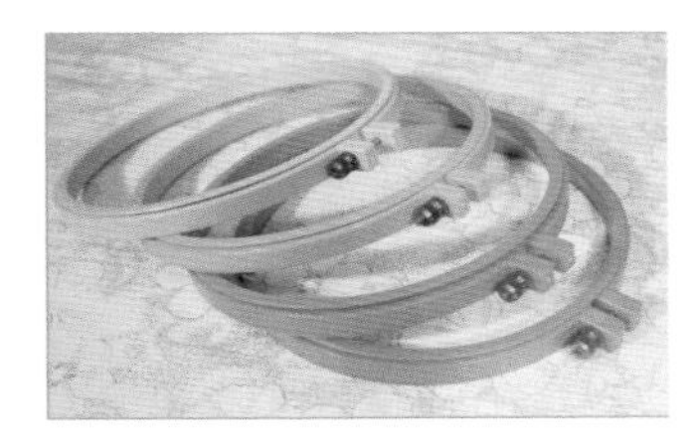
图 2-18　刺绣用绷子

按形状分为圆形和方形两种。圆形绣绷子是内外两个圈套合在一起，在外圈有调节松紧的螺丝，将绣底夹在圆形的双圈当中绷紧，这样便于拿在手中上下插针绣小件用，它有大小各种尺寸，一般家庭刺绣多用这种绣绷子，便于携带。方形绣绷子适合制作比较大的绣品，使用时注意要将布的经纱和纬纱呈垂直状态，布丝不能斜。

按使用方式分手绷和卷绷两种。一般制作小件绣品时，使用手绷，手绷多是竹制的，利用了竹子的韧性、弹力，也有塑料的。卷绷适合制作面积较大的绣品，多用于刺绣作坊或商业生产，卷绷子的形状象长条桌支架，这种支架使用和组装都非常方便，还可以根据刺绣图案调节绣绷子的大小，刺绣面料绷于中部，驾空上下，插针绣出图案。

四、图案设计

图案是人们把生活中的自然现象或景物、植物、动物等，经过艺术加工，使其纹样、色彩、构图等适合于实用和审美目的的一种装饰纹样。所以，图案设计是一种实用性与装饰性相结合的艺术形式。

（一）刺绣图案设计的三要素

对于刺绣图案的创作来说，要充分掌握构图、纹样、色彩这三个图案设计的重要因素是十分重要的。刺绣图案在构图形式上主要采用两种形式：一是变化与统一，变化是指造型上有大小、方圆、长短的不同，色彩上有明暗、冷暖、浓淡之分，构图上有疏密、高低的区别；统一是指组成图案各部分的适型、色彩、结构有相同或类质的因素等，如图 2-19 所示。这两者在图案中相互依存，相互影响，在统一中求变化，在变化中求统一。二是对称与均衡，对称是指在图案纹样中设中心线或中心点，中心线的左右线上下相同或中心点四周都相同的纹样，给人以完整、规则、整齐的形式美；均衡是在假定中心线的左右，上下或四周，布局不同的纹样，而在感觉上却是分量均等的，它给人以新鲜、活泼、灵活的装饰美感。

一幅优秀的刺绣图案作品，不仅体现在纹样、造型上的美，而且体现在色彩的调配上，如图 2-20 所示。所以，在刺绣图案设计中色彩的运用至关重要。怎样运用各种色彩使类似色得到统一，对比色得到协调，以达到色彩“调和”的目的。只有掌握色彩的搭配关系，更好地进强调色彩的搭配，让刺绣图案更加赏心悦目。

图 2-19　鸡纹刺绣

图 2-20　刺绣牡丹图

（二）刺绣图案设计的表现形式

刺绣图案的设计不是一成不变的，是随着工艺变革和新材料的发现和运用而不断地丰富。但主要可以概括为点、线、面等的不同表现形式上。

1. 点

点是一切造型设计的基础，是图案最主要的表现形式，具有活泼、跳跃的特点。点的形状各种各样，有细点、粗点、圆点、方点等。点的疏密、轻重、虚实、大小的排列，可以使画面获得不同的艺术效果。在刺绣图案的设计中点既可以单独表现图案，也可以与线、面结合共同表现，增强图案的表现力，如图 2-21 所示。

图 2-21　苏绣刺绣

2. 线

线是图案的主要表现形式之一，也是塑造形象的有效表现形式。不同的线可以表现出不同的视觉语言，如均匀流畅的曲线具有一定的韵律美，抖动的线，具有自然形态的起伏、凹凸、粗细、波动的变化。在刺绣图案设计中线的应用很广泛，既可以表现具象的，也可以表现抽象的织物图案，如图 2-22 所示。

图 2-22　以线为主的刺绣图案

3. 面

面也是图案的基本表现形式之一。它主要是通过块面的外形，来表现物象的形态，面可大、可小，可规则，可不规则。面的表现，主要是要掌握物象的基本特征。在刺绣图案的设计中，面的应用很广泛，如动物、人物、花卉、风景等形象，都常用面来表现，如图 2-23 所示。

刺绣图案大多是点、线、面的综合表达，一般在设计图案时会以其中的一个或两个元素为主，使绣面有主次之分，不至于显得杂乱，如图 2-24 所示。

图 2-23　以面为主的刺绣图案

图 2-24　团花图案

第二节　色线工艺与设计

一、刺绣用具及材料

1. 刺绣用具

刺绣用具有绣绷子、绣针、剪刀。

2. 刺绣材料

刺绣所绣材料有不同材质的底布与绣线、其他装饰物等。

二、缝法绣要点

在刺绣开始之前应注意，首先应该在布的反面打线结，然后绣完一个图案后要倒回针固定，并把线头留在布的反面剪掉。

1. 刺绣开始与结束时用线的方法

普通为打圆结。如果选用的是材质较薄或织纹较粗的布料，再打圆结就不适宜了，因为结子会脱落。若线头能透过布看见或像缎纹刺绣针迹那样，就需将线头留出6厘米左右，在刺绣结束的反面针迹处打结，如图2-25所示；或者是穿入针迹1针还针的处理，如图2-26所示。但不管是哪种方法，始末线头都不要剪的太短，防止刺绣开线。

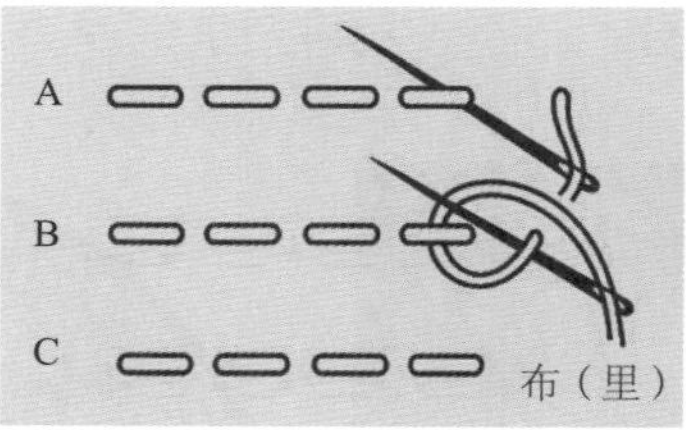

图2-25　刺绣打结方法（一）

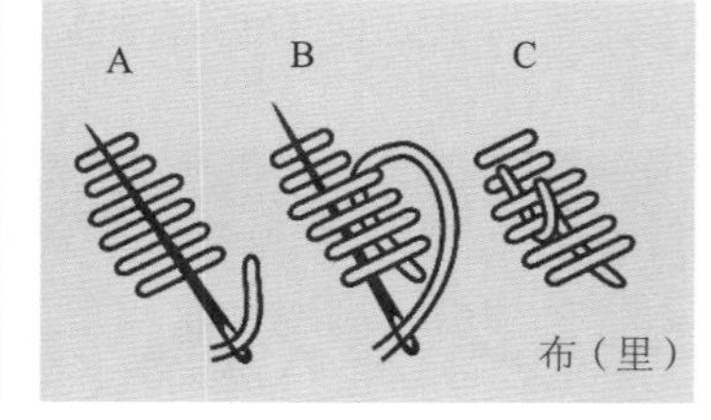

图2-26　刺绣打结方法（二）

2. 线的连结方法

当需要在刺绣中途连结线时，要在刺绣针迹穿针的位置把短线穿入，从穿出的位置以新线代替。刺绣始与尾相连时，注意不要使针迹变形，并注意穿入针的位置和线的交递方法。

3. 绣片的整理方法

棉、麻、毛的绣片整理时，要把布的反面朝上放在熨烫台上，少喷点水进行熨烫处理，注意不要损坏刺绣部分或压倒绣线。绢织物熨烫是不喷水。平绒、丝绒等起绒毛的织物，熨烫时将布的面折叠在里边，或是用一块本布为烫布进行汽烫。

三、绣缝技法

绣缝技法，即不同的刺绣类型在绣制过程中用到的不同针法，本部分内容主要介绍刺绣过程中常用的一些基本针法。

1. 平伏针法

平伏针法也叫等距针法，其正反面的针脚大小相同，一般穿 2 至 3 针拉一次线，如图 2–27 所示。

2. 双平伏针法

双平伏针法是先缝平伏针法，然后在其针法的针脚间隔处从上侧往下穿线，再缝平伏针法，如图 2–28 所示。

3. 回针式针法

回针式针法又叫倒退针、切针、刺针，是后一针落在前一针的起针点内，常用于绣花梗，也用于空心绣等，如图 2–29 所示。

4. 茎梗针法

茎梗针法也称柳针、棍针、咬针，在刺绣中用于表现线条，针针相扣，呈麻花状，如图 2–30 所示。从 1 出针穿入 2，再从 3 出针穿入 4，依次从左向右走针，针迹重合的多少决定茎梗的粗细，重合多则粗，重合少则细。

5. 贴线缝针法

贴线缝针法是沿设计好的图形，将粗线采用不同的针法等距离的用细线固定的针法，如图 2–31 所示。

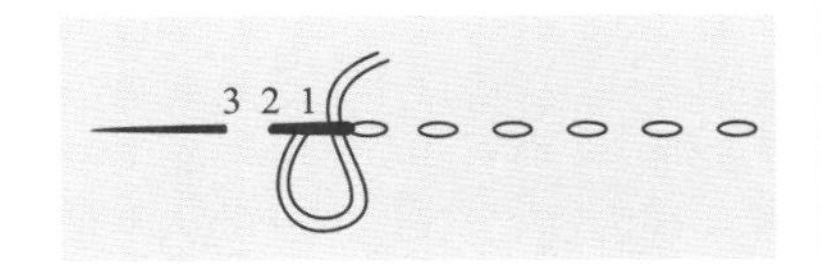

图 2–27 平伏针法

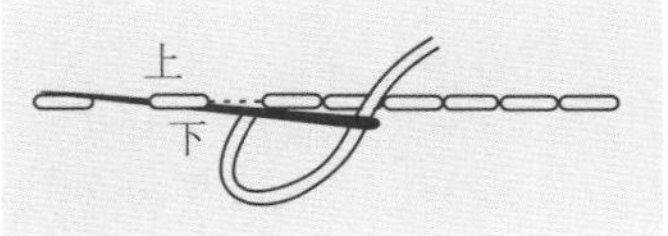

图 2–28 双平伏针法

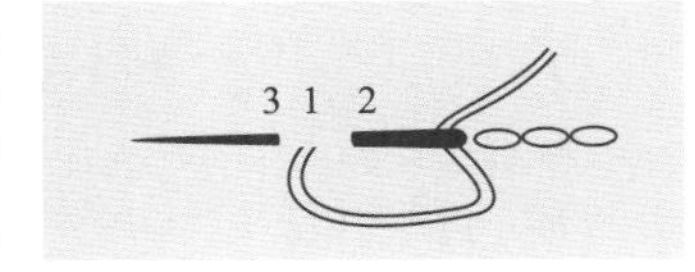

图 2–29 回针式针法

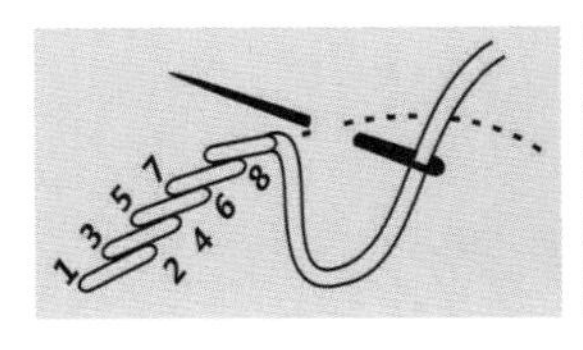

图 2–30 茎梗针法

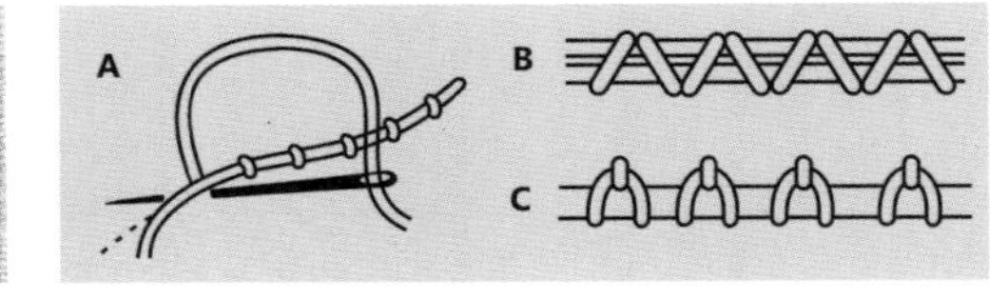

图 2–31 贴线缝针法

6. 锁链针法

锁链针法又叫穿花、套针、连环针等，外观像锁链一样，所以称锁链针法。锁链针法有很多变化形式，如锯齿链式针法、平式花瓣针法等，如图 2–32 ~ 图 2–34 所示。

7. 锁边针法

锁边针法是一种用途很广的刺绣针法，它常被用对普通布进行锁边，不让布露出毛边，也用于贴布边缘的装饰绣。锁边针法也有很多类型，如毛毯锁边针法（图 2–35）、三角锁缝针法（图 2–36）、圆环锁缝针法（图 2–37）。

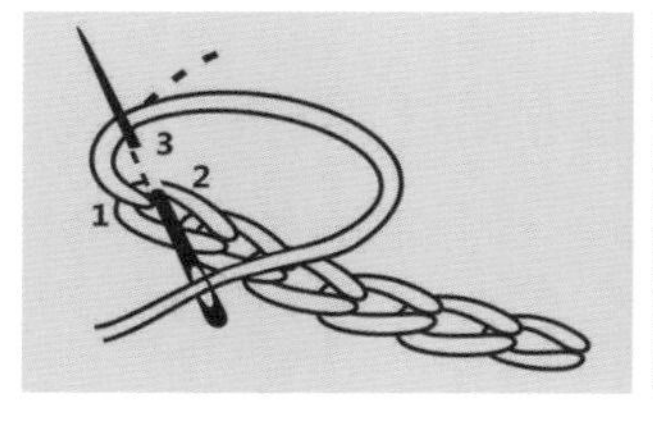

图 2–32　锁链针法

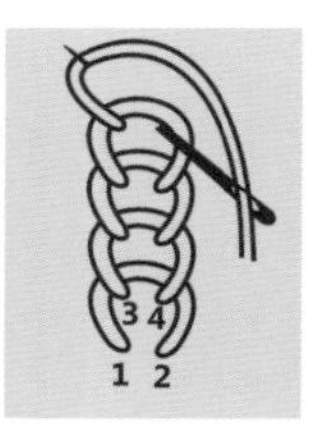

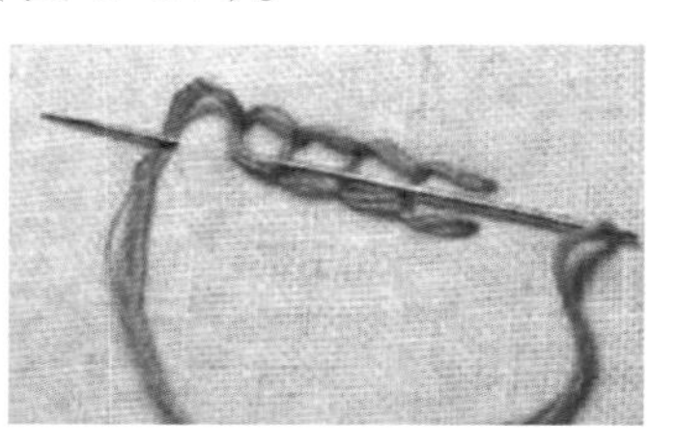

图 2–33　开口链式针法

图 2–34　平式花瓣针法

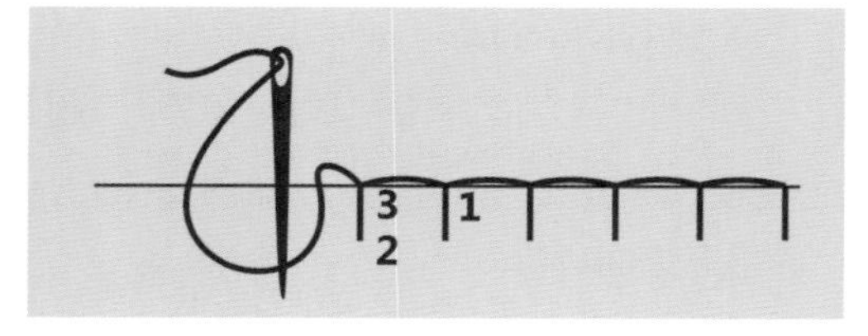

图 2–35　毛毯锁缝针法

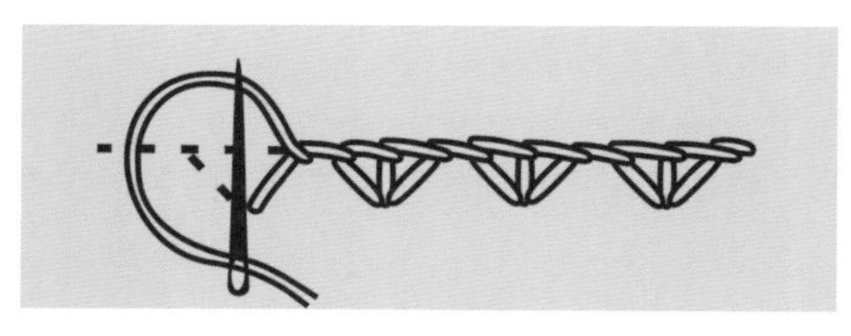

图 2–36　三角锁边针法

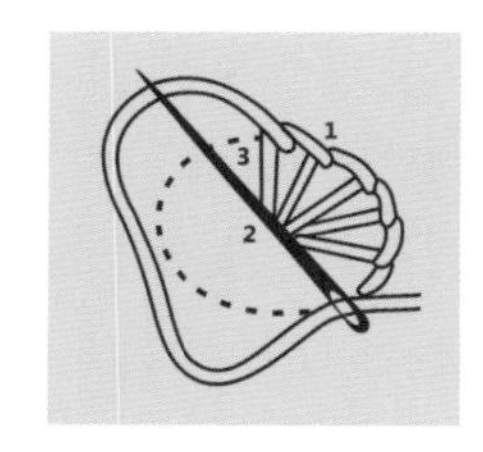

图 2–37　圆环锁缝针法

8. 羽毛针法

羽毛针法的装饰味比较浓，可以有多种变化的形式，如图 2–38、图 2–39 所示。

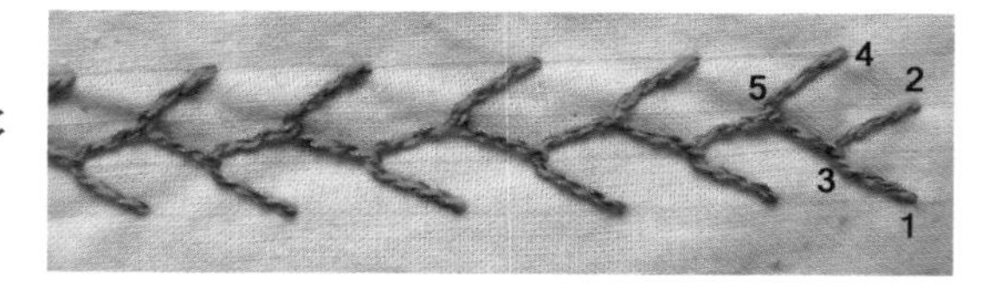

图 2–38　羽状针法

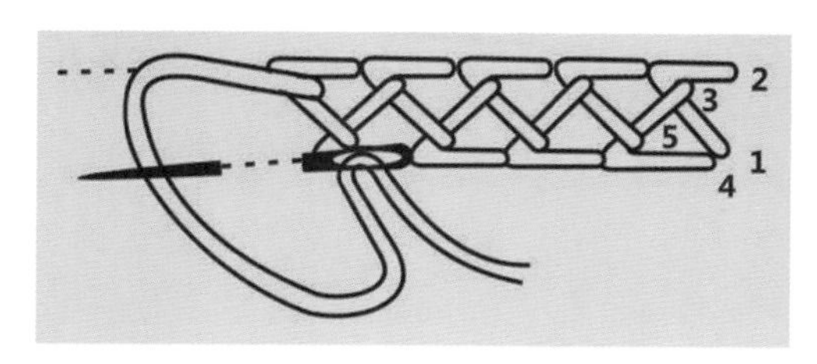

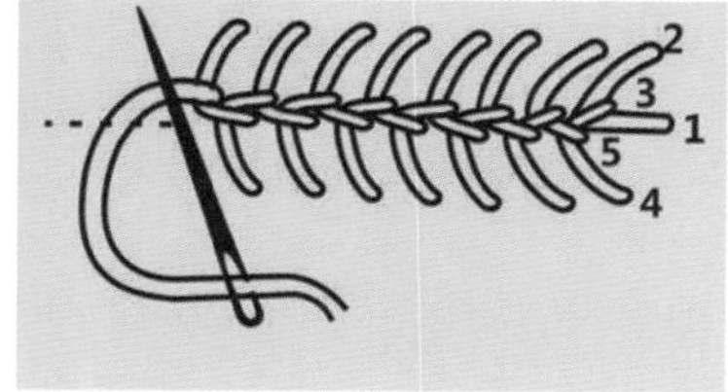

图 2–39　封闭羽状针法、长腕羽状针法

9. 人字针法

人字针法是简单的装饰性针法，形状像“人”字，故称人字针法，如图 2-40 所示。

人字针法还有封闭式的，如图 2-41 所示。这种针法可以在通明的薄纱上制作影绣效果，如图 2-42 所示。

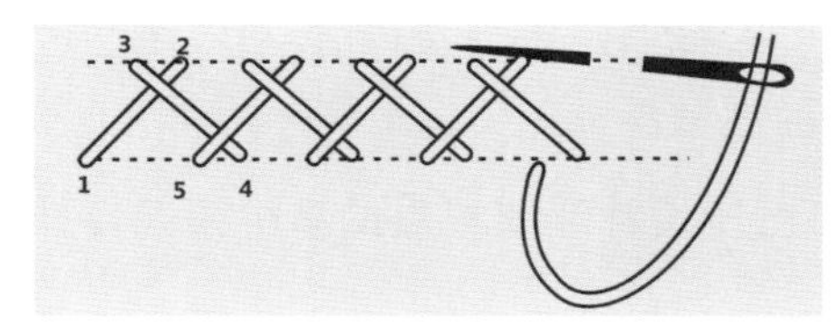

图 2-40　人字针法

图 2-41　封闭人字针法

图 2-42　封闭人字针法的应用

10. 山形针法

山形针法呈连续的 V 字形，可用于两线之间作轮廓的边缘或填补图案，如图 2-43、图 2-44 所示。

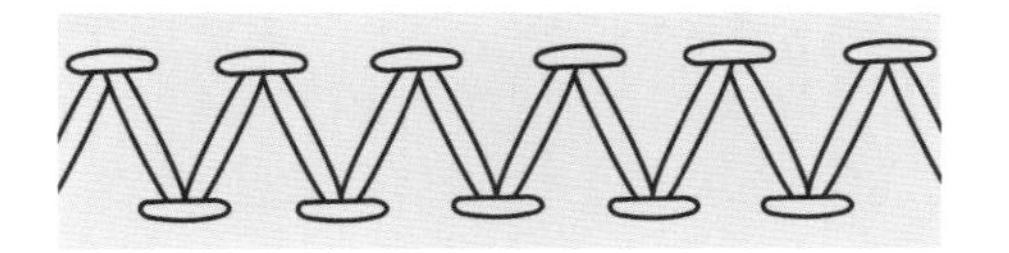

图 2-43　山形针法图

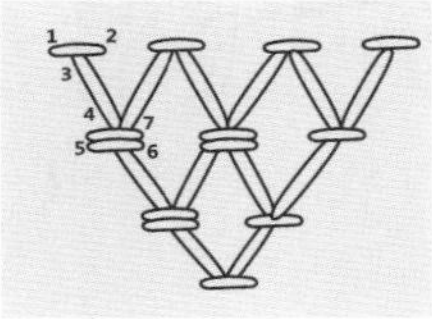

图 2-44　锯齿形山形针法

11. 束式针法

束式针法如图 2-45 所示。

12. 十字针法

十字针法比较简单，外形像“X”，在绣制过程中先绣交叉的一半，再绣另一半，但要注意交叉线上下的顺序要一致，如图 2-46 所示。

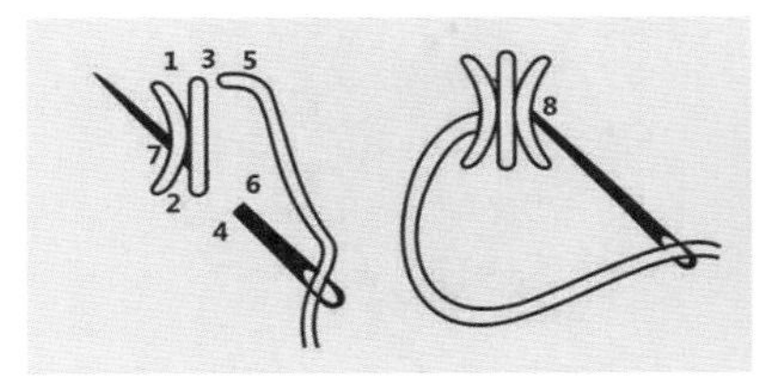

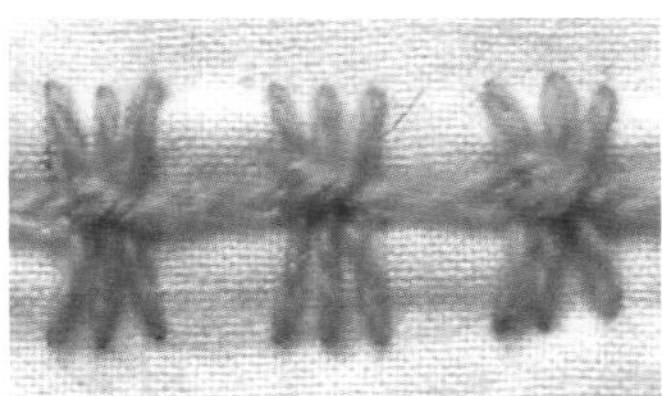

图 2-45　束式针法

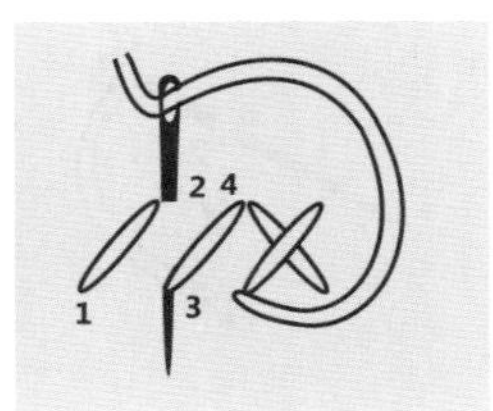

图 2-46　十字针法

13. 结式针法

结式针法在刺绣中主要是以点的形式出现的，结有不同的形式，有法式结针法（图 2-47、图 2-48）、大花结针法（图 2-49、图 2-50）、花蕊结针法（图 2-51、图 2-52）、辫子结针法（图 2-53、图 2-54）、针叶结针法、蜘蛛网形针法等。

花蕊针法与辫子针法比较相似，在缠绕时绕的圈数自定，如图 2-51、图 2-52 所示。

针叶针法在绣制前，需先拉两根浮线，后再进行缠绕，如图 2-55 所示。

蜘蛛网形针法在绣制时，首先要根据自己所设计浮线根数的多少来拉浮线，然后按照图中的穿线方法进行穿线，如图 2-56 所示。

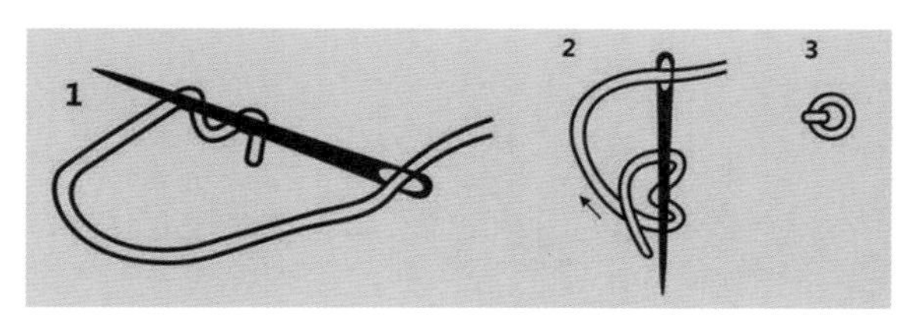

图 2-47　法式线结针法

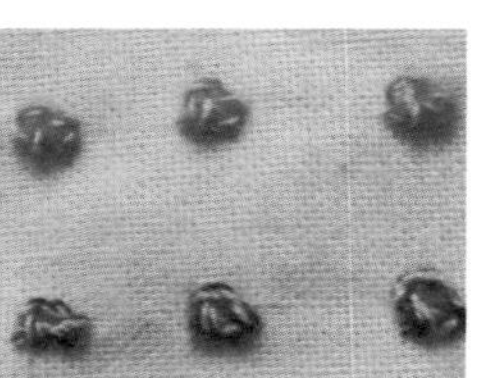
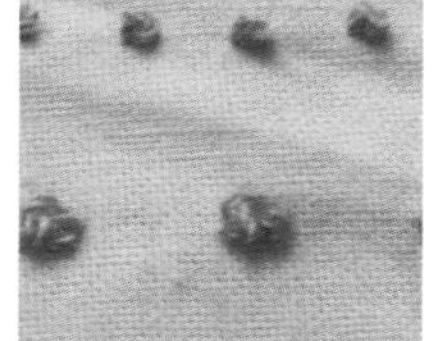

图 2-48　法式线结

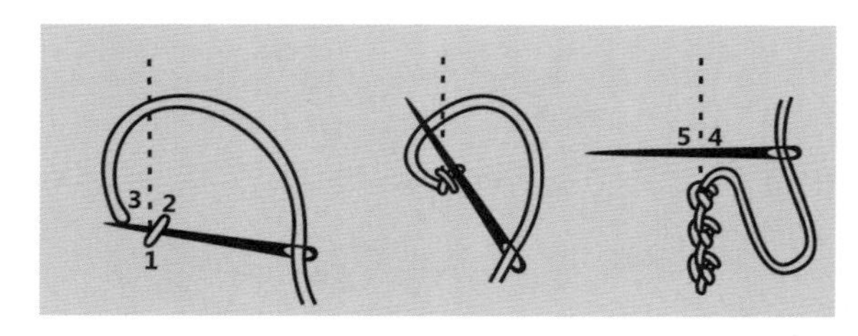

图 2-49　大花结

图 2-50　大花结针法

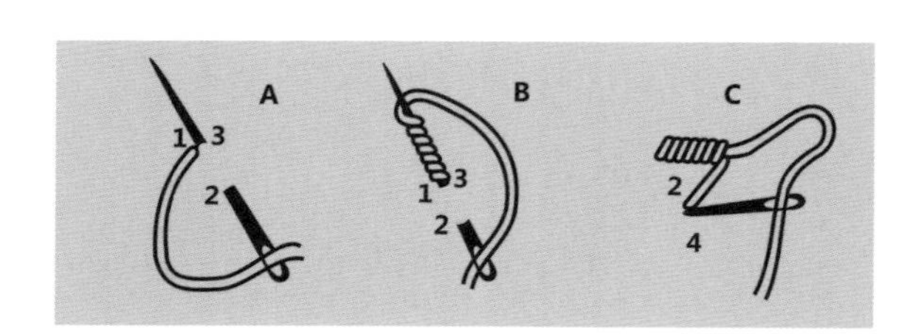

图 2-51　花蕊针法

图 2-52　花蕊针迹

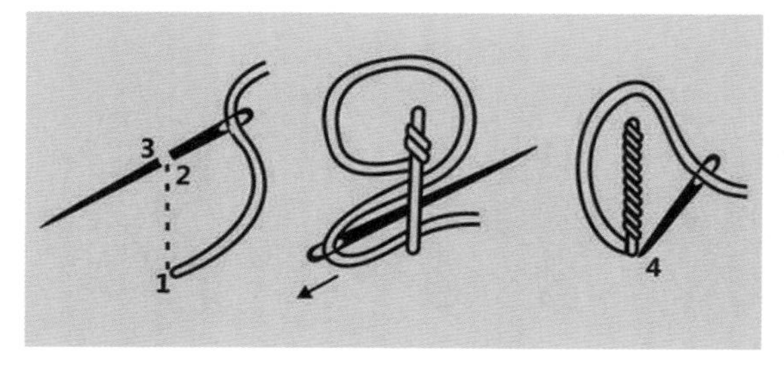

图 2-53　辫子针法

图 2-54　辫子针迹

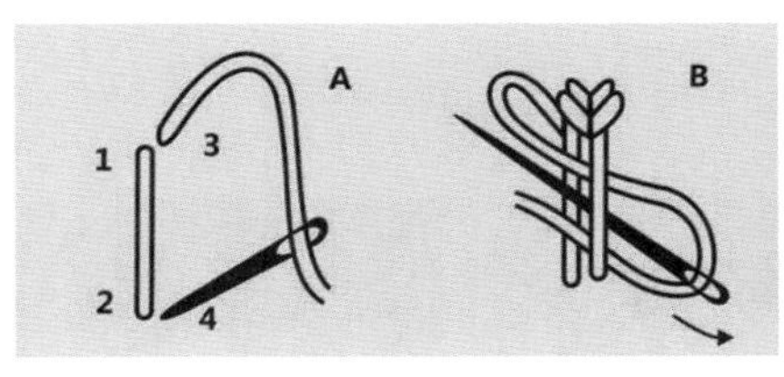

图 2-55　针叶针法

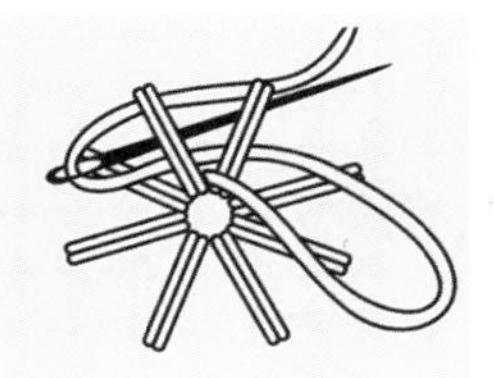

图 2-56　蜘蛛网形针法

14. 平针针法

平针针法是在已画好的图案上用平针将图案绣满的针法。在绣制过程中要注意线与线之间要排列密实，不能露出底布，且线与线之间始终是平行的，如图 2-57 所示。

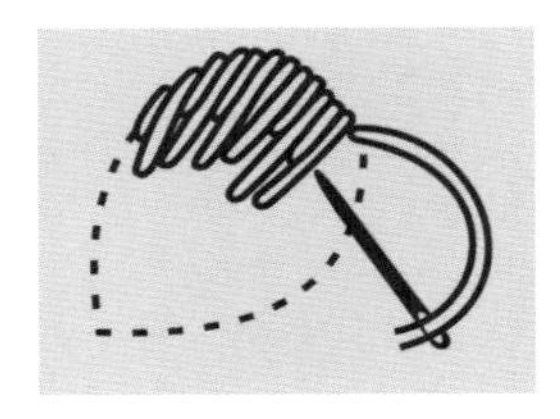

图 2-57　平针绣

15. 长短针法

长短针也称掺针绣，其针脚长短不一，多用于同一色系不同色阶线的变化，尤其在绣制花朵时最常见，如图 2-58 所示。

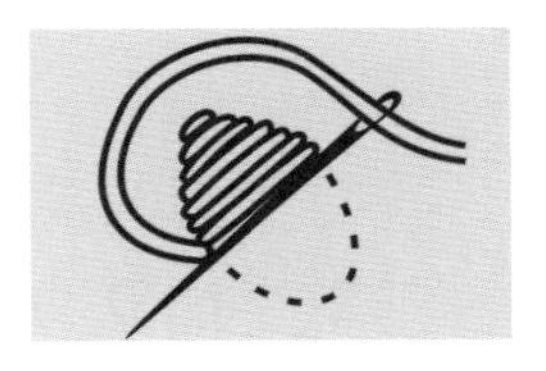

图 2-58　长短针图

16. 垫绣针法

垫绣是为了使图案凸起有一定的立体感，在平绣之前，先要在图形中缝满线迹，再平绣，如图 2-59 所示。

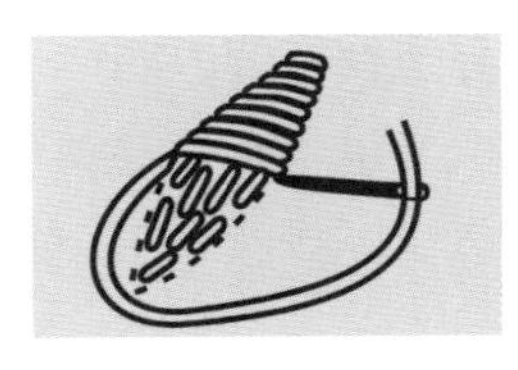

图 2-59　绣针法

17. 叶子绣

叶子绣主要用于绣制叶子，其线与线之间没有空隙，中间的叶脉处有交叉，叶脉交叉也有大小之分，如图 2-60 所示。

18. 编篮针法

编篮针法在刺绣中有很多不同的形式，在刺绣的过程中可以自己进行设计，在这里我们只介绍一种最基本的编篮方法，如图 2-61、图 2-62 所示。

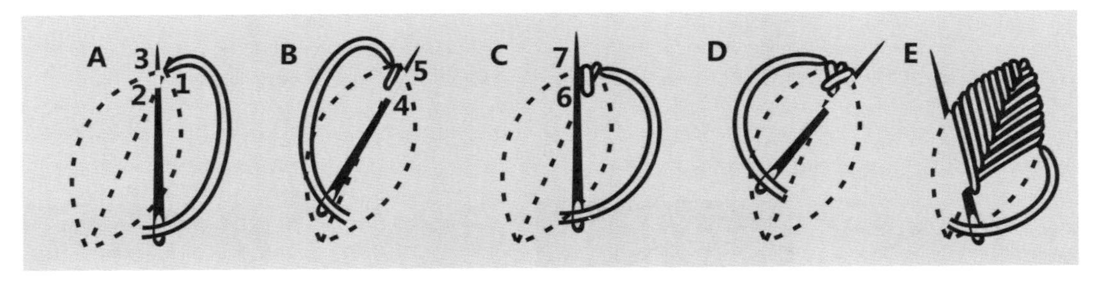

图 2-60　叶子绣针法

19. 穿线针法

穿线针法比较简单，第一步需在穿线之前先在底布上缝平伏针迹，可以是一行，也可以是两行或三行等，不同的穿线形式所缝的平伏针迹也不同，这主要根据自己设计的实际需要进行调整；第二步是穿线，穿线也有很多不同的穿线形式，如波形穿线、缠绕穿线等，如图 2–63 所示。

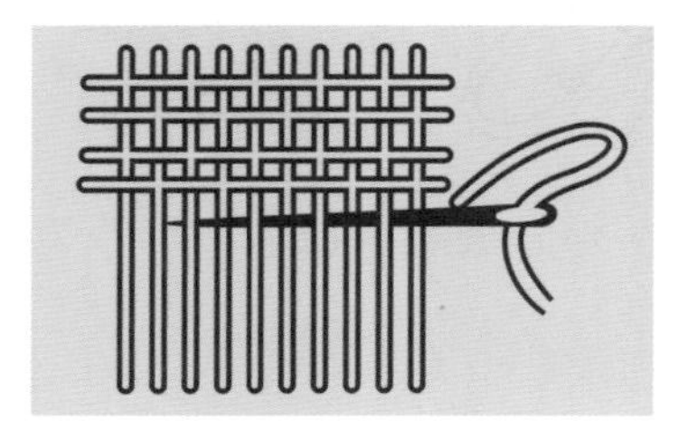

图 2–61　基本编篮针法

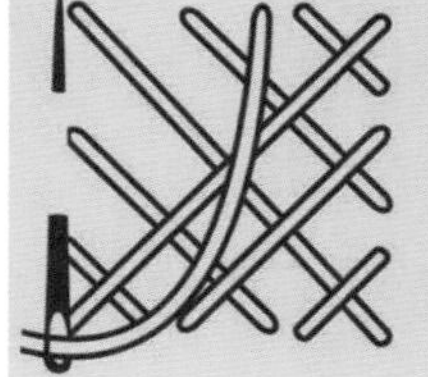

图 2–62　变化式编篮针法

图 2–63　穿线针法

四、刺绣实例

刺绣的基本针法可以应用在生活中很多的装饰品中，如选用部分刺绣的基本针法，与抱枕结合，制作一个精美的刺绣抱枕。具体操作步骤如下：

第一步，裁剪抱枕用的布料。需注意的是我们在制作抱枕套的时候，剪裁的布料要比抱枕芯稍小一些，如图 2–64 所示。

第二步，用铅笔在布面上简单勾画刺绣图案草图，如图 2–65 所示。

第三步，按照图案的草稿，选用不同的针法开始刺绣，如图 2–66 所示。

第四步，抱枕图案绣制完成，如图 2–67 所示。

第五步，将制作好的抱枕套套在抱枕芯上就可以了，如图 2–68 所示。

此外，不同的刺绣基本针法结合风格各异的图案设计，可设计制作出各种各样的装饰品，如图 2–69、图 2–70 所示。

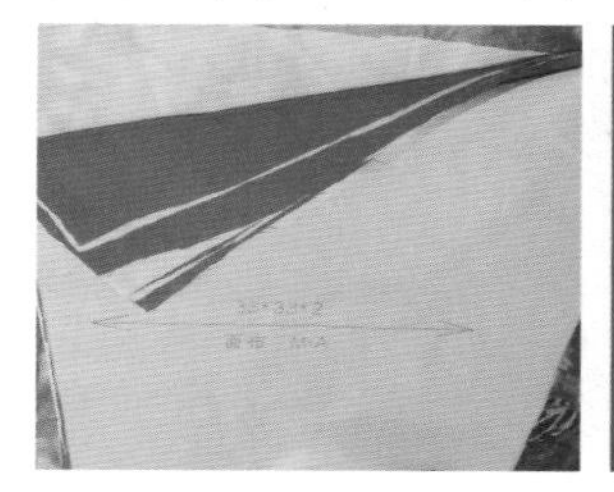

图 2–64　剪裁

图 2–65　勾画图案

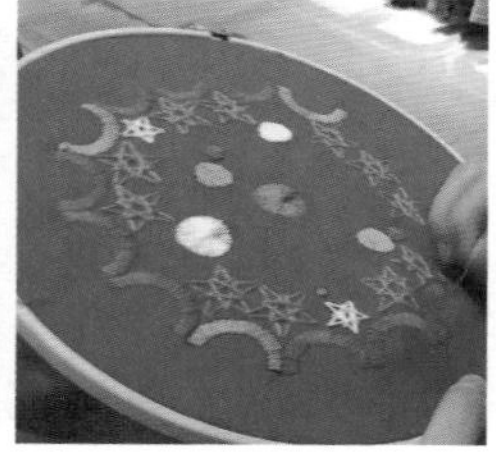

图 2–66　刺绣

图 2–67　刺绣完成

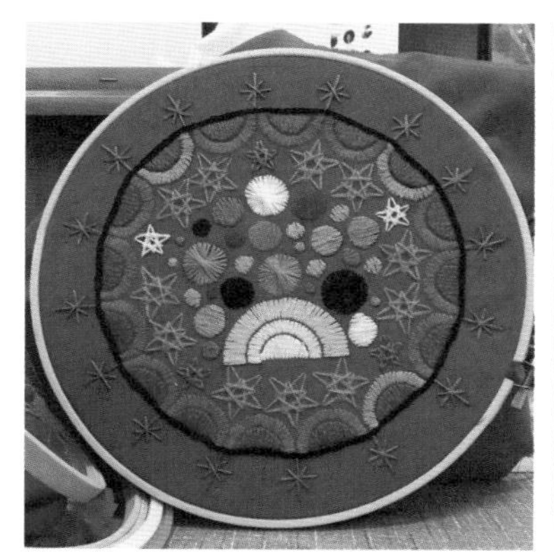

图 2-68　抱枕完成

图 2-69　手工植物立体刺绣

图 2-70　手工刺绣装饰画

第三节　丝带绣工艺与设计

丝带绣也称缎带绣，是以丝带为绣线直接在织物上进行刺绣 ，把丝带折叠或收褶、抽碎褶固定的刺绣。丝带具有美丽柔和的光泽，刺绣后富有阴影，又由于重叠方法，产生立体感，能表现出特殊的效果，如图 2–71、图 2–72 所示。

图 2–71　靠垫与装饰画

图 2–72　零钱包与抱枕

一、材料及用具

1. 丝带

丝带有很多种类，如合成丝带、绒面丝带、缎纹丝带、透明丝带以及棉质丝带等。

合成纤维的丝带色彩鲜艳，外观也较厚重，弹性很好，绣品立体感强烈，比较适合刺绣。涤纶丝带和人造丝丝带通常有细碎的机织边缘，可以让其更易成型，外观清晰明显，在丝带绣中属常用材料。绒面丝带，可以为绣品平添富丽之气。缎纹丝带由真丝或合成纤维制作而成，有单面和双面两种，这种丝带的特殊织法赋予它们独特的

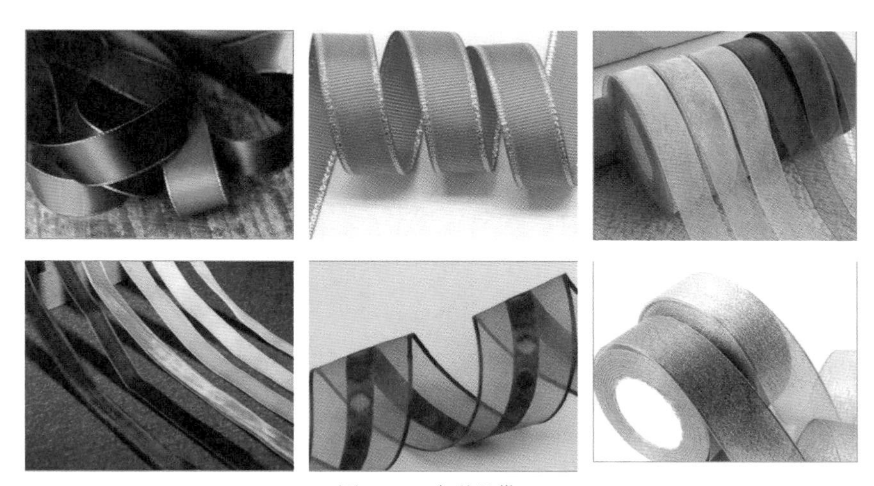

图 2-73　各种丝带

品质。花色透明丝带，如闪光蝉翼纱或乔其纱，可以给绣品增添朦胧的感觉。罗缎丝带就是一种棉质丝带，它通常用于服饰品装饰中，基本不用于丝带绣。要根据作品的需要，选择适合的丝带，如图 2-73 所示。

2. 线

棉线、绣花线等。

3. 针

手针、绣花针。

4. 绣框

圆绣框、方绣框。

5. 锥子

刺绣时辅助工具，防止丝带抽缩或扭曲变形。

6. 打火机

防止丝带脱纱。

二、丝带绣要点

1. 丝带穿针要点

（1）将丝带剪成 30cm 左右长度使用，一端剪成斜面穿入针眼。

（2）再让针尖从距丝带一端 1cm 处的中间穿入。

（3）拉出丝带，剩少量时拔针。

（4）最后固定在针的根部，这种穿针的方法适用于细丝带，如果较宽的丝带可不打结，用打火机烧一下防止脱纱即可，如图 2-74 所示。

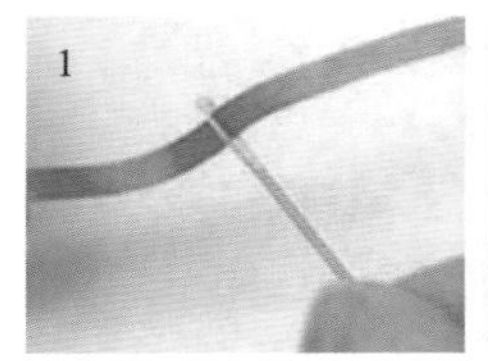

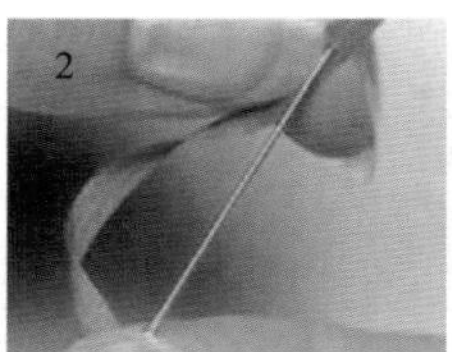

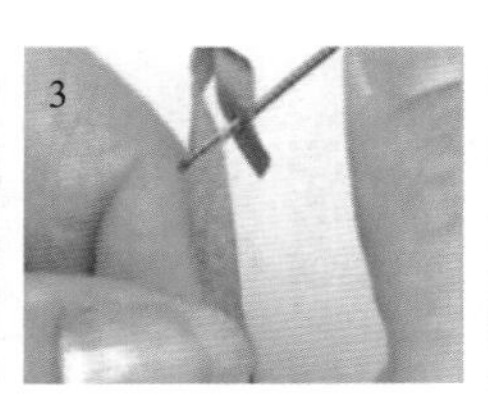

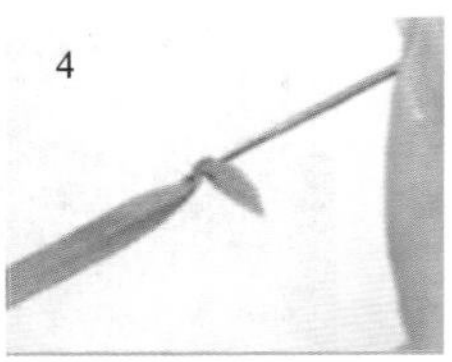

图 2-74 丝带穿针

2. 绣缝要点

用丝带刺绣时，不要将丝带拉得过紧，拉平，要比较松松地刺绣，这样绣出来的花朵、叶子就会显得灵活，必要时可用小锥子稍稍挑起丝带。在所有的丝带绣针法中，都要保证线迹的长度大于丝带的宽度。

三、丝带绣技法

1. 直针绣

（1）直针绣是丝带绣中使用最多的一种基础针法，一出一入两针，根据针距的不同长度和角度来制作不同效果。将丝带从底部穿出，丝带不能扭曲。

（2）一边用锥子将丝带挑起，一边刺绣，如图 2-75 所示。

2. 直针叶子绣

（1）针从底部穿出，按平丝带，针向下穿入，如图 2-76（a）所示。

（2）轻轻拉紧丝带，循序完成，如图 2-76（b）所示。

3. 轮廓绣

（1）针从底部穿出，2cm 针距处穿入，再从附近穿出，如图 2-77（a）所示。

（2）循序完成，如图 2-77（b）所示。

4. 跑步绣

（1）针从底部穿出，找另一点穿入，拉平，如图 2-78（a）所示。

（2）再从附近穿出，循序完成，如图 2-78（b）所示。

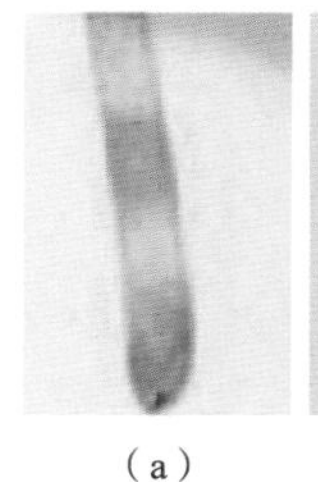

（a） （b）

图 2-75 直针绣

（a）

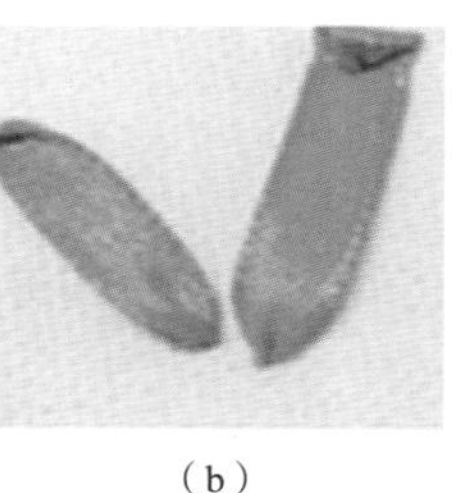

（b）

图 2-76 直针叶子绣

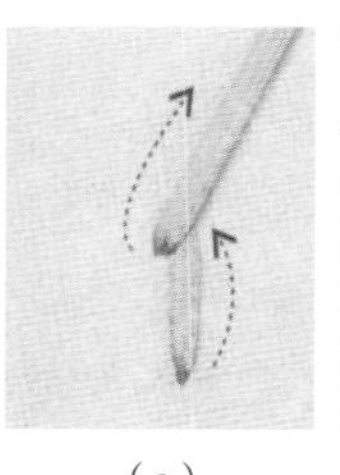

（a）

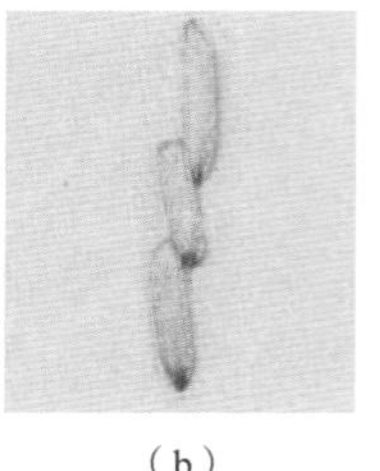

（b）

图 2-77 轮廓绣

5. 叠合绣

（1）针从底部穿出，2cm 针距处穿入，如图 2–79（a）所示。

（2）针从丝带中间穿出，再穿入，如图 2–79（b）所示。

（3）重复以上步骤，如图 2–79（c）所示。

（4）完成，如图 2–79（d）所示。

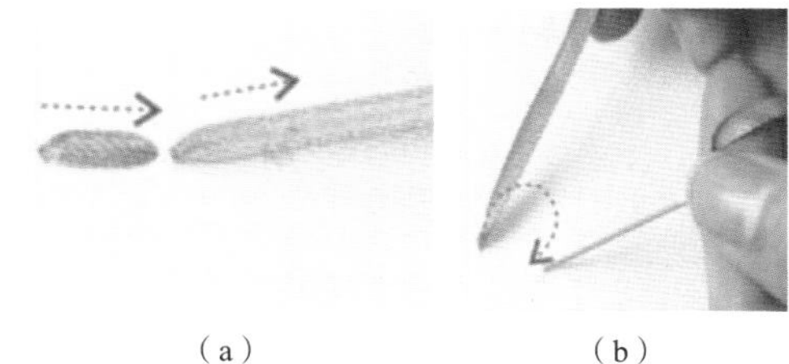

（a）　（b）

图 2–78　跑步绣

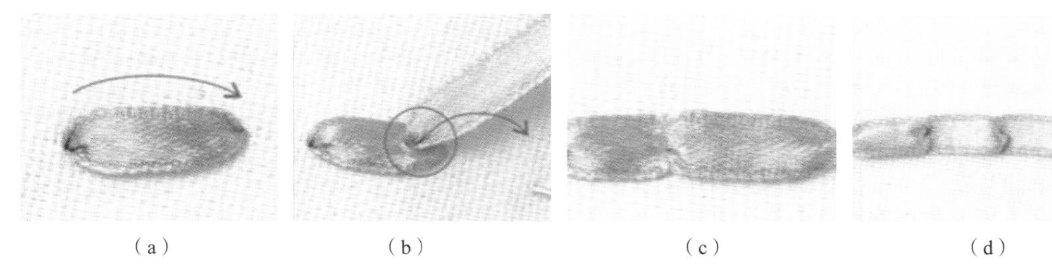

（a）　（b）　（c）　（d）

图 2–79　叠合绣

6. 叶子针绣

（1）先从叶子顶部绣起，针从底部穿出，如图 2–80（a）所示。

（2）紧挨着上针落脚处，穿出，如图 2–80（b）所示。

（3）按照叶子的形状，左右交替，绣出叶子来，如图 2–80（c）所示。

（4）完成，如图 2–80（d）所示。

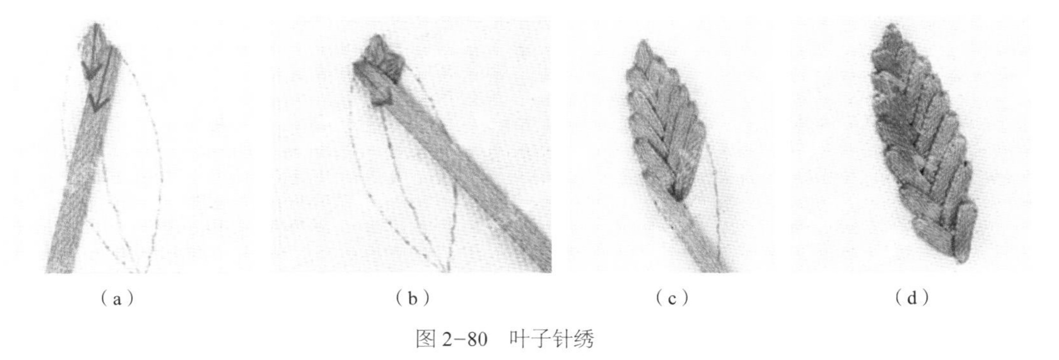

（a）　（b）　（c）　（d）

图 2–80　叶子针绣

7. 扭转绣

（1）针从底部穿出，使丝带形成环状后扭转，紧挨出针处穿入，如图 2–81（a）所示。

（2）从扭转丝带中穿出，如图 2–81（b）所示。

（3）从复针法，如图 2–81（c）所示。

（4）完成，如图 2–81（d）所示。

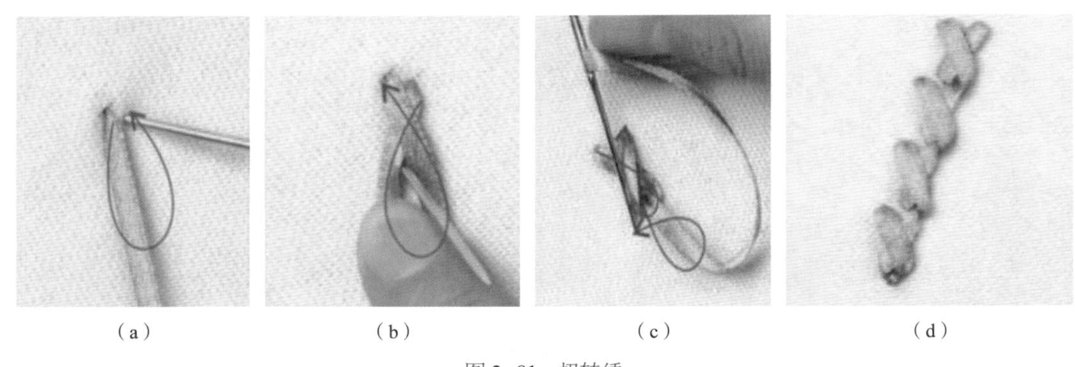

（a）　（b）　（c）　（d）

图 2-81　扭转绣

8. 立体花瓣绣

（1）从丝带一端开始，进行拱针缝，如图 2-82（a）所示。

（2）把缝好的丝带抽紧，如图 2-82（b）所示。

（3）把一端固定到底布上，另一端围绕固定，如图 2-82（c）所示。

（4）完成，如图 2-82（d）所示。

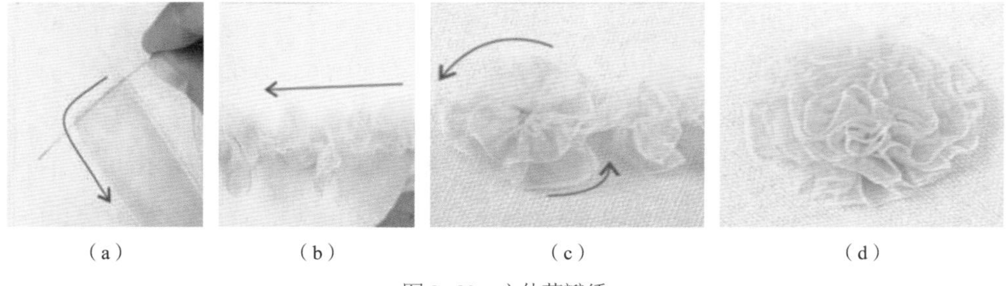

（a）　（b）　（c）　（d）

图 2-82　立体花瓣绣

9. 立体玫瑰绣

（1）将丝带一端翻转，如图 2-83（a）所示。

（2）翻转后折叠，数次后形成花蕊，如图 2-83（b）所示。

（3）以花蕊为中心，将丝带继续翻转，折叠成需要大小，如图 2-83（c）所示。

（4）用细线固定在布上，如图 2-83（d）所示。

（5）围绕着花蕊继续绣，如图 2-83（e）所示。

（6）绣制一定大小后可稍加调整，如图 2-83（f）所示。

（7）如图翻转丝带绣，如图 2-83（g）所示。

（8）反复，如图 2-83（h）所示。

（9）调整，如图 2-83（i）所示。

（10）完成，如图 2-83（j）所示。

（a）（b）（c）（d）（e）
（f）（g）（h）（i）（j）

图 2-83　立体玫瑰绣

10. 折叠花瓣绣

（1）把丝带交叉折叠，如图 2-84（a）所示。

（2）用细线固定抽紧，如图 2-84（b）所示。

（3）修剪后整理，如图 2-84（c）所示。

（4）固定、整理，如图 2-84（d）所示。

（5）用绿丝带做叶子装饰，如图 2-84（e）所示。

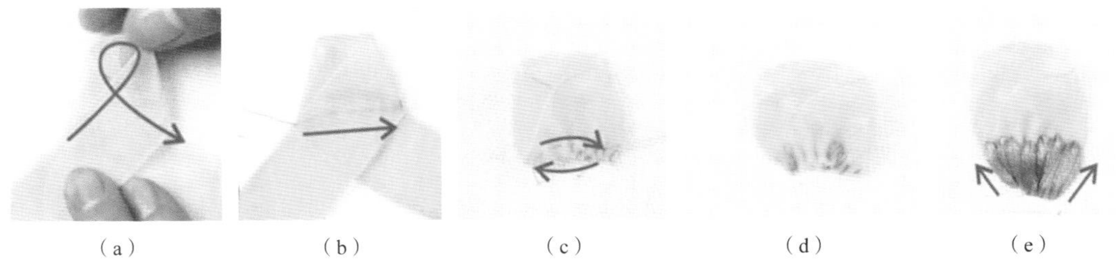
（a）（b）（c）（d）（e）

图 2-84　折叠花瓣绣

11. 羽毛绣

（1）针从底部穿出，在附近穿入，如图 2-85（a）所示。

（2）在两针中间穿出，如图 2-85（b）所示。

（3）反复针法，如图 2-85（c）所示。

（4）左右从复针法，如图 2-85（d）所示。

（5）形成羽毛状，如图 2-85（e）所示。

（6）最后入针固定，如图 2-85（f）所示。

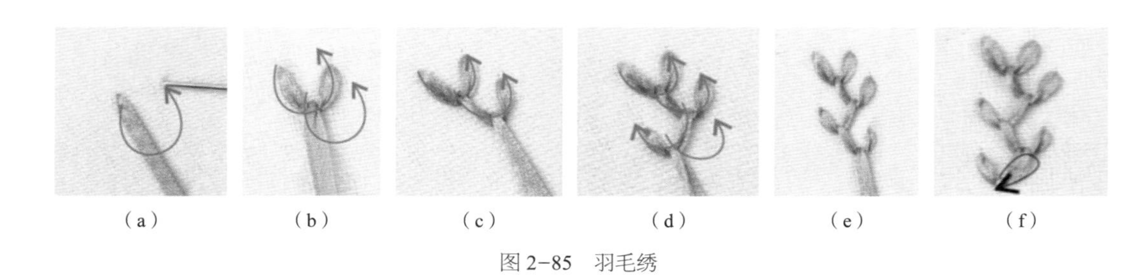
（a）（b）（c）（d）（e）（f）

图 2-85　羽毛绣

12. 菊叶豆针绣

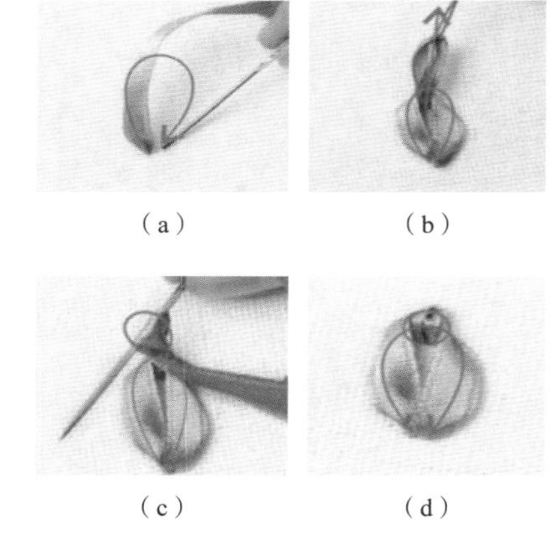
（a）（b）（c）（d）

图 2-86　菊叶豆针绣

（1）丝带从底布穿出，挑出需要的丝带环，如图 2-86（a）所示。

（2）按所需菊叶大小后，针从底部穿出，如图 2-86（b）所示。

（3）丝带缠绕手针一圈后入针，如图 2-86（c）所示。

（4）轻轻向下拉紧丝带，形成菊叶豆针绣，如图 2-86（d）所示。

13. 缎纹绣

（1）按照图案，在图案的边缘处，针从底部穿出，用锥子挑平丝带，亮面朝上，如图 2-87（a）所示。

（2）用针挑住几根布丝后穿出，紧挨上针处绣缝，如图 2-87（b）所示。

（3）重复针法，如图 2-87（c）所示。

（4）完成，如图 2-87（d）所示。

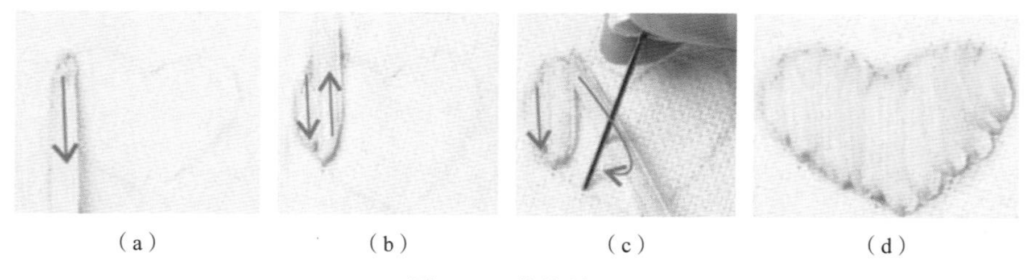
（a）（b）（c）（d）

图 2-87　缎纹绣

14. 法国豆针绣

（1）针从底部穿出，如图 2-88（a）所示。

（2）拉平丝带正面朝上，如图 2-88（b）所示。

（3）丝带绕针一圈，如图 2-88（c）所示。

（4）距第一针 0.2cm 处穿入，如图 2-88（d）所示。

（5）轻轻向下拉丝带，如图 2-88（e）所示。

（6）完成，如图 2-88（f）所示。

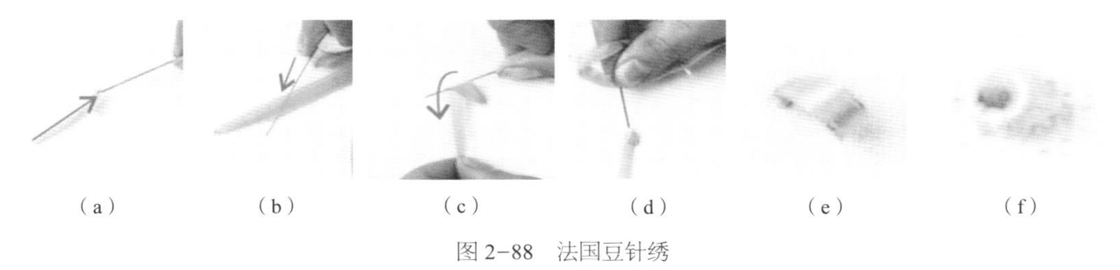

（a）　（b）　（c）　（d）　（e）　（f）

图 2-88　法国豆针绣

15. 菊花绣

（1）针和丝带从底部穿出，拉平丝带多转几圈，如图 2-89（a）所示。

（2）距第一针 0.3cm 处穿入，根据花朵大小留 0.5cm 余量，缝 6 ~ 8 针做花心，如图 2-89（b）所示。

（3）在从花心穿出丝带，向外拉出 2 ~ 4cm，丝带拧一圈后，扎入丝带，如图 2-89（c）所示。

（4）以放射状多做几个花瓣，分出长短，如图 2-89（d）所示。

（5）调整丝带成菊花状，如图 2-89（e）所示。

（6）完成，如图 2-89（f）所示。

（a）　（b）　（c）

（d）　（e）　（f）

图 2-89　菊花绣

四、丝带绣图例（图 2-90）

丝带绣的刺绣步骤及注意事项如下。

（1）画底图：将设计好的图案用复印纸拓到底布上，如图 2-91 所示。

（2）分析图案组合，分出图案的主次，确定绣缝的先后顺序，如图 2–92 所示。

（3）根据图案搭配适合的丝带，一副作品中应搭配不同宽度的丝带，搭配不同的针法，丝带的颜色也要注意统一而不单调，如图 2–93 所示。

（4）刺绣的过程中手要尽量保持干净，拉丝带时保证底布的平整，较薄的底布可用绣绷绷起来再刺绣。丝带绣在绣制时最好保持丝带的自然松紧状态。丝带拉的太紧，容易使绣布发皱变形，缺乏灵气。丝带放得太松也不合适，在丝带绣成品的使用过程中容易被挂起丝影响美观，如图 2–94 所示。

图 2–90　　图 2–91　　图 2–92

图 2–93

图 2–94

（5）绣好后的作品进行装裱或做成实物，如图 2-95 所示。

图 2-95　装饰画完成

第四节　串珠绣工艺与设计

“珠绣”源于唐朝，鼎盛于明清，是中国四大名绣“粤绣”中“潮绣”工艺的一种。中国历史上，皇帝头顶冕冠上的珠硫、文官颈上戴的珠链等，都是采用珠绣工艺。

珠绣主要分半珠绣和全珠绣两种，在以前人们多采用珍珠、玻璃珠、宝石珠、贝壳片等，现在又增加了许多种类的人造珠片。现在的珠绣是在中国著名的刺绣基础上发展而来的，通过精巧的绣工和独特的艺术风格，将晶莹多彩的珠粒缝制而成的绣品，具有较强的艺术表现力，是现代生活的时尚饰品，既时尚，又有典雅的东方文化和民族魅力，如图 2-96 所示。

串珠与亮片搭配，就是把串珠或者亮片用线穿起来固定在布上，两者可以单独组成图案，也可以与刺绣一起组成图案，根据设计和用途搭配使用，如图 2-97 所示。

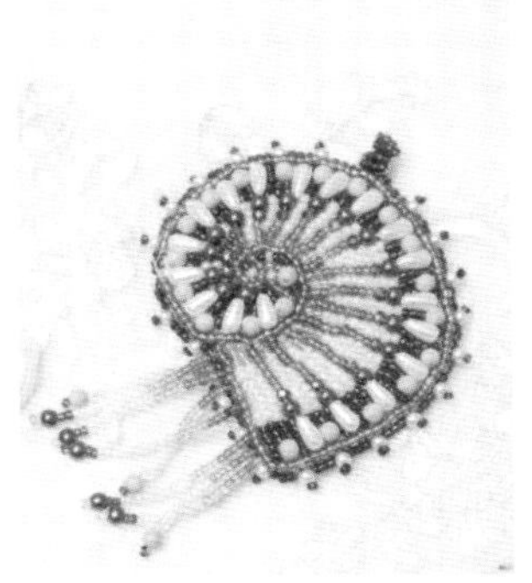

图 2-96　珠绣

图 2-97　串珠与亮片搭配

一、材料与工具（图 2-98）

1. 底布

底布以容易固定串珠、亮片的材料，织纹不明显凹凸少的布料为宜。棉布、乔其纱、缎子、交织物、针织物等。

2. 串珠

珠子的种类很多，颜色有透明、七彩、磁珠等，形状有米珠、圆珠、半圆珠、椭圆珠、方珠、管珠等，因此要根据图案设计选择适合的串珠。

3. 亮片

主要采用高品质 PVC 材料的各形状亮片，色泽透亮、明净，也有一些贝壳等做的天然亮片等。常用的亮片尺寸约有 3mm、4mm、5mm、6mm。

4. 线

使用锁缝线、棉线、绣花线，线的颜色最好与串珠和亮片颜色一致，也可以选择透明线。

5. 针

串珠专用针 9 号、10 号、11 号手针，号越大，针越细，越长。

6. 绣框

圆形绣框、方形绣框。

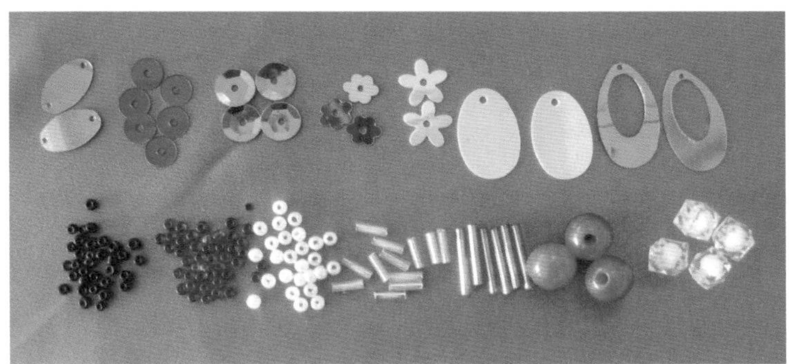

图 2-98　串珠材料

二、绣缝要点

（1）绣缝前仔细分析图案，分出绣缝的先后顺序。例如，花朵的图案，要先绣缝花径，再绣花朵。

（2）绣缝较长的多珠时，一般穿 5 ～ 6 颗珠子为一组，绣缝时线的长度要和珠子的长度一样长，绣线不能过紧或过松。

（3）根据面料的薄厚选择珠子的大小，一般比较薄的面料用较轻较小的珠子和亮片搭配，较厚的面料可以选择大珠和小珠搭配使用，如图 2-99 所示。

图 2-99　绣缝要点

三、绣缝技法

1. 圆珠的固定

（1）起针刺绣时打结并且回针，针从布下穿出，穿一颗珠子向下固定，如图 2-100（a）所示。

（2）固定圆珠时，针脚和珠子的长度相同，如图 2-100（b）所示。

（3）针距可以根据图案及设计的要求调整，如图 2-100（c）所示。

（4）固定第二排的珠子，如图 2-100（d）所示。

（5）固定第三排珠子，如图 2-100（e）所示。

（6）绣缝结束后打回针、打结子，防止珠子脱落，如图 2-100（f）所示。

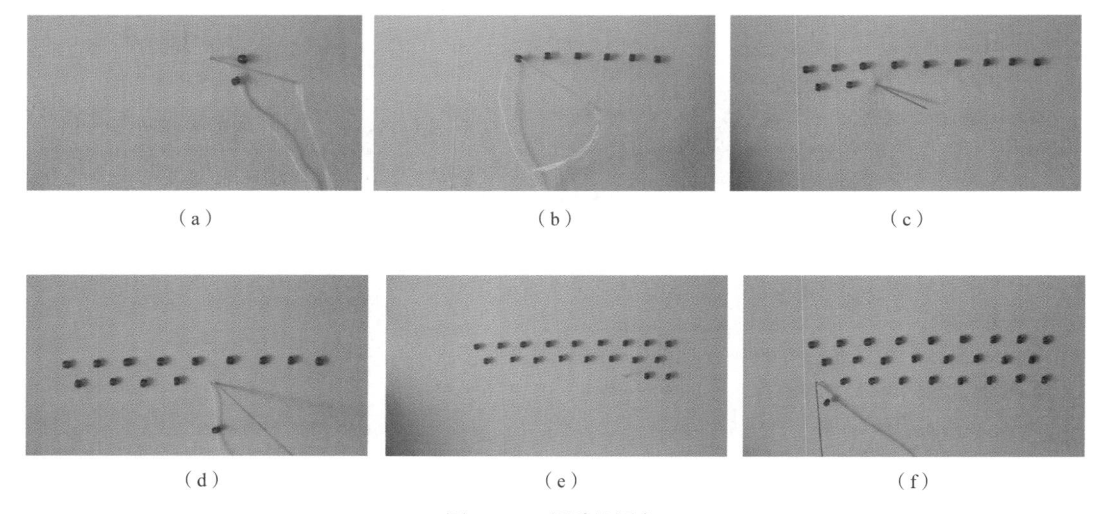

（a）（b）（c）（d）（e）（f）

图 2-100　圆珠的固定

2. 长管珠子的固定

（1）长管珠的固定方法与圆珠相同，由于串珠较重，所以起针时要使线钉结实，如图 2-101（a）所示。

（2）绣缝时针脚比串珠稍长些，如图 2-101（b）所示。

（3）绣缝长管珠子时，针距可以自由决定，如图 2-101（c）所示。

（4）绣缝第二排、第三排时，不要断线可以打回针加固，如图 2-101（d）所示。

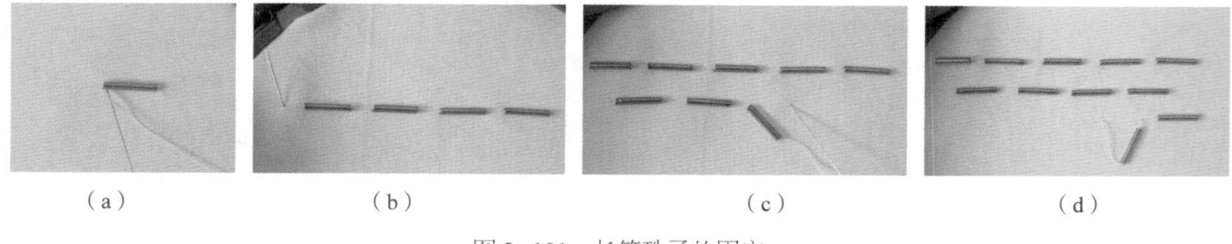

（a）（b）（c）（d）

图 2-101　长管珠子的固定

3. 长管珠的斜针绣缝

（1）针从布下穿出，穿入一颗珠子，使其倾斜，针向下穿入，如图 2-102（a）所示。

（2）再从第一针的右边穿出，依次绣缝，如图 2-102（b）所示。

（3）绣缝时珠子的一端要与图案线对齐，如图 2-102（c）所示。

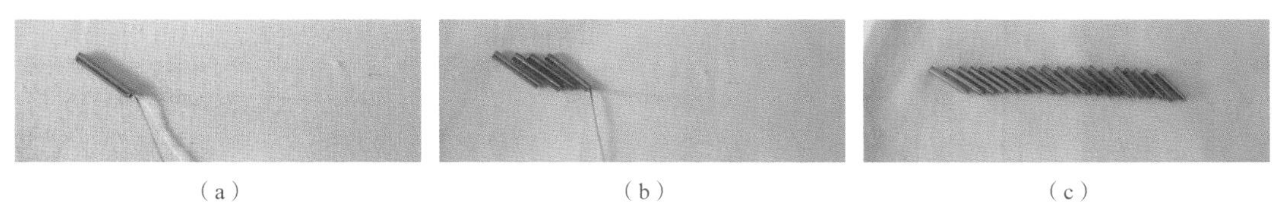

（a）（b）（c）

图 2-102 长管珠的斜针固定

4. 圆珠的立体绣缝

（1）针从布下穿出，穿入比针脚宽、又多的珠子，如图 2-103（a）所示。

（2）依次绣缝，如图 2-103（b）所示。

（3）形成立体感强的珠绣，如图 2-103（c）所示。

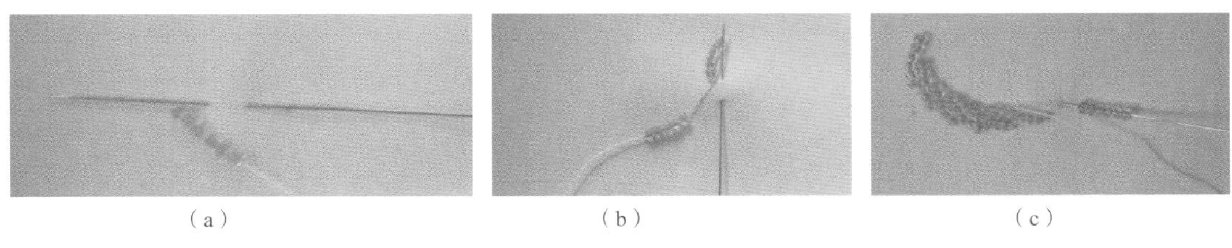

（a）（b）（c）

图 2-103 圆珠的立体绣缝

5. 缎绣针法

（1）珠子的缎绣与刺绣中的缎绣针法相同，先在中间穿一颗珠子，做花心，如图 2-104（a）所示。

（2）从花瓣的中心开始绣缝，中心处使用小珠子，形成重量感，如图 2-104（b）所示。

（3）花瓣形成放射状，也可以按照图案的形状绣缝，如图 2-104（c）所示。

（4）依次绣缝其他花瓣，如图 2-104（d）所示。

（5）绣缝时线不能过松或过紧，如图 2-104（e）所示。

（6）完成图案，如图 2-104（f）所示。

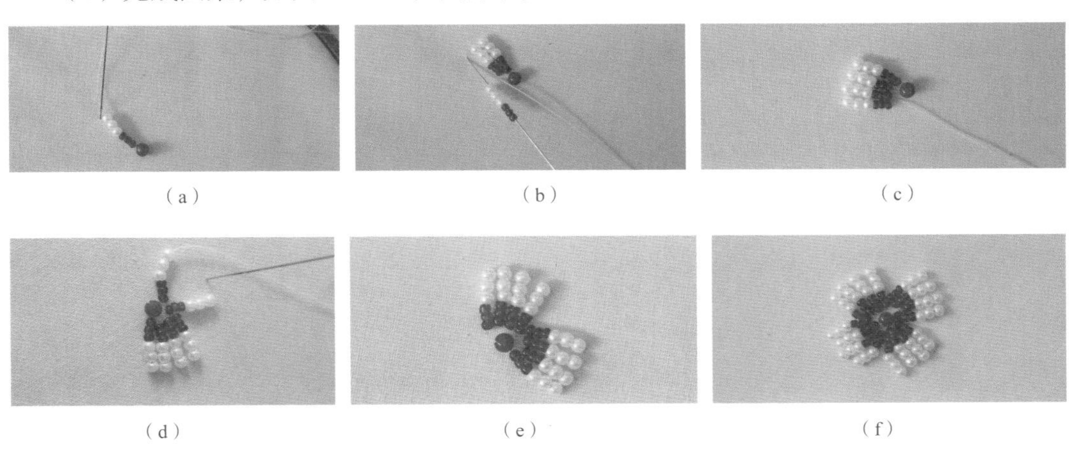

（a）（b）（c）

（d）（e）（f）

图 2-104 缎绣针法

6. 亮片的固定

（1）针从布下穿出，穿入一片亮片，如图 2-105（a）所示。

（2）从亮片的边缘向外固定，该绣缝方法有绣线露在外面，如图 2-105（b）所示。

（3）可以一字固定、十字固定、回针固定等，如图 2-105（c）所示。

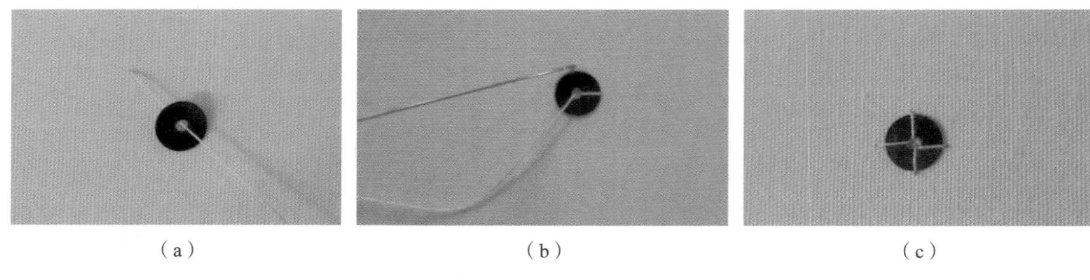

（a）（b）（c）

图 2-105　亮片的固定

7. 亮片、圆珠组合

（1）针从布下穿出，穿入一片亮片，如图 2-106（a）所示。

（2）穿入一颗珠子，再从亮片的中间穿入，如图 2-106（b）所示。

（3）圆珠一定要比亮片的眼大，如图 2-106（c）所示。

（4）依次绣缝，可以选择不同形状的亮片与圆珠搭配，如图 2-106（d）所示。

（5）在亮片下回针，防止亮片脱落，如图 2-106（e）所示。

（6）完成图，如图 2-106（f）所示。

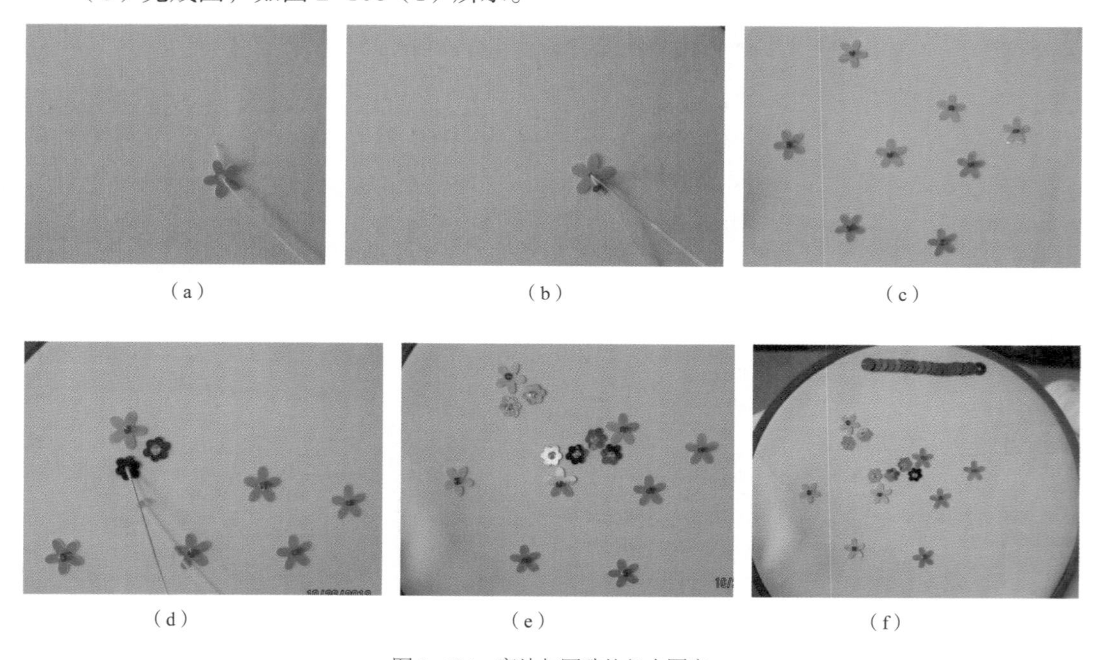

（a）（b）（c）

（d）（e）（f）

图 2-106　亮片与圆珠的组合固定

8. 亮片、长管珠组合

（1）线穿出，再把亮片、长管珠按顺序穿起，如图 2–107（a）所示。

（2）让长管珠压住亮片，在花瓣的中心穿入，如图 2–107（b）所示。

（3）形成花朵形状，如图 2–107（c）所示。

（4）从花心中穿入一颗珠子，做花心，如图 2–107（d）所示。

（5）完成图，如图 2–107（e）所示。

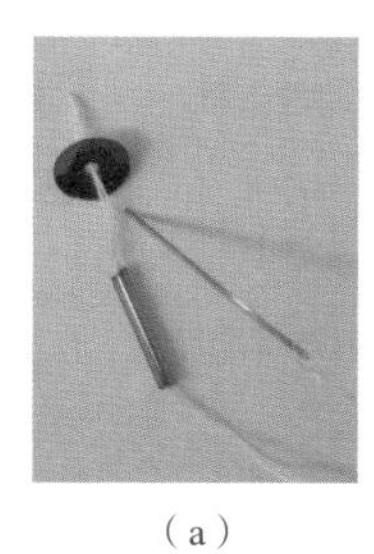
（a）

（b）

（c）

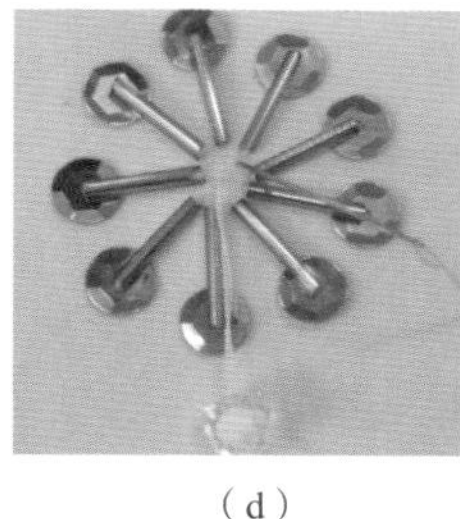
（d）

（e）

图 2–107　亮片与长管珠的固定

9. 亮片、圆珠、长管珠组合

（1）利用珠、片组合的方法绣缝重瓣的小花，如图 2–108（a）所示。

（2）线从布下穿出，按顺序穿入两颗小珠、一片亮片、一颗小珠、一片亮片、三颗小珠，如图 2–108（b）所示。

（3）将针穿入花心的位置，这样重复绣缝，如图 2–108（c）所示。

（4）在小花的中间穿入一颗圆珠做花心，如图 2–108（d）所示。

（5）在小花的周围用长管珠做装饰，如图 2–108（e）所示。

（6）完成图，如图 2–108（f）所示。

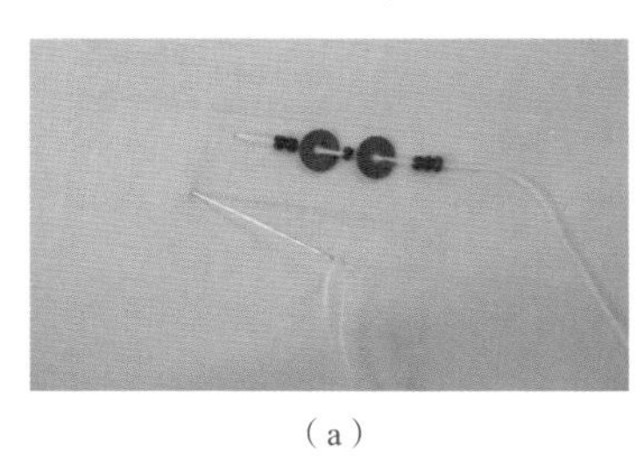
（a）

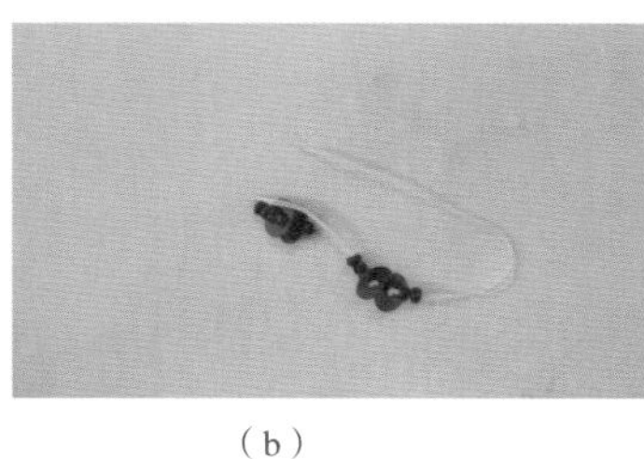
（b）

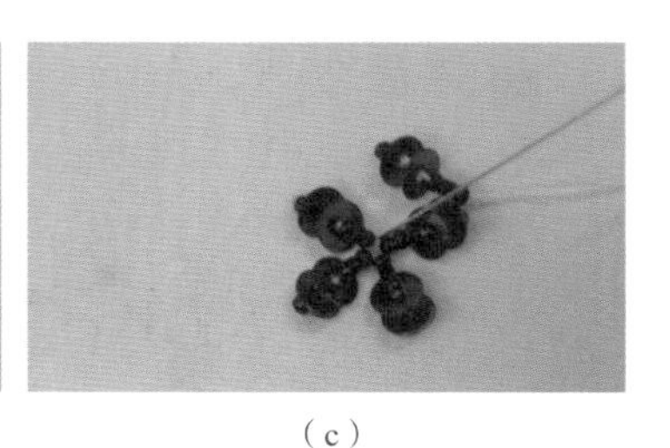
（c）

（d）

（e）

（f）

图 2–108　组合针法

10. 流苏饰的绣缝

（1）如图穿入珠子，在流苏的最后穿一粒小珠子，如图 2–109（a）所示。

（2）再穿回起始的位置，线不能过紧，如图 2–109（b）所示。

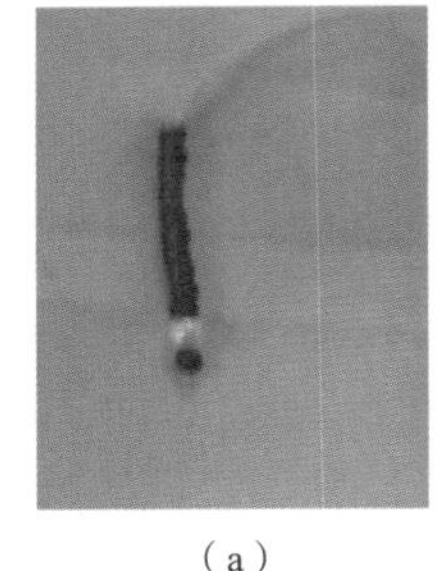
（a）

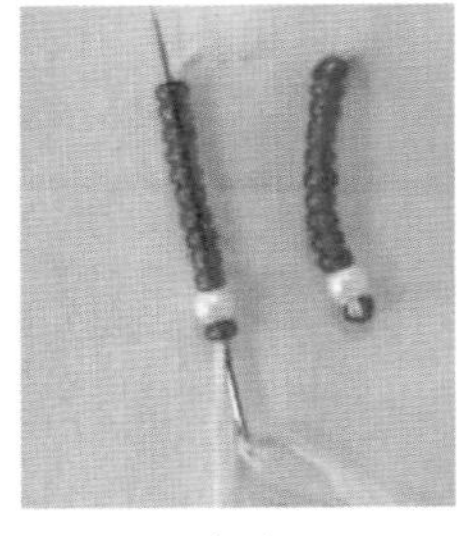
（b）

图 2–109　流苏针法

四、珠绣图例——扇面

1. 设计图案

根据扇面的大小设计图案，用水消笔或气消笔将图案绘制到扇面上。

2. 材料选择搭配

根据设计很好的图案选择合适的串珠，串珠的颜色可以自由搭配，一般选择同色系的串珠比较和谐统一。扇柄处多选择适合的流苏搭配，如图 2–110 所示。

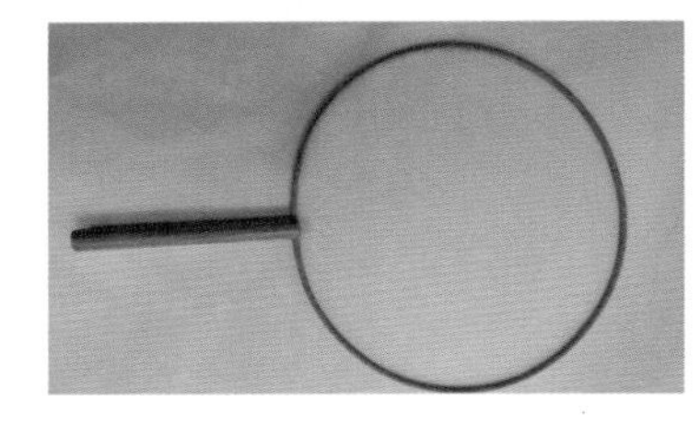
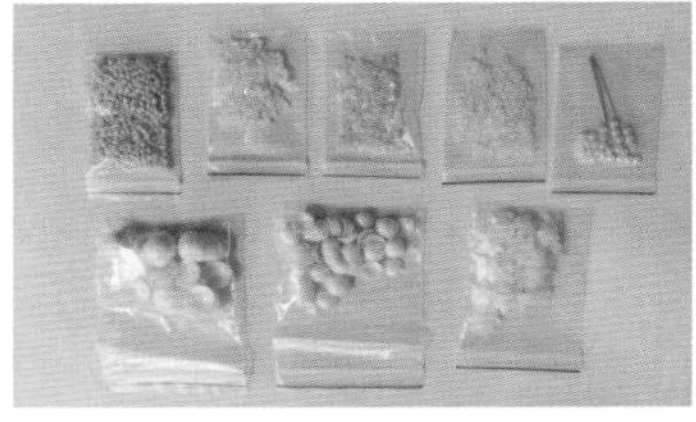
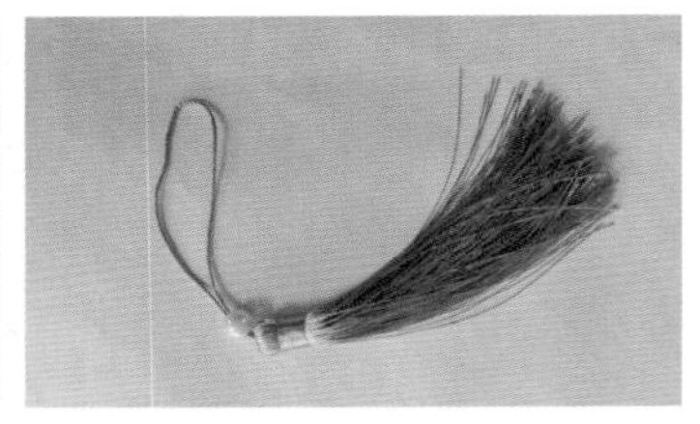

图 2–110　扇面、珠片、吊坠

3. 选择合适的针和线

11 号针和 3 毫米透明线，如图 2–111 所示。

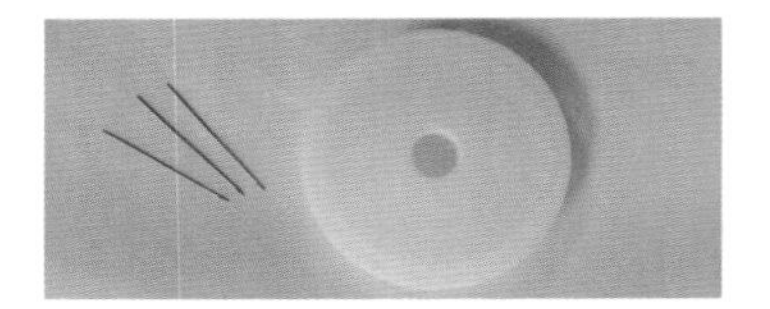

图 2–111　针与线

4. 珠绣步骤

（1）根据图案先绣花径再绣花朵，由右向左绣，由底向上，如图 2–112 所示。

（2）绣花瓣的时可以将花瓣摆好，确定位置和数量后再绣缝。花瓣的数量可以根据整体布局，进行调整，花瓣的摆放方式可以灵活运用，如图 2–113 所示。

（3）由于扇面的底布较薄，在刺绣的过程中，尽量避免反复穿插，同时也是为了反面的美观。有刺绣基础的可以尝试双面刺绣，这样正反图案一致，整体效果更好，

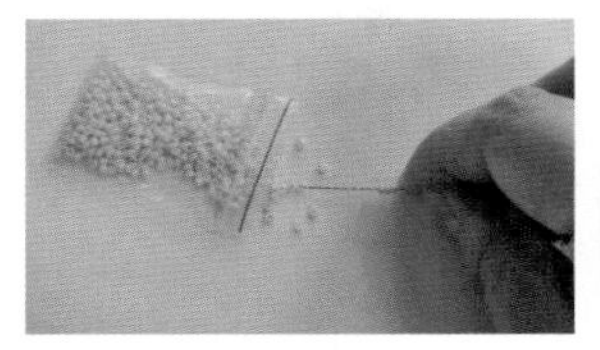
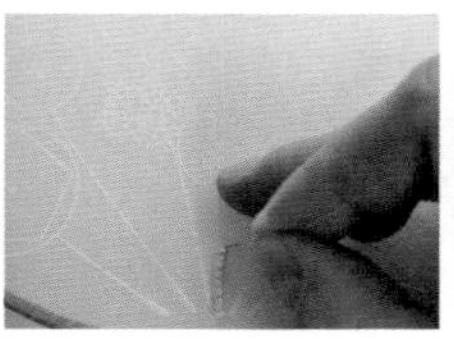
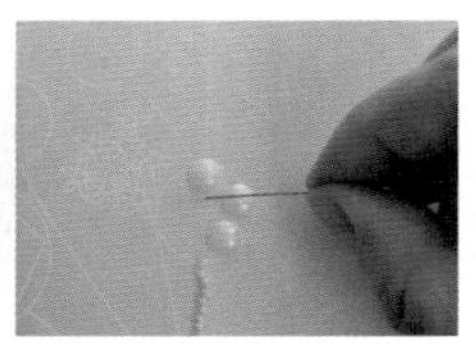
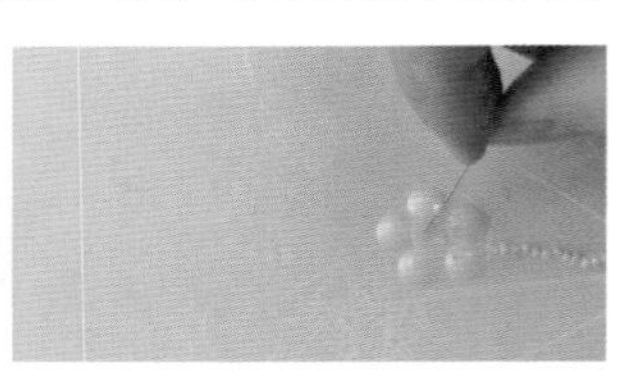

图 2–112　小花瓣的刺绣

如图 2–114 所示。

（4）将扇面上所绘制的图案都绣好，用稍热的吹风机或气烫机，热熏扇面，去掉绘制的图案后，作品就完成了。最后在扇柄处系上流苏或挂饰，摆放到扇架上，如图 2–115 所示。

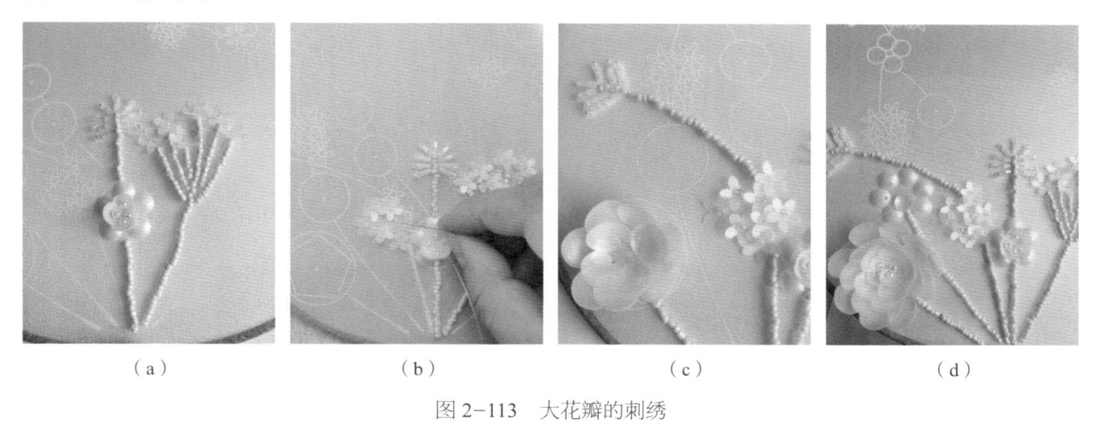

（a）　（b）　（c）　（d）

图 2–113　大花瓣的刺绣

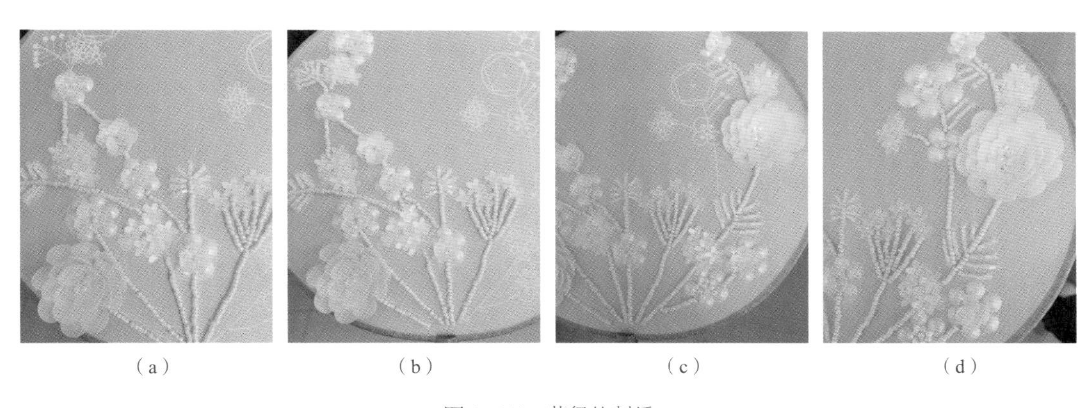

（a）　（b）　（c）　（d）

图 2–114　花径的刺绣

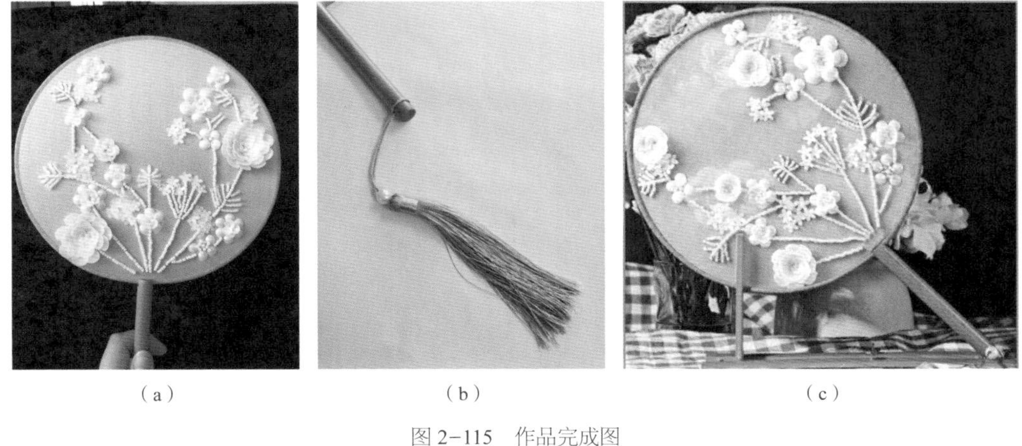

（a）　（b）　（c）

图 2–115　作品完成图

第五节　抽绣工艺与设计

抽绣，也称抽纱绣，是刺绣中很有特色的一种技法。其绣法是，根据设计的图案，把布的经纱、纬纱以纵横或格子的形式抽出，然后把布面上留下的布丝，用绣线进行锁边缝，锁成各式各样花样的抽纱工艺。抽纱绣的绣面具有独特的网眼效果，秀丽纤巧，玲珑剔透，装饰性很强，如图2–116所示。

图2–116　抽绣服装

一、材料与工具

1. 布料

由于抽绣是抽去织物的纱织，留有间隙的图案花样刺绣的技法，适用麻布、棉布、绢、毛料（粗平织的布）等，如图2–117所示。

图2–117　抽绣布料

2. 锥子

给底布抽纱时挑线用。

3. 小剪刀

常用的小剪刀即可。

4. 手缝针

根据线的粗细选择合适的针。

5. 线

一般选用多股的绣花线，也可以用较细的毛线。根据底布的薄厚，较厚的底布还可以选择较窄的丝带，绣出的作品色彩艳丽有光泽，如图 2-118 所示。

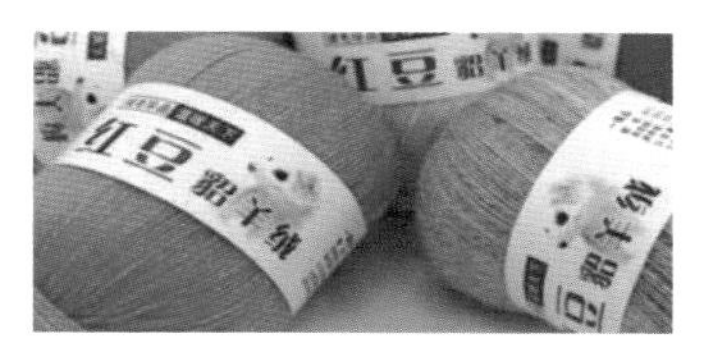

名称　毛线
材质　棉、毛、羊绒、腈纶
用途　编织、刺绣

名称　绣花线
材质　涤棉、棉、丝
用途　十字绣、刺绣

名称　丝带
材质　涤、棉、丝
用途　丝带绣、刺绣

图 2-118　抽绣线的种类

二、缝法要点

抽绣的方法大致有两种。一是布的经纱或者纬纱单一方向抽纱，称为直线抽纱或单孔抽绣。二是布的经、纬纱两个方向格子形式的抽纱，称为格子抽绣或雕绣。由于抽绣有一定难度，抽纱绣图案大多为简单的几何线条或几何形状。首先，先确定抽纱的位置，用锥子尖挑出 1 根。边用手指捏着那根纱，边抽出，注意在中途线不要切断，如图 2-119 所示。

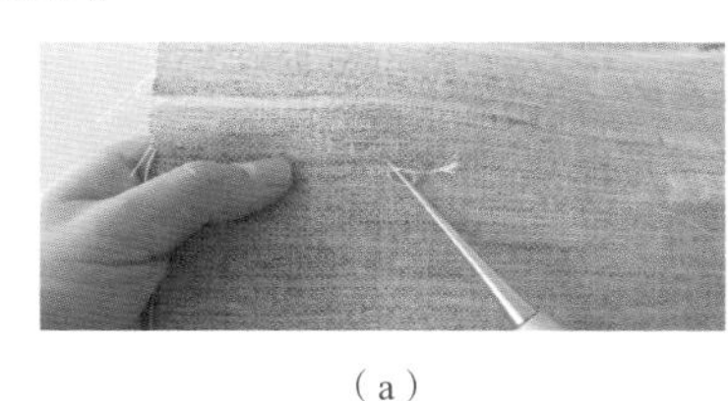

（a）

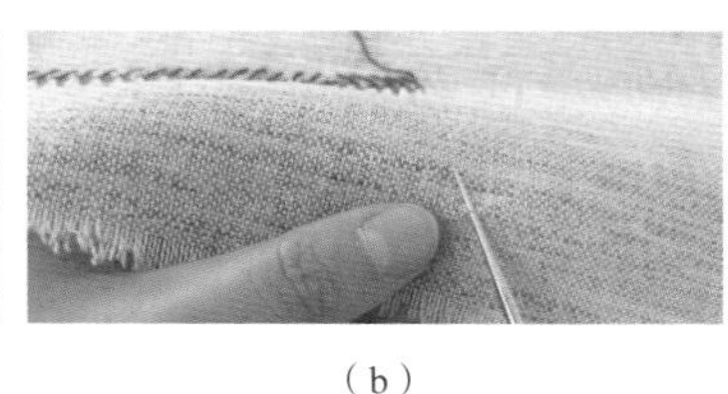

（b）

图 2-119　抽纱

三、抽绣技法

1. 扎缝

直线抽缝里面最常用的一种抽绣技法，将面料进行抽纱，利用剩下的纱织进行扎缝，方法如下。

（1）针从布的反面穿出，在需要缠住的线束中间，如图 2–120（a）所示。

（2）用针尖挑一束纱线，线绕成环，再从反面穿出，如图 2–120（b）所示。

（3）反复重复之后就形成了有规律的线迹，注意每束纱线的多少根据线的粗细决定，一般为 5 ~ 10 根，如图 2–120（c）所示。

（4）完成图如图 2–120（d）所示。

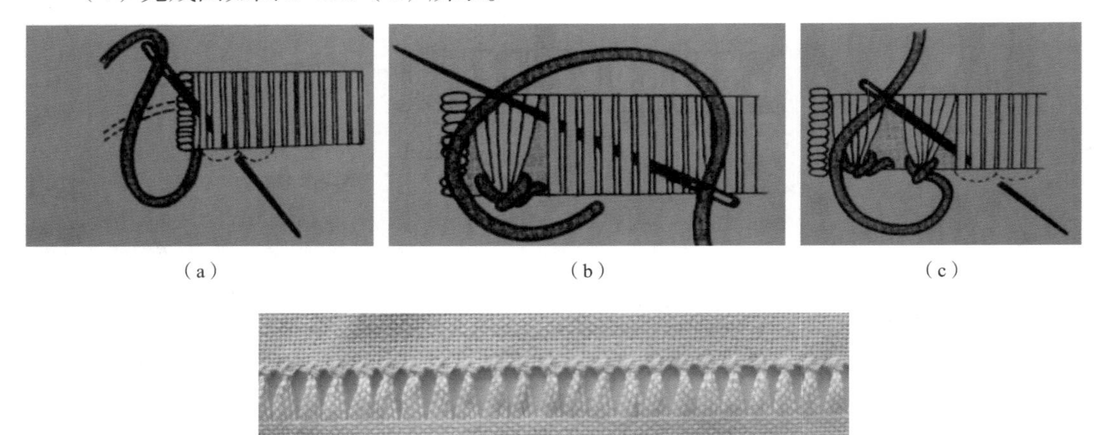

（a）　（b）　（c）

（d）

图 2–120　扎缝针法

2. 穗子扎缝

穗子扎缝是扎缝的一种，多用于布边的处理。

（1）从布边开始确定穗子的长度，再从这个位置开始抽纱，抽纱宽度为 0.5 ~ 0.7cm，然后进行扎缝，如图 2–121（a）所示。

（2）扎缝之后，将穗子部分的纬纱抽掉，最后整理穗子，如图 2–121（b）所示。

（3）穗子完成图，如图 2–121（c）所示。

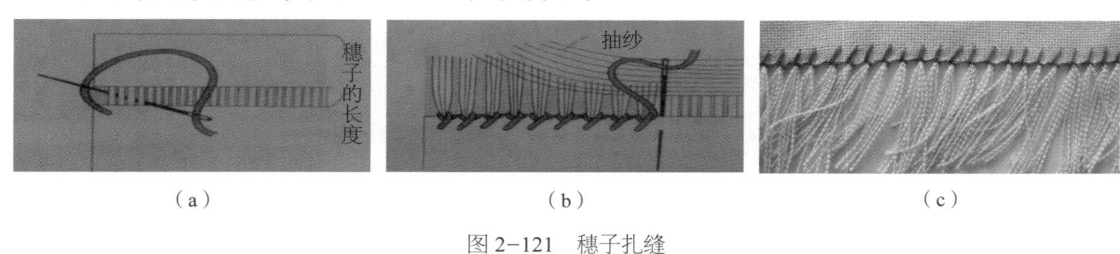

（a）　（b）　（c）

图 2–121　穗子扎缝

3. 变化扎缝

（1）在已经抽纱的两行上进行扎线束缝的方法。按顺序号缝线，轻轻勒紧线，如图 2–122（a）所示。

（2）上下两行交替进行，如图 2–122（b）所示。

（3）完成图如图 2–122（c）所示。

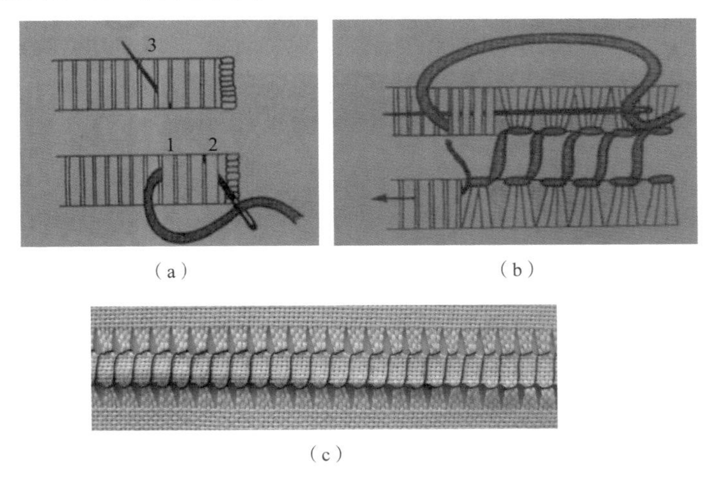

（a）　（b）　（c）

图 2–122　变化扎缝

4. 绷架形绕缝

（1）先从上行分别取偶数线绕缝，缝下行时，把织线从中间分开，用卷缝针进行绕缝，如图 2–123（a）所示。

（2）上下两行交替进行，如图 2–123（b）所示。

（3）完成图如图 2–123（c）所示。

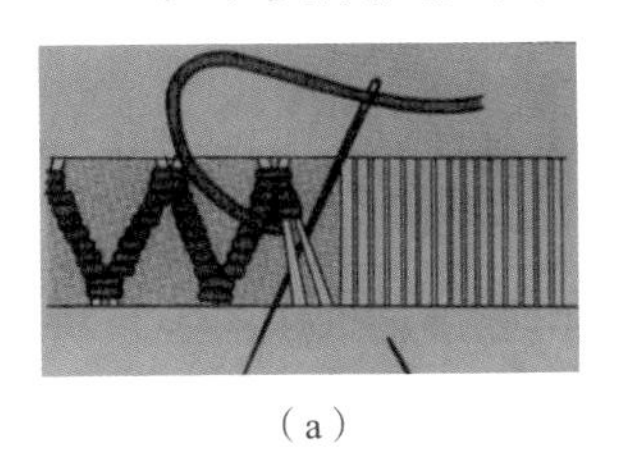

（a）

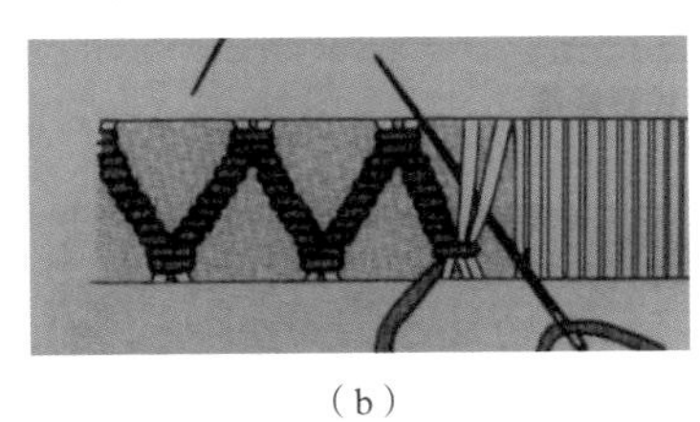

（b）

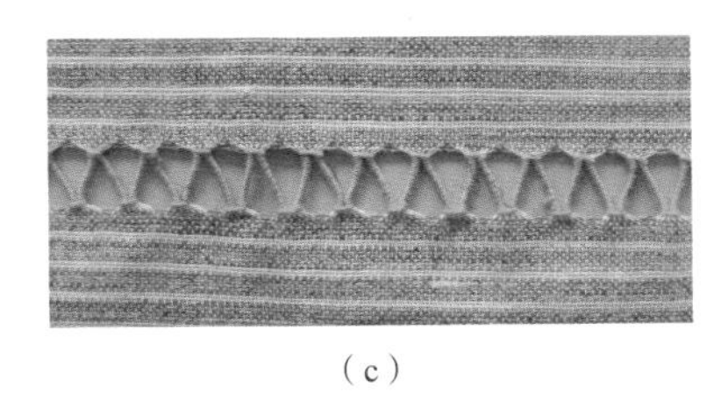

（c）

图 2–123　绷架形绕缝

5. 锯齿形缝

（1）在已经抽纱的两行上，从左往右，上下交替，进行锯齿形缝法，如图 2–124（a）所示。

（2）从反面看的效果，如图 2–124（b）所示。

（3）完成图如图 2–124（c）所示。

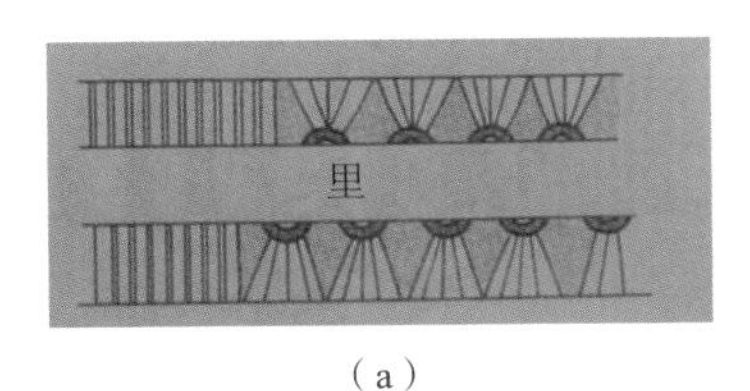

（a）

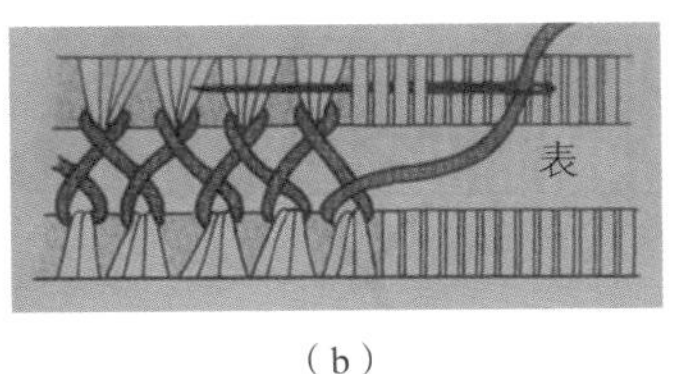

（b）

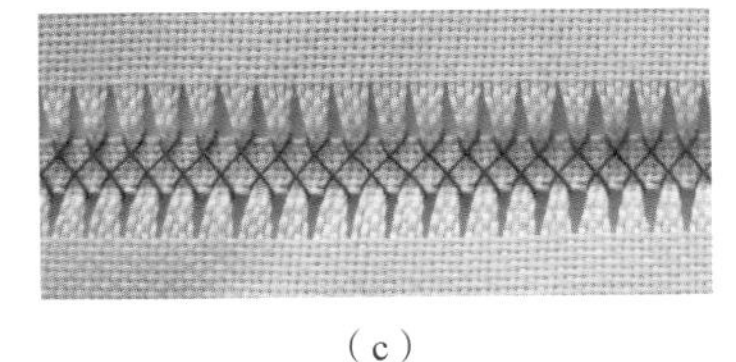

（c）

图 2–124　锯齿形缝

6. 束式缝法

（1）在抽纱开始和截止处，做卷边缝缠住，在卷缝之内，把所有纬纱抽掉。在抽线宽的中间穿出针线，挑住 5 ~ 10 根经纱，如图 2–125（a）所示。

（2）缠线环绕，针在环中穿入后轻轻勒紧，如图 2–125（b）所示。

（3）每束缠住的经线根数要一样，线的松紧适宜，如图 2–125（c）所示。

（4）完成图如图 2–125（d）所示。

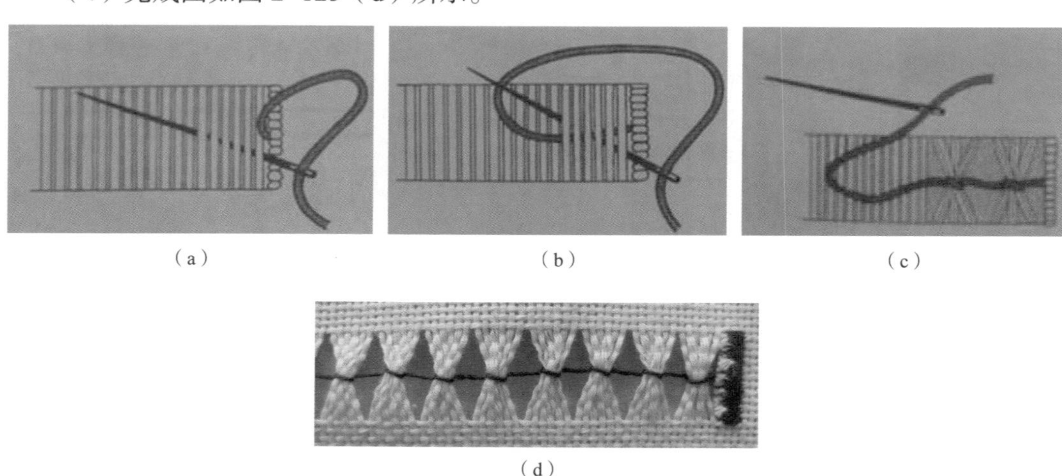

（a）（b）（c）

（d）

图 2–125 束式缝

7. 波纹缝法

（1）在抽纱开始和截止处，做卷边缝缠住，在卷缝之内，把所有纬纱抽掉。针从中间穿出，纵向缝比较容易，如图 2–126（a）所示。

（2）按照偶数的纱线进行缝制，改变针尖方向，使织线交叉，按照图片这样方法，形成波浪纹，如图 2–126（b）所示。

（3）完成图，如图 2–126（c）所示。

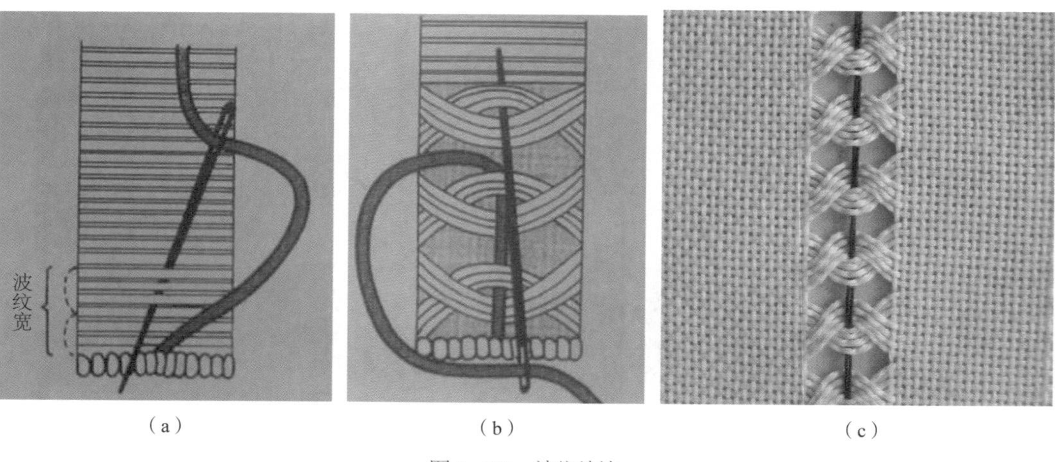

（a）（b）（c）

图 2–126 波纹缝法

8. 菊花缝法

（1）在图案的四角缠缝固定，抽掉线。起针时反面留 5cm 线头，针从中间穿出，挑等分的线扎缝，如图 2-127（a）所示。

（2）如图那样穿入针，再从图案中间相同针眼处穿出，如图 2-127（b）所示。

（3）反复步骤（1）（2），如图 2-127（c）所示。

（4）缝好菊花的图案后，将针穿入反面，与起针时留的线头打结，如图 2-127（d）所示。

（5）完成图如图 2-127（e）所示。

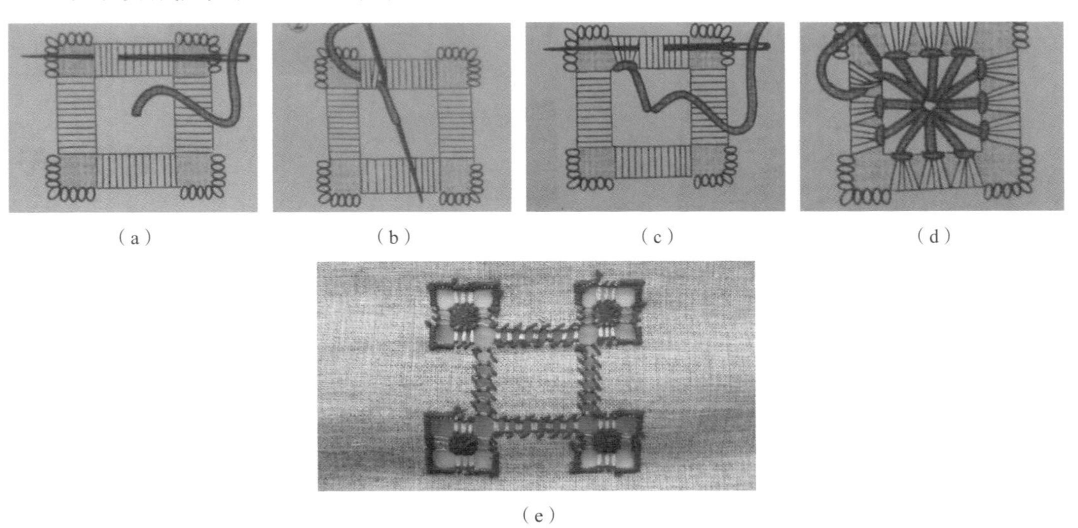

（a）　（b）　（c）　（d）

（e）

图 2-127　菊花缝

9. 格子抽绣

格子抽绣是在格子上进行卷缝或者锁缝后，格子状的抽掉纱线，然后再在剩下的纱线上缝制的方法。

（1）把纱线交错的部分，倾斜挑起缝制。移到下一行时，针穿过卷缝的里面，再继续缝，如图 2-128（a）所示。

（2）横向缝好后，再纵向缝制，如图 2-128（b）所示。

（3）完成图如图 2-128（c）所示。

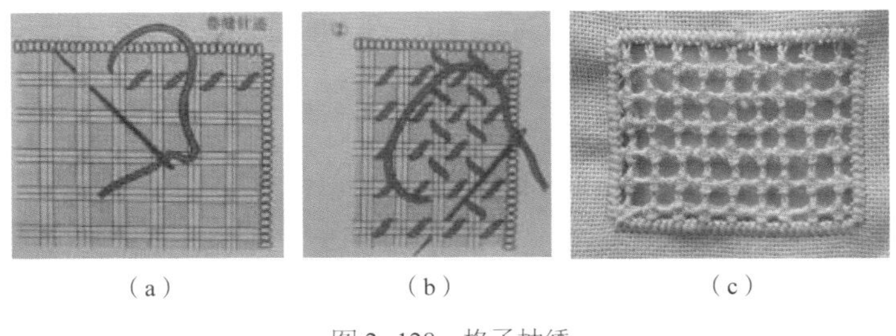

（a）　（b）　（c）

图 2-128　格子抽绣

四、抽绣作品图例

抽绣作品如图 2-129 所示。

图 2-129 抽绣作品

第六节 贴补绣工艺与设计

贴补绣也称补花绣、贴花补绣、贴布绣，是一种将其他布料剪贴绣缝在服装或服饰品上的刺绣形式。贴补绣绣法简单，图案以块、面为主，风格别致大方。

贴补绣针法常用于男女童装、布艺包、床上用品、靠垫及台布等家纺类产品，是美化人们生活的一种刺绣工艺，如图 2-130 所示。

图 2-130 贴补绣作品

一、材料和工具

1. 底布

底布没有特殊的要求，主要选择容易固定的底布。

2. 贴花布

根据设计的要求及作品的用途，选择能表现设计效果的材料，要选择不容易脱纱的材料。

3. 线

一般的刺绣用线，棉线、绣花线、丝线、毛线等。

4. 针

一般的刺绣针、手针。

5. 剪刀

绣花剪或小剪刀、大剪刀。

6. 硬纸

用来画图案。

二、缝法要点

1. 图案设计与要求

由于贴补绣主要用布来表图案，所以选择简单的以面为主的图案为主体，细部的线和点用刺绣来表现，如图 2–131 所示。

图 2–131　贴补绣图案

2. 技法种类

贴补绣的绣法是将贴花布按图案要求剪好，贴在绣面上，也可在贴花布与绣面之间衬垫棉花等物，使图案隆起而有立体感，贴好后，再用各种针法锁边。

贴补绣与刺绣相比，表现的是贴布技法，在短时间内就能表现出特殊的效果。在技法上大致可分成4种：裁边锁缝技法，折边锁缝技法，图案贴花技法，反向贴花技法。

3. 防止脱纱的方法

贴补绣适宜选择不易脱纱的布，一般为防止脱纱，可以在布的反面涂上浆糊或者粘上比较薄的粘合衬。

三、贴补绣技法

1. 贴线缝针法

贴线绣也叫盘线绣，是在贴花布的边缘处，放一根芯线，再用细线把芯线固定在上面，细线与芯线保持垂直，如图2-132所示。

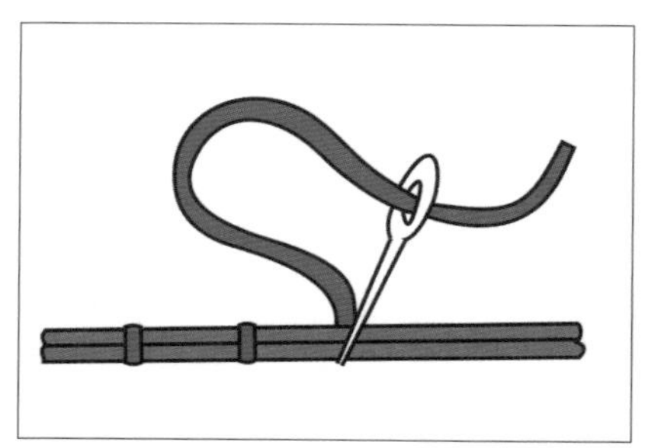

图2-132　贴线缝

2. 锁边缝针法

锁边缝针法也叫锁缝法，缝制时可加入芯线也可不加。针尖与布边呈直角，针脚可以根据图案的大小决定，如图2-133所示。

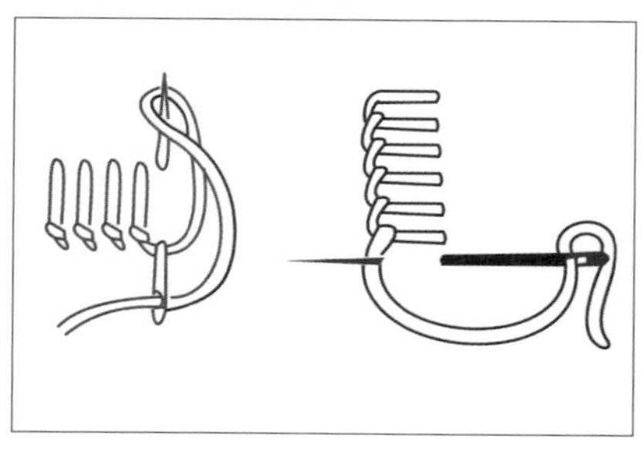
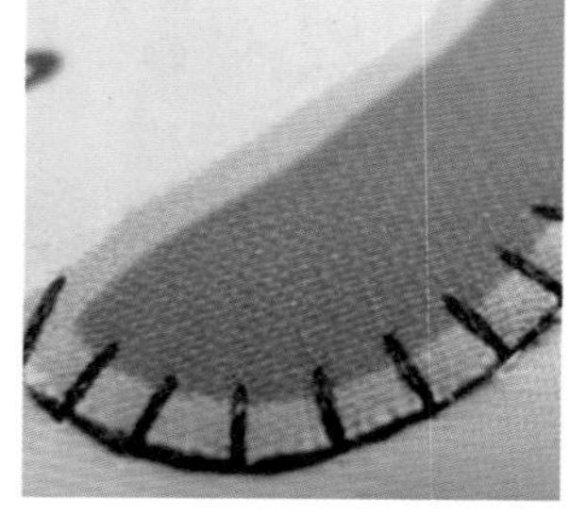

图2-133　锁边缝

3. 卷针缝针法

针从贴花布的边缘穿出，把布边卷进后锁缝，如图 2-134 所示。

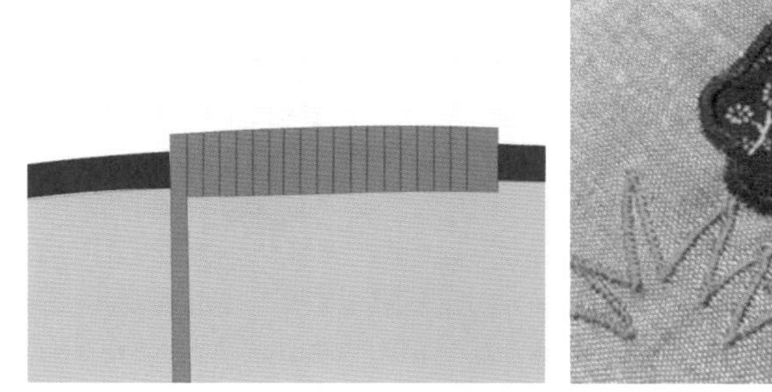
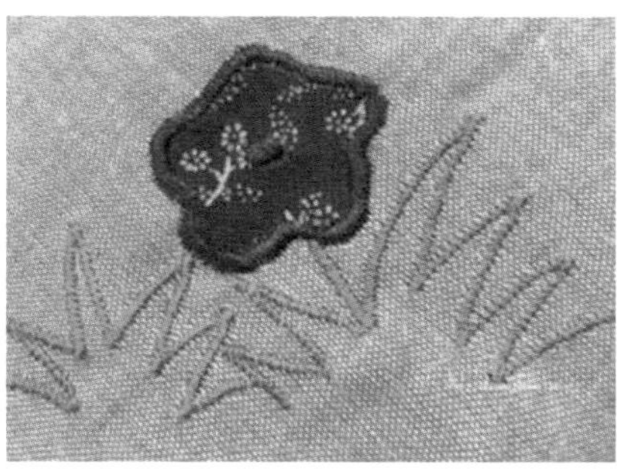

图 2-134　卷针缝

4. 花架式缝针法

在贴花布的内侧或者外侧穿针，形成花架式的针法。可以根据针脚的大小调整，还可缝成十字形或人字形，如图 2-135 所示。

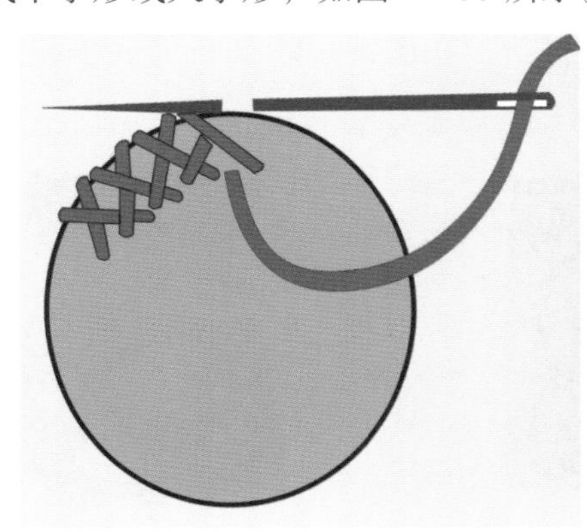
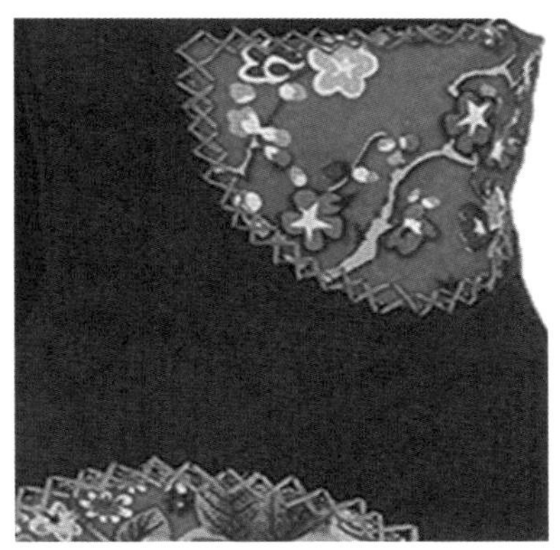

图 2-135　花架式缝

5. 结式缝针法

在贴花布的边缘，边刺绣边做小结子的线状针法，如图 2-136 所示。

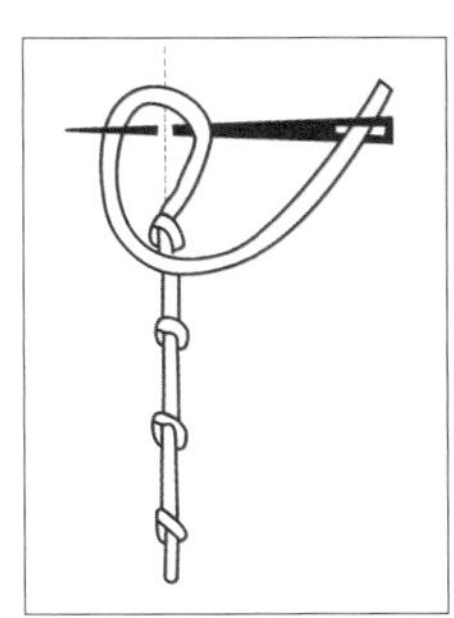

图 2-136　结式缝

6. 藏针缝针法

将贴花布的边缘向反面折边扣净，然后扦缝到底布上的缝法，如图 2-137 所示。

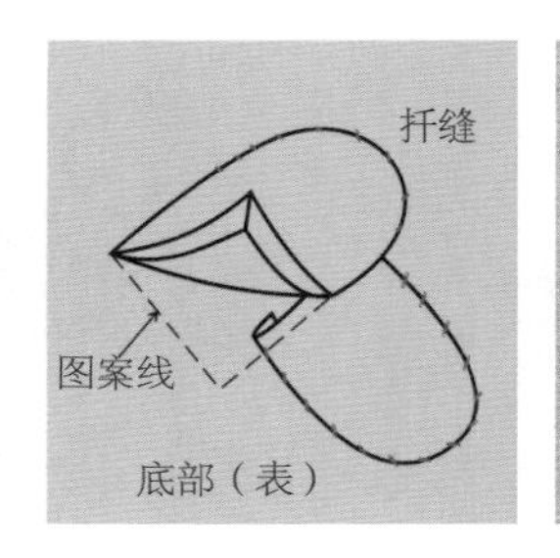

图 2-137　藏针缝

7. 反向贴花技法

就是把正常贴花的方向倒转。把上面的布一部分打剪口，边向里折进，锁缝边缘，能看见下面的布的技法，数片布重叠要能看见下侧各层的布，如图 2-138 所示。

8. 图案贴花

使用不脱纱的毛毡、皮革、不织布等材料，在图案边缘处机缝或手缝固定，如图 2-139 所示。

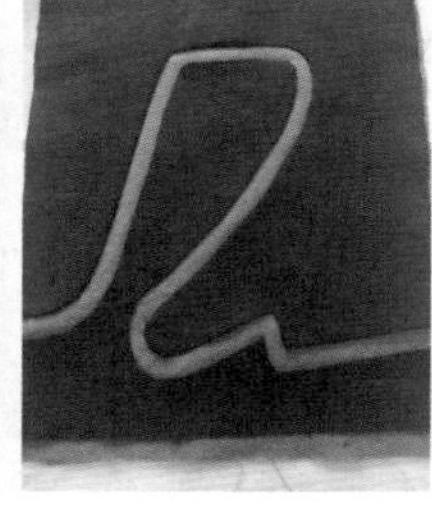

图 2-138　反向贴花

图 2-139　图案贴花

四、贴补绣图例

1. 钥匙包制作

材料：麻布，各色棉布，无纺衬，棉衬，线，如图 2-140 所示。

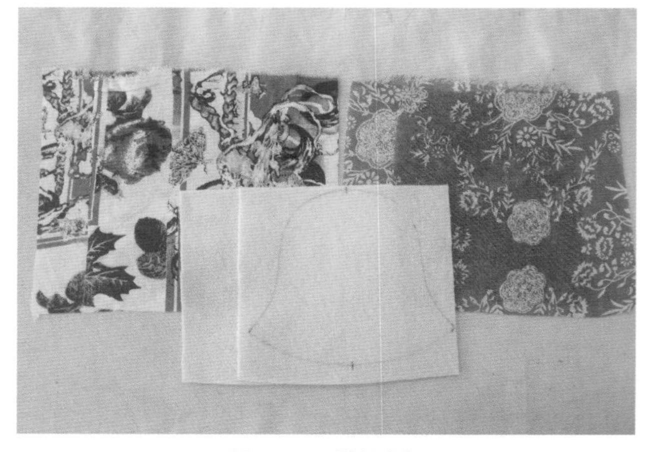

图 2-140　材料准备

2. 制作步骤

（1）第一步，在表布反面粘纸衬，使其硬挺和不易脱纱，如图 2–141 所示。

（2）第二步，棉衬按净样板裁剪，并粘到表布上，如图 2–142 所示。

（3）第三步，沿着边缘比衬多放一圈缝头，裁剪表布和里布，如图 2–143 所示。

（4）第四步，将贴布图案部分裁剪出来，如图 2–144 所示。

（5）第五步，将贴布部分一次贴上，如图 2–145 所示。

图 2–141　粘衬

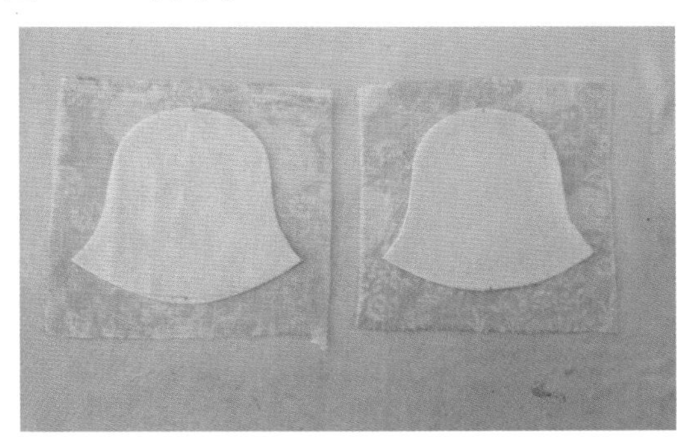

图 2–142　裁剪棉衬

图 2–143　裁剪表布和里布

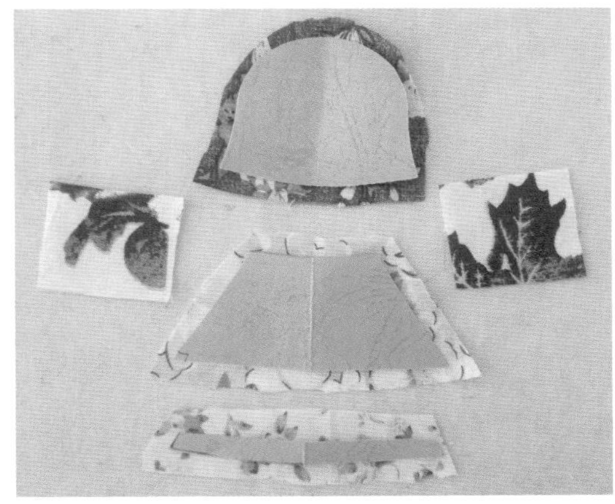

图 2–144　裁剪贴布图案

图 2–145　贴缝图案

（6）第六步，将面、里布缝合，下面留口以便翻出，如图 2-146 所示。

（7）第七步，从下面开口处翻出，如图 2-147 所示。

（8）第八步，将开口处缝合，如图 2-148 所示。

（9）第九步，将上下两层正面相对，边缘处缝合，顶部和底部留开口，同时缝上扣襻和纽扣，如图 2-149 所示。

（10）第十步，制作挂饰，如图 2-150 所示。

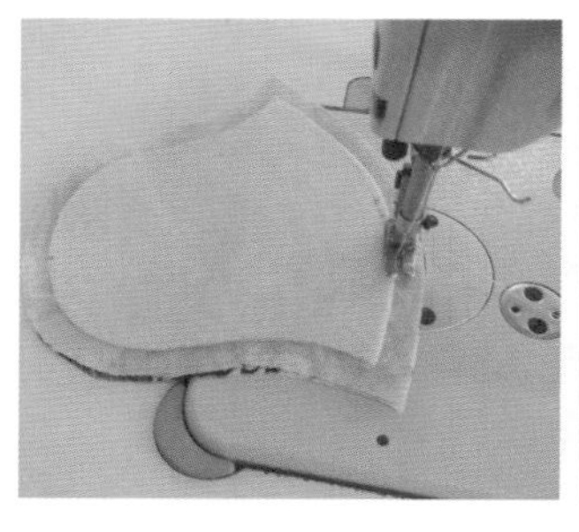

图 2-146 缝合布料

图 2-147 翻出

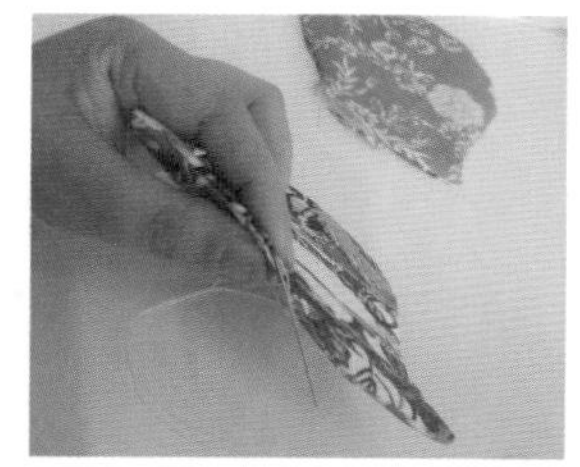

图 2-148 缝合

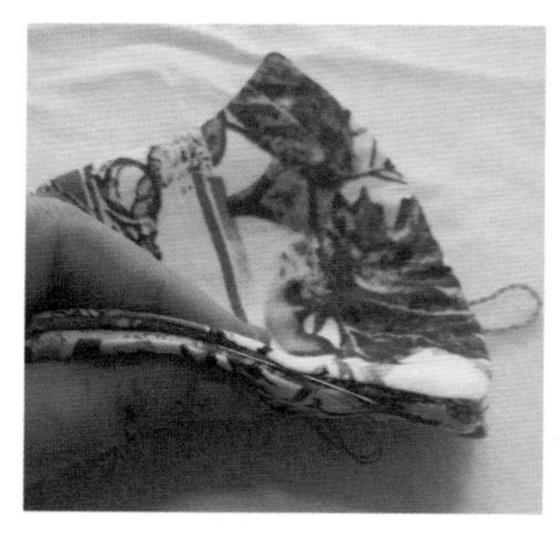
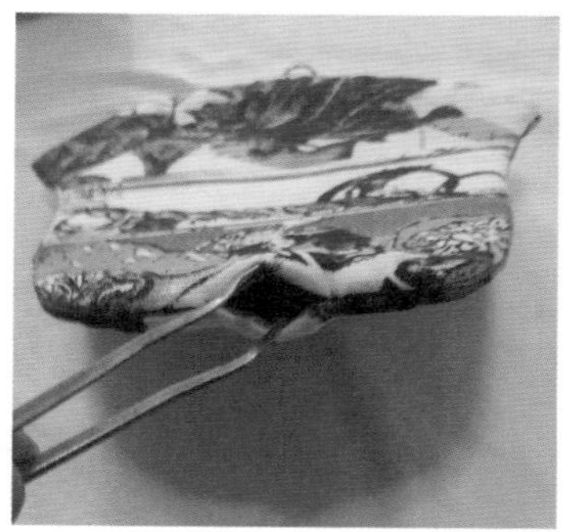

图 2-149 缝扣襻纽扣

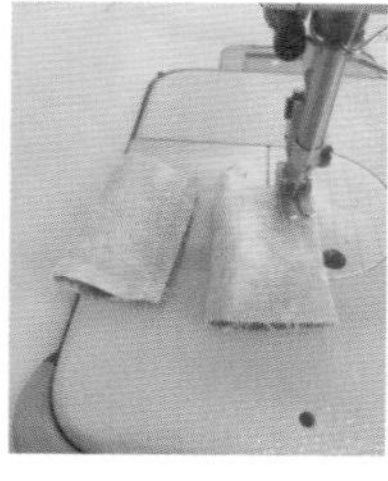
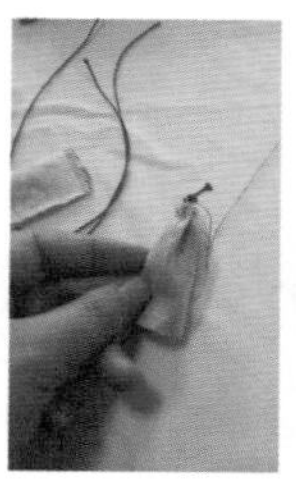
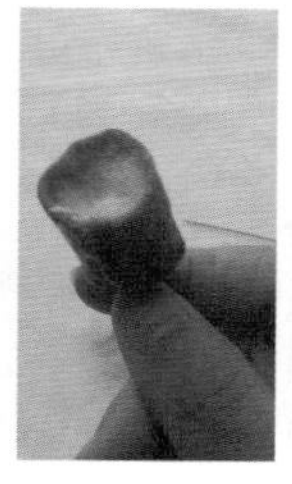
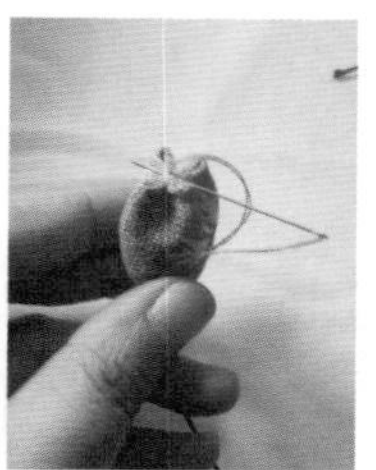

图 2-150 制作挂饰

（11）第十一步，装上钥匙扣，成品完成如图 2-151 所示。

图 2-151 作品完成图

2. 其他应用图例

贴补绣应用图例如图 2-152、图 2-153 所示。

图 2-152 贴补绣服饰

图 2-153 贴补绣包

第三章　面料肌理设计

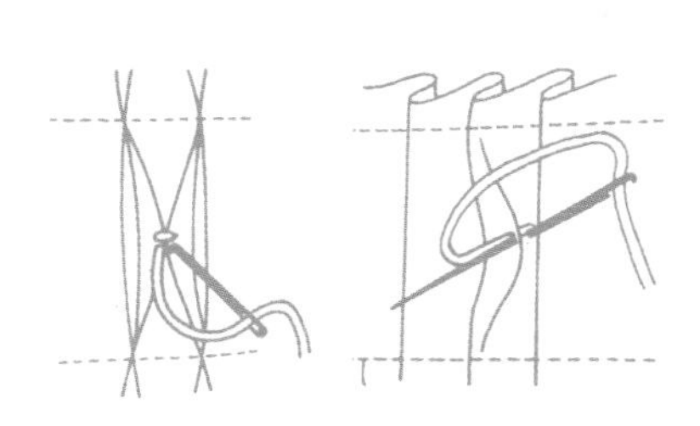

面料肌理设计

教学课题：面料肌理设计

教学学时：8 课时

授课地点：理实一体化教室或多媒体教室

教学方法：任务驱动教学法

教学内容：1. 面料肌理设计概述

2. 面料肌理设计技法

3. 褶饰工艺应用

教学目标：1. 全面理解面料肌理设计的概念。

2. 掌握常用的面料肌理设计技法，重点掌握格子状褶饰，并对学生加以引导，发挥学生的创新创作能力。

3. 向学生展示并讲解面料肌理设计在服装服饰品设计中应用案例，在具体的服装设计及制作过程中，学生能够根据设计主题合理的应用面料肌理设计，增加作品的设计感、美感、艺术感。

教学重点：面料肌理设计在服装与服饰品设计中的应用。

课前准备：通过信息化平台及各类书籍找寻面料肌理设计应用案例；格子状褶饰技法半成品及成品；各类用于肌理设计的面辅料、直尺、水消笔、针、线、断线小纱剪等。

第一节 面料肌理设计概述

纺织材料是我们设计制作产品的基础材料，主要包括针织面料、机织面料、非织造布、裘皮皮革等。众所周知，虽然我国是世界上最大的纺织品服装生产和出口国，但是现阶段在产品的实际设计过程中，纺织面料市场的材料总是会让人感觉到材料的平淡与匮乏。服装设计发展到现在，在廓型、款式和结构方面很难再有大的突破，纺织材料市场提供的材料若不做任何处理，直接设计出的产品较难呈现出鲜明的特色点、创新点，因此在产品的设计开发过程中，我们常常采用各种手法以改变面料的视触觉效果。

一、面料肌理设计概念

肌理即纹理，服装材料的肌理设计，指在原有材料和其辅助材料的基础上，运用各种不同技法进行三维空间概念的形成和改造，结合材质特性，配合相应的色彩、空间、光影等构成元素，使原有材料在肌理质感上做设计的突破而发生较大的变化，甚至是质的变化，以创新的或前所未有的形式诠释现代设计理念，拓宽材料的运用范围、开拓更广阔的设计。

面料肌理设计应用的技法主要有填充、撕裂、刺绣、手绘、印染、缀珠、不同材料的拼接、磨孔、镂空、褶饰等。通过这些技法，对材料表面进行二次面料再造，改变面料的属性特征，使面料呈现与原有面料截然不同的视觉或触觉艺术效果。面料肌理设计通常运用于服装与服饰设计、床上用品设计、室内装饰设计、包饰设计中，应用其进行设计制作的最常见的具体产品有各式礼服、休闲时装、民族服饰、室内窗帘设计、抱枕、靠垫、布包及其他小装饰物件产品设计中。

二、面料肌理设计表现

1. 视觉表现

面料肌理的视觉表现是指面料肌理的设计是不需要通过触摸用眼睛观察就能感觉到的，主要运用刺绣、盘、结、滚、镶、编、贴、烫、染、印、画等工艺技法形成的平面或立体的花纹图案等。

2. 触觉表现

凡是用触摸的方式能感觉到的肌理设计都是触觉肌理表现，如粗糙与光滑、软与硬、轻与薄、立体与平面、粗与细等。一般来说触觉肌理可分为三类：一是利用现成材料附于设计之上产生的现成的触觉肌理；二是对材料加以改造，改变材料原有肌理形成的新肌理；三是经过综合性地使用某种有规律的方法，对各类细小肌理单位进行改造组合而成的特殊触觉肌理。

三、面料肌理设计方法

目前，国内外对面料肌理设计的方法有很多，总结起来遵循以下三个方面：

1. 增型处理方法

增型处理方法是指在原有材料的基础上使用一种或多种材质，利用多种工艺方法，使面料肌理在现有面料的基础上形成的立体的、多层次的设计效果。如堆积、黏合、盘绣、刺绣、热压、车缝、补、挂等工艺手段，将原有的平面肌理创造成凹凸等立体效果，增加作品的个性及审美性，如图 3-1 所示。

图 3-1　增型肌理设计

2. 减型处理方法

减型处理方法指按着设计构思，使用镂空、剪切、抽纱、磨砂、烧花、烂花等工艺方法对面料进行破坏，改变面料原有的肌理形态，破坏材料的原组织，使面料肌理形成一定的空间感和韵律感，如图 3-2 所示。

3. 综合处理方法

在面料肌理设计中，结合运用增型处理方法和减型处理方法。例如，绣花和镂空、剪切与拼缀等，强化面料肌理设计的视触觉效果，如图 3-3 所示。

图 3-2　减型肌理设计

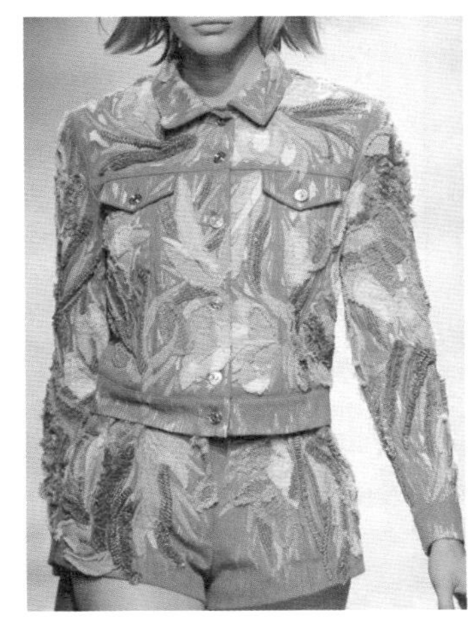
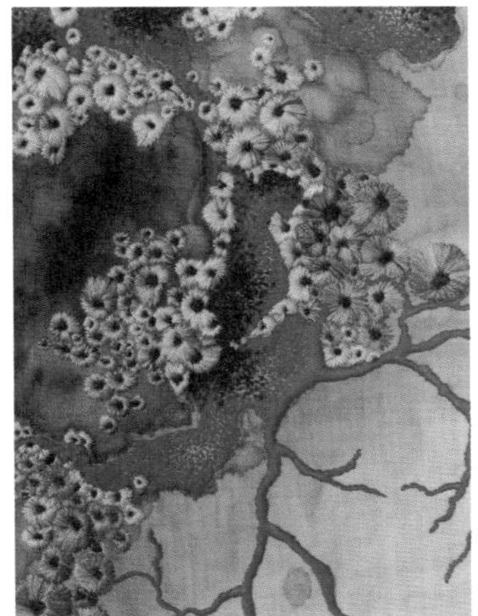

图 3-3　综合处理方法

第二节　面料肌理设计技法

一、填充

填充通常也称为绗缝，是在两层面料之间加入棉花、绒、无纺布、线等填充物，再压明线，或者先在两层面料上按着设计压好明线，再通过使用辅助工具放入填充物，使面料表面产生一定的类似浮雕的肌理效果。

填充按技法的差别分为三类：英格兰绗缝、意大利绗缝、补绣式绗缝。在操作的过程中，要先在面料四周绷缝固定再压明线，以防缉明线时面料层发生错位移动。

1. 绗缝的分类

（1）英格兰绗缝。英格兰绗缝是一种整体绗缝，它是在一定面积相同的两层面料之间加入填充材料的技法。具体步骤为：

①首先在里布正面画好图案，如图 3–4 所示。

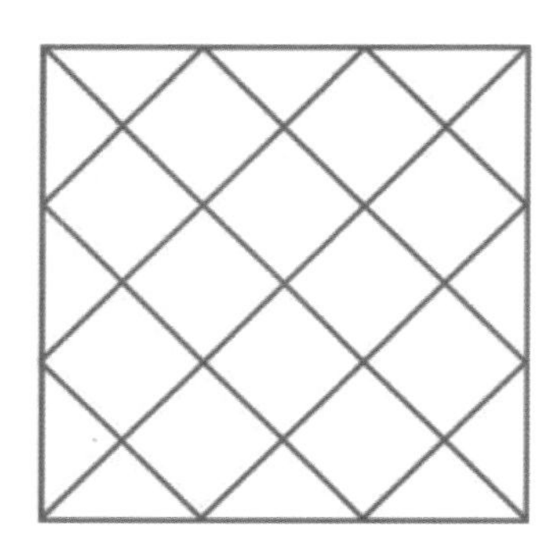

图 3–4　画图案

②里布里向上平放，在里布里均匀铺上一层填充物，再放上表布，表布表面向上，将表布、填充物、里布三层一起沿着四周手针绷缝固定，如图 3–5 所示。

③然后沿着里布表面图案进行机缝或手工缝制，手缝运用半环针或全环针针法，缉缝结束后将绷缝线拆除，绗缝效果如图 3–6 所示。

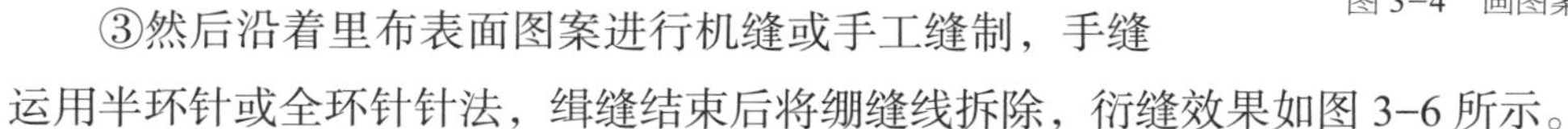

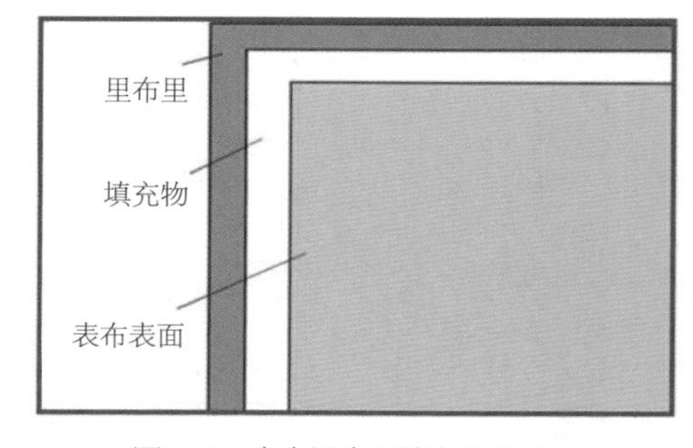

图 3–5　表布里布及填充物的放置

图 3–6　绗缝效果

英格兰绗缝最常见的是格子状绗缝，简单、大方，普遍用于棉服、夹克及包的设计中。

（2）意大利绗缝。意大利绗缝也是在里布表面画设计图案，又分为线式绗缝和面式绗缝。线式绗缝的图案呈线性，按图案轮廓压明线，在里布侧加入填充物——线，根据线的粗细选择适合的引线针，针尖在图案的转弯折角处进出，里布表面只看见线点，加入线的粗细及多少根据欲凸起的线型的宽窄来定，沿着图案剪掉四周多余部分里布面料，并进行整理，如图 3–7 所示。面式绗缝的图案不像线式绗缝呈现规整一致的线状外观，在运用此技法进行肌理设计时，按着图案轮廓缉完明线后，要在里布侧局部打小剪口，运用棒针或锥子等辅助工具加入棉花等填充物，填充完毕后，剪口处小针码缝合，尽量使剪口处平整，并剪掉多余部分，如图 3–8 所示。

图 3–7　线式绗缝

（3）补绣式绗缝。补，通俗来讲就是贴的意思。按设计将补绣布缉缝在底布上，为了表面美观或体现一定的个性特征，可在补绣布边缘进行装饰，在底布的反面打小剪口并加入填充物，填充完毕后，剪口处用小针码均匀缝合，如图 3–9 所示。

线式绗缝与面式绗缝是反面垫布，而补绣式绗缝属于正面补绣。绗缝肌理设计如图 3–10 所示。

图 3–8　面式绗缝肌理　　图 3–9　补绣式绗缝

2. 材料与用具

（1）布。在面料肌理设计中，主要运用填充技法使布料表面呈现一定的浮雕效果，因此，所选择的面料尽量织纹细密朴素，要容易塑型。表面料尽量轻薄柔软，弹性适中，如纯棉面料、绸缎面料等；里面料可选用稍硬挺一些，如没有弹性的交织面料、涤棉面料等。

图 3–10　绗缝肌理设计

（2）填充物。填充材料要柔软蓬松，缉缝后肌理效果才更容易突出。如各种棉花、绒类、毛线、无纺布等。

（3）线。缉缝线可选用日常棉线、丝线，绷缝线可稍随意，涤、棉、麻或刺绣线均可。

（4）其他工具。根据面料薄厚准备机缝针、手缝针、毛线针以及辅助填充工具锥子、棒针等。

3. 注意事项

运用填充技法进行面料肌理设计时，除了绷缝固定面料以防止层与层之间发生移动外，其他部位均使用小针码进行机缝或手工缝，以免发生针脚过大导致填充物外露，同时也影响美观性。

二、镂空

镂空是面料肌理设计中比较常见的一种技法，形式多样，主要是使面料呈现孔洞或若隐若现的感觉，通常通过撕裂、剪切图案、烧孔、磨损、抽绣、锁孔绣、运用化学试剂的腐蚀性对面料进行破坏等手段来实现。下面简单介绍几种镂空的基本技法。

图 3-11　抽绣法

1. 抽绣法

运用抽绣技法进行面料肌理设计，要选择织物纹路比较清晰的平纹面料，如平纹棉、麻、粗布等。运用抽绣法在面料上根据图案抽去经纱，并结合刺绣中的花梗针法或花梗绳进行装饰，突出图案的立体效果，如图 3-11 所示。

2. 锁孔法

锁孔法是在面料上扎孔或剪孔，再运用卷缝针法沿着孔洞四周卷缝。运用锁孔法所选用面料不易过薄，孔洞不易控制，且卷缝难度较大。孔洞也不易过大，孔洞直径一般为 0.5 ~ 2cm，小一些的卷缝工艺简单，外观雅观精致。运用此方法进行面料肌理再设计时，可以直接运用锁孔法，也可以结合刺绣中的其他技法，如基本刺绣针法、珠绣、亮片绣等，如图 3-12 所示。

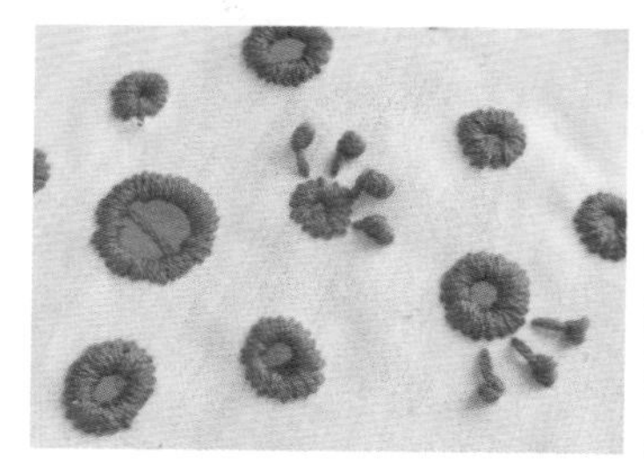
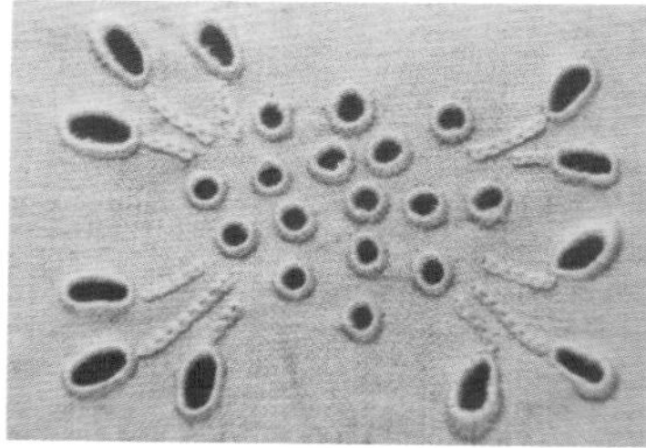
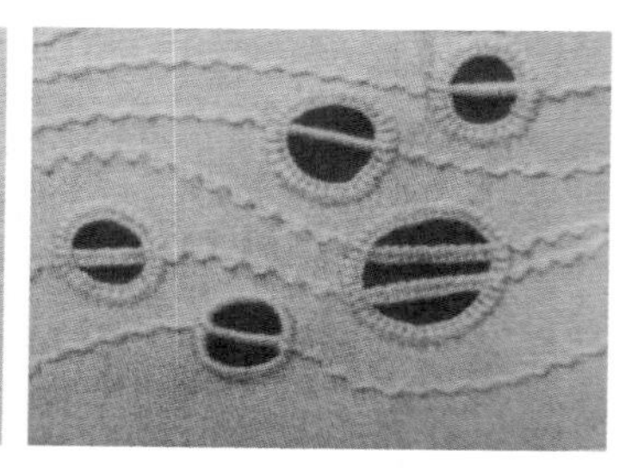

图 3-12　锁孔法面料肌理设计

3. 撕裂剪切磨破法

在面料上直接撕裂或用剪刀剪出孔洞或磨破来破坏面料原有肌理，此种方法简单易行，运用在一些剪破不易脱纱的针织面料肌理设计中，常出现在休闲及前卫风格服装，如 T 恤的下摆及近来流行的长款针织连衣裙的背部，常采用撕裂剪破法；牛仔裤常采用磨破处理及撕裂剪破法，如图 3-13、图 3-14 所示。

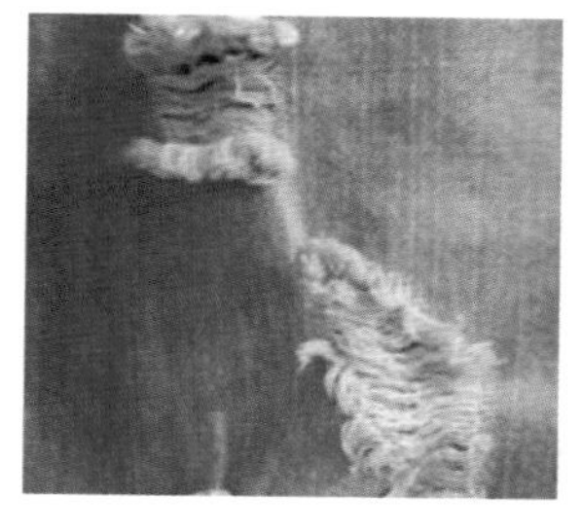

图 3-13　牛仔磨破肌理

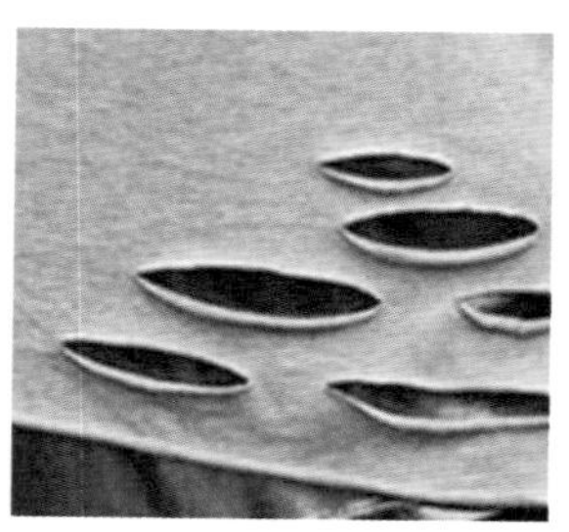

图 3-14　撕裂剪破法

4. 编织法

运用编织技法进行面料肌理设计。可运用原有面料剪切成条进行编织，可运用两种不同的面料交织，也可将运用棒针编织或钩针编织的编织物与其他材料结合来达到面料肌理的设计。如图 3-15 是常运用的材料编织肌理设计图。

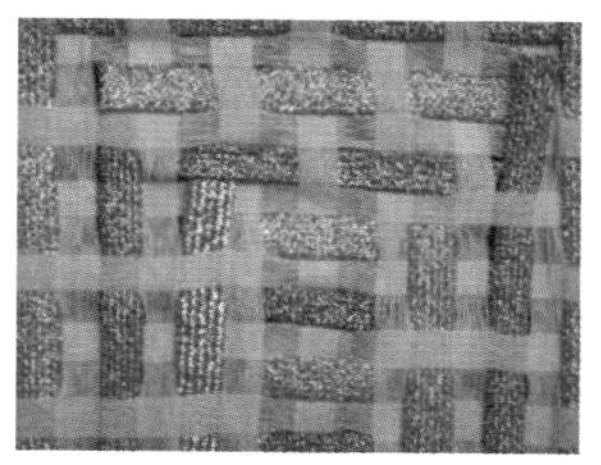

（a）面料编织

（b）绳带编织

图 3-15 面料编织

三、褶饰

褶饰就是通过各种技法的运用，在布的表面呈现一系列褶的外观效果。褶饰分为规则褶和不规则褶，规则褶裥是服装设计中常运用的一种技法。例如，在服装设计制作中，最典型的应用就是百褶裙。褶的形式亦多种多样，可根据面料的特性在面料上通过折叠、抽、捏、缝等技法，配合刺绣、花饰来实现面料的肌理设计，如图 3-16 所示。褶饰技法的设计应用在本章第三节统一详细进行讲解。

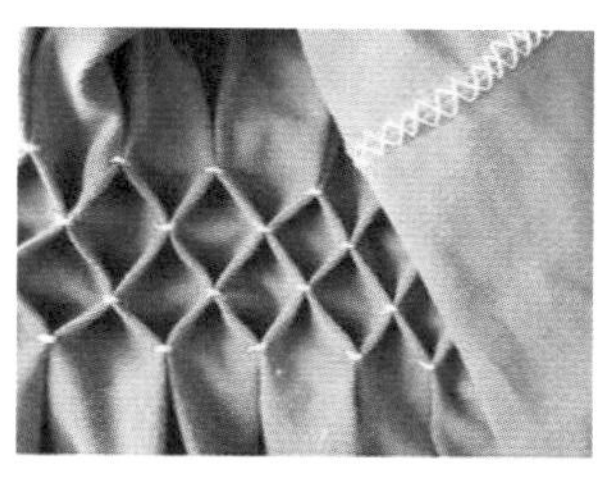

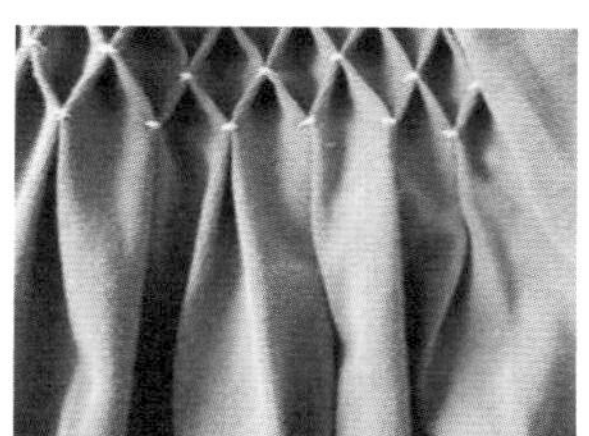

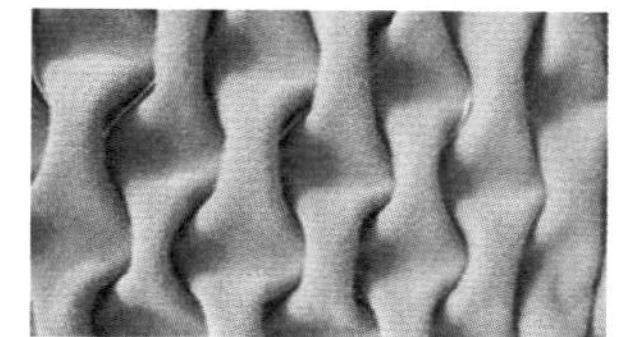

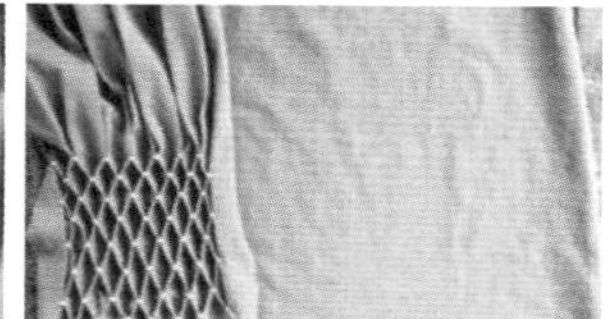

图 3-16 褶饰设计

四、其他技法

面料肌理设计还有其他一些技法，所有能够改变面料视、触觉效果的一些面料二次设计均属于面料肌理设计。例如，同样能够改变视觉效果的印染、喷绘、扎染、蜡染、手绘等，以及能够改变触觉效果、甚至能够使视触觉效果同时得以改变的砂洗、普洗、贴补、布料拼接、缉带、扎结等技法，如图 3-17 所示。

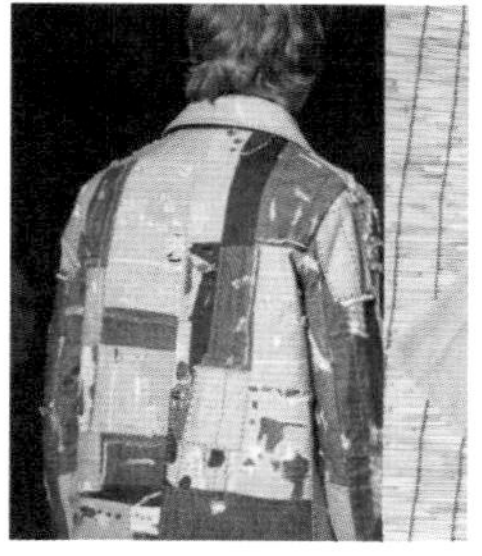

图 3-17 其他面料肌理设计在服装设计中的应用

第三节　褶饰工艺应用

一、折叠褶

折叠褶是在面料局部或整体上，按着设计有规则或无规则的、如同折纸一样进行折叠，并进行定型、后整理等工作，使原有面料呈现特有的褶皱效果。折叠褶按褶的分布特征，分为规则折叠褶和不规则折叠褶。

1. 规则折叠褶

规则折叠褶呈规则分布，有规律可循。折叠褶的操作步骤基本上分为三步：首先，设计欲要面料呈现规则褶的部位、褶的特征及大小，并在面料反面适当部位标注好点。其次，按着面料上的标注点进行折叠。最后，折叠好后用熨斗或定型机等定型设备进行定型。

2. 不规则折叠褶

不规则折叠褶呈不规则分布，没有规律性而言，因此也找不到循环单元，褶的塑造成型较随意，天马行空，较抽象，艺术风浓厚。

二、抽褶

在面料的适当部位缝纫后，将缝纫线进行抽缩的一种技法。针脚细密程度不同、布料的软硬不同、抽缩的力度大小不同都会导致褶的外观效果的差异，薄且柔然的面料褶的效果明显。根据工艺的不同，抽褶分为机缝抽褶、捏缝抽褶、和夹线抽褶三种，常应用于袖子、袖头、腰部、手提袋以及室内装饰的铺垫等。

1. 机缝抽褶

在布的反面画上图案，按图案线机缝，然后抽褶。图 3–18 捏缝抽褶方法及其效果展示。

2. 捏缝抽褶

（1）在布的反面画好设计图案，图案尽量简单。

（2）从反面捏住图案线，沿着虚线拱针后抽褶。图 3–19 捏缝抽褶方法及其效果展示。

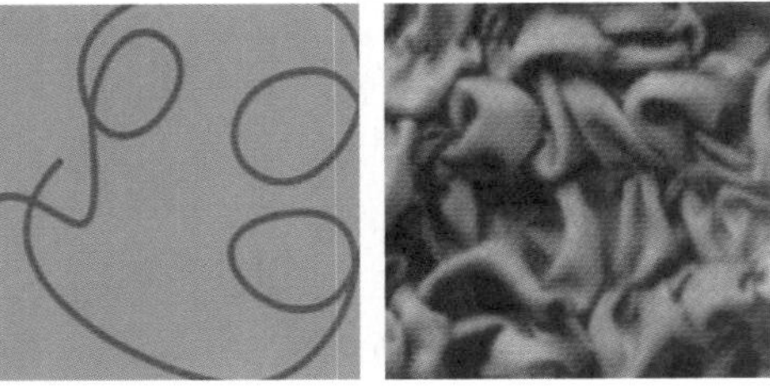

图 3–18　捏缝抽褶方法

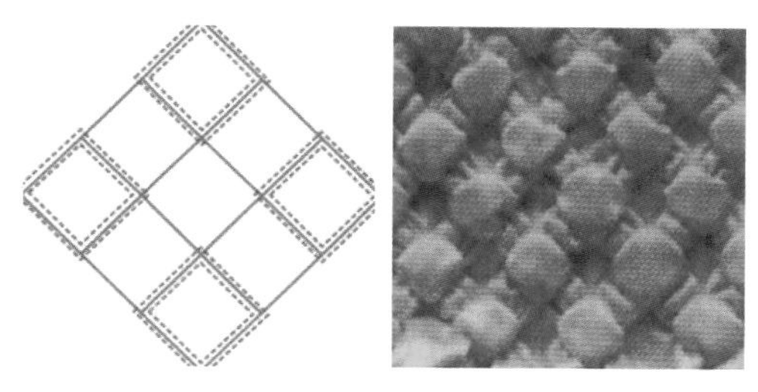

图 3–19　捏缝抽褶方法

3. 夹线抽褶

（1）把软线夹入双折线中，用拱针方法将软线固定其中。

（2）抽线、平均抽褶。

（3）将布的上下拉平，用蒸汽熨斗固定所抽的褶。

（4）将软线拔出，夹线抽褶方法及其效果展示如图 3–20 所示。

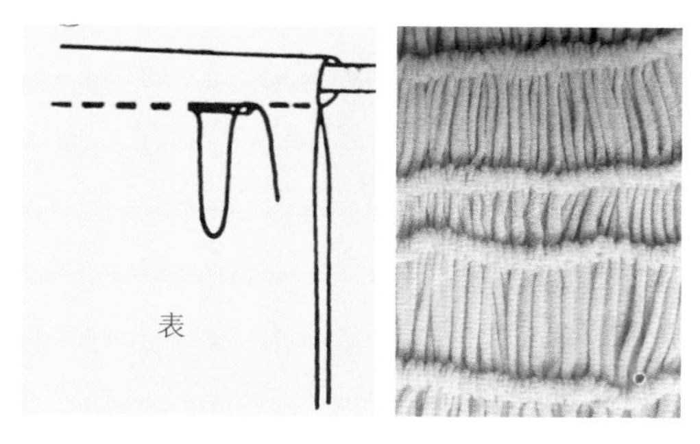

图 3–20　夹线抽褶方法

三、捏褶

把薄且柔软的布料按一定的间隔，从表面或反面捏住缝纫，使花纹表现为类似浮雕的技法。有表面捏褶缝和反面捏褶缝两种方法，常应用于罩衫、连衣裙、礼服、手提袋以及室内装饰的铺垫等。

1. 表面捏褶

在布的表面画上图案，以图案线为折线捏住，在 0.2cm 左右拱针，如图 3–21 所示，拉线时注意不要拉伸或缩小布料，在反面处理线的始末。

2. 反面捏褶

在布的反面画上图案，把图中折线合并后一起从反面拱针。拉线时注意不要拉伸或缩小布料，在反面处理线的始末。反面捏褶技法如图 3–22 所示。

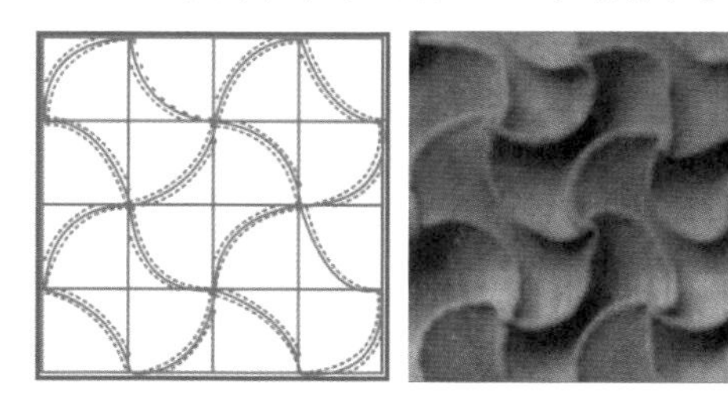

图 3–21　表面捏褶技法

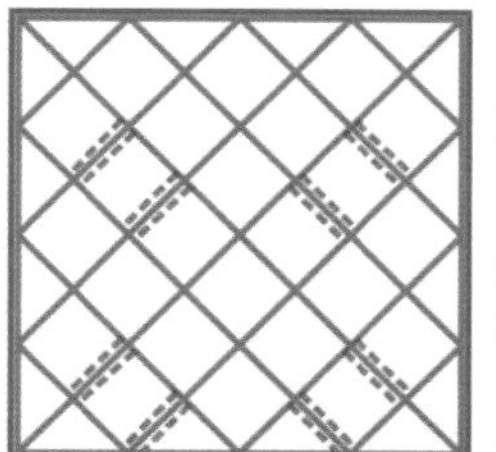

图 3–22　反面捏褶技法

四、梦幻褶

把箱型褶或单向倒褶按正确的规则依序折叠，以一定的间隔横向机缝压明线把褶固定住，再把明线间的褶的折线立起来，以不醒目的方式缝住，使褶发生变化，表现出美丽阴影的技法。 在机缝线上，按自己的喜好再加上羽状明线或链式明线等刺绣，就可造出柔软的感觉。常应用于罩衫、连衣裙、马甲、礼服以及室内装饰的铺垫等。

（一）箱型褶

1. 褶的折叠方法

按着自己事先设计好的褶的大小在样板上用铅笔画出线，在反面涂上浆糊，与布的反面黏合用以临时固定，折叠褶后熨烫如图 3–23 所示。取下样板纸后，再一次熨烫，面料使用量约为总褶宽的 3 倍左右。

2. 机缝方法

褶折叠完毕后，按褶宽 4 倍的间隔横向临时固定住必要的根数，机缝压明线，如图 3–24 所示。

3. 锁缝方法

在表褶的中心从里侧引出线，从左右把褶的折线相对立缝住，然后再次固定，如图 3–25 所示。

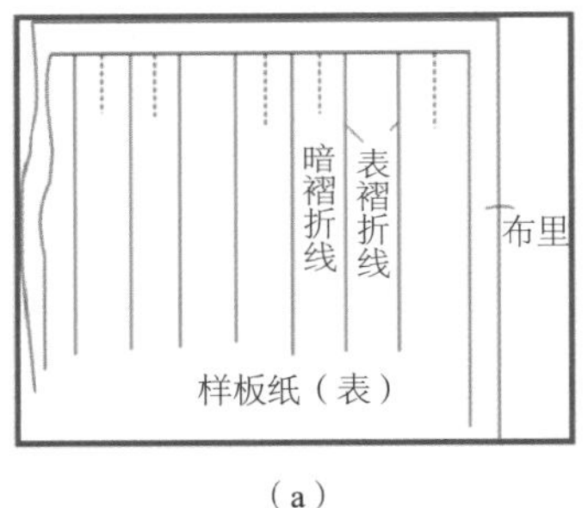

（a）

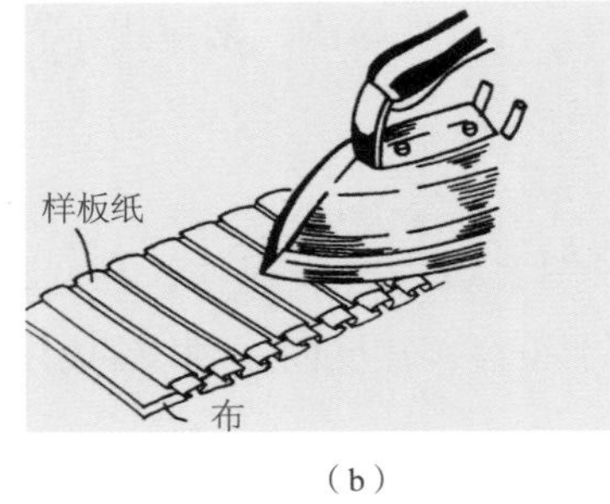

（b）

图 3–23　褶的折叠方法及熨烫定型

图 3–24　箱型褶机缝方法

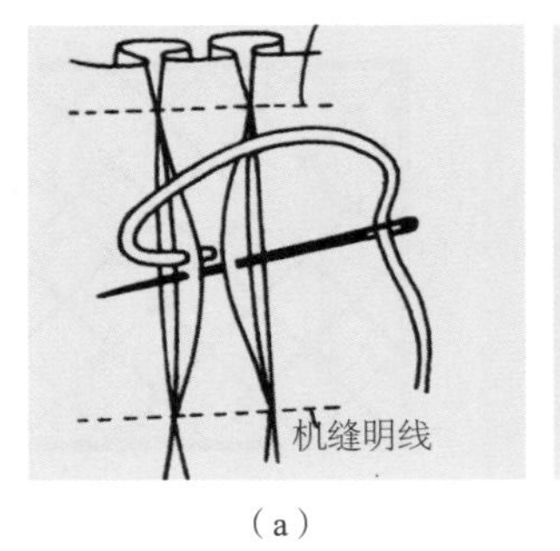

（a）

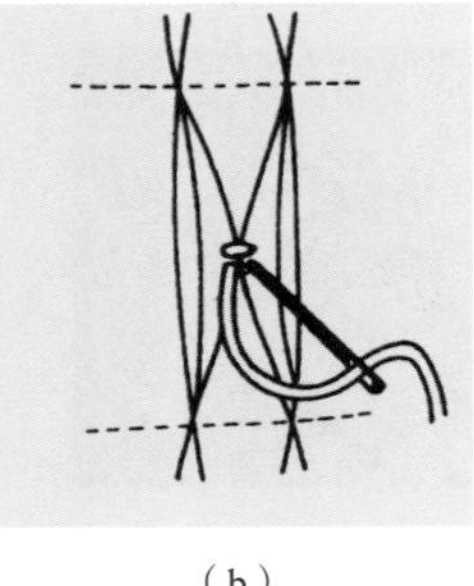
（b）

图 3–25　箱型褶锁缝方法

（二）单向倒褶

1. 褶的折叠方法

在样板上画线，按前面箱型褶的要领整烫处倒褶。使用量约为总褶宽的 3 倍，如

图 3-26 所示。

2. 机缝方法

单向倒褶的机缝方法同箱型褶，褶折叠完毕后，按褶宽 4 倍的间隔横向临时固定住必要的根数，机缝压明线。

3. 锁缝方法

（1）在表褶的边缘从里侧引出线，缝住褶的折线后，倒向反方向，在相同的地方再缝一针，如图 3-27 所示。

（2）进针，将褶进行固定。

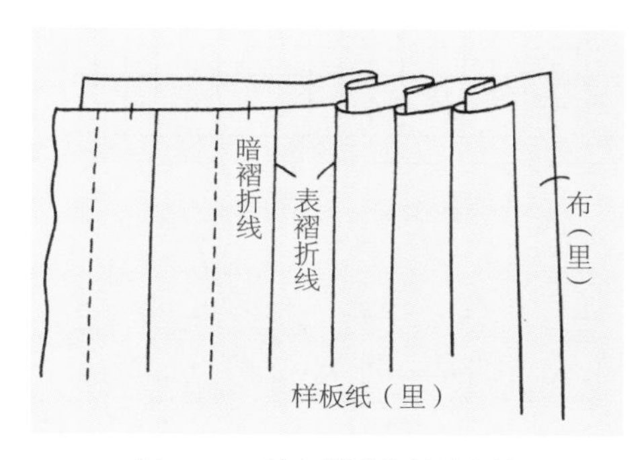

图 3-26　单向倒褶的折叠方法

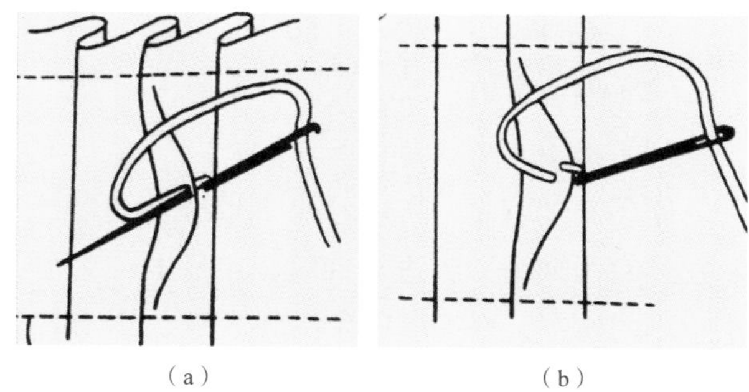

图 3-27　单向褶锁缝方法

五、格子状褶饰

在布的反面用消水笔画好格子，用与面料同色或者近似的缝纫线按着格子规律抽缝成各式花样，做出装饰性褶，并将所画格子水洗、整理。格子状褶饰是褶饰的一种重要技法，在材料的选取上注意以选取不易起皱打褶的面料为佳，在礼服的设计中，绸缎等光泽感强的面料更能体现出礼服的质感、华丽、精致。画格子时，格子的大小一般情况下以 2 ~ 3cm 较适宜，可根据设计自行调整。按照基本线格子的大小，其纵、横的收缩方法是不一样的，因此应在做部分抽缝后再估算布的用量为宜。

（一）工具材料的准备

（1）格子状褶饰面料。

（2）直尺：60cm 制图尺即可。

（3）笔：绘制格子用，主要为浅色圆珠笔、铅笔或水消笔。

（4）针、线：针为普通手缝针，线与面料同色或相近色。

（5）辅助用具：裁布大剪刀、断线小纱剪。

（二）方格对角线锁缝格子状褶饰

1. 席编纹

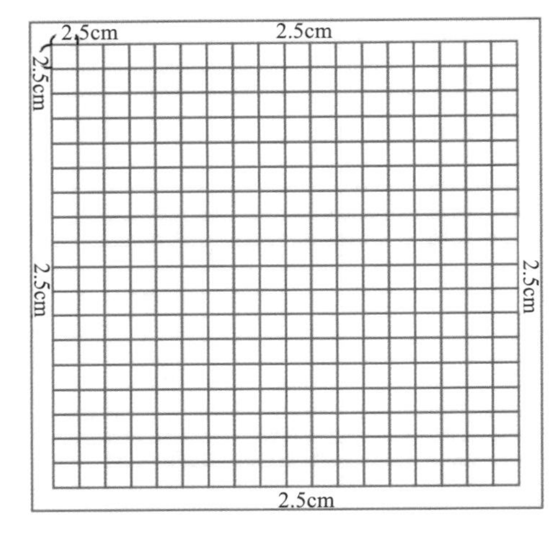

图 3-28　格子图示

在布的反面画方格，可以以 2 ～ 3cm 大小为一个方格，痕迹不要透到正面。由于布质地较软，绘制的格子容易出现变形、不规范，因此在画格时，要边画边调整布及直尺，使所画出的格子符合标准。如图 3-28 所示为面料反面绘制格子示意图。

（1）面料大小：50cm × 50cm。

（2）四周留边：2.5cm。

（3）格子大小：2cm。

如图 3-29（a）中标记的序号进行缝制，从左到右两列为一组进行抽缝，序号 1 ～ 9 为一个循环单元。注意，布的正面只露一个小小的针迹，基本过程为：从 1 到 2 来回缝制三条线，抽紧，将 1、2 两点抽成一个点，4 到 5 拉浮线，5 到 6 来回缝制三条线，抽紧，将 5、6 两点抽成一个点，8 到 9 拉浮线，依此类推。注意，拉浮线时不能有任何一点的抽，拉的浮线要与格子的间距等长或者稍松一些均可。缝制正面效果如图 3-29（b）所示。

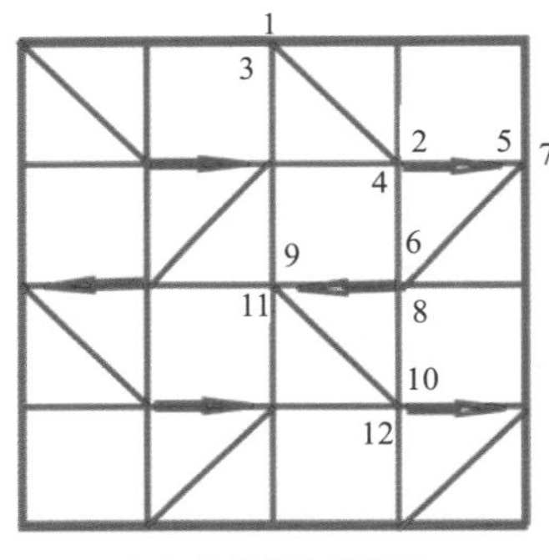

（a）缝抽技法示意图

（b）缝抽效果图

图 3-29　席编纹褶饰技法及效果展示

2. 银锭纹

按着席编纹的方法在布的反面画格子，如图 3-30（a）所示标记的序号进行缝制，从左到右两列为一组进行抽缝。序号 1 ～ 7 为一个循环单元，基本过程为：从 1 到 2 来回缝制三条线，抽紧，将 1、2 两点抽成一个点，接着将 4、5 两点抽成一个点，7 到 8 拉浮线，依此类推。两列由上至下抽缝完毕之后，第二个两列由上至下开始时，与完成的第一个两列错开一行，见银锭纹缝抽技法示意图。如图 3-30（b）所示为缝制正面效果。

3. 组条纹

采用S形的4点相连的针法，如图3-31（a）所示缝抽技法示意图，将图中S形的两端点与两折点用针挑起，用线将4点抽成1点，然后抽紧打结，效果如图3-31（b）所示。

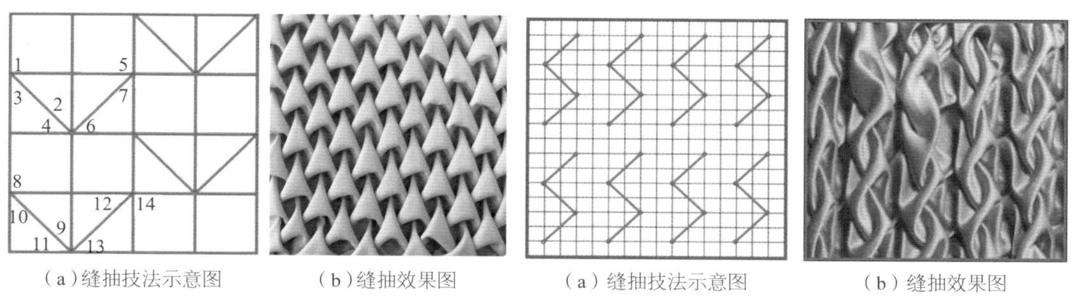

（a）缝抽技法示意图　（b）缝抽效果图

图3-30　银锭纹褶饰技法及效果展示

（a）缝抽技法示意图　（b）缝抽效果图

图3-31　组条纹褶饰技法及效果展示

（三）斜格边缘线锁缝格子状褶饰

此技法与方格对角线锁缝格子状褶饰类似，不同之处在于在布的反面画斜格子，按着斜格子边缘线有规律地锁缝。画斜格子时注意，格子与格子的间距为4 ~ 5cm为宜。

1. 人字纹

在布的反面画正菱形格子，按着如图3-32（a）所示人字纹抽缝技法示意图标记出需要进行抽缝的线迹，再进行抽缝，抽缝时，整体按着由右向左或者由左向右的方向一列一列地进行。沿着橘色线迹由1至2来回缝制三条直线，抽紧，将1和2抽缝为一个点，4至5之间拉浮线，依次重复。人字纹面料肌理锁缝效果如图3-32（b）所示。

2. 波浪纹

波浪纹与人字纹相同，在布的反面画斜格子，格子与格子之间的间距通常为4 ~ 5cm。画好格子后，按着3-33（a）中所标记的缝抽技法标注出需要抽缝的线迹，然后开始抽缝。具体步骤为：1至2来回缝制三条直线，抽紧，将1和2抽缝为一个点，4至5之间拉浮线，依次重复，整体一列一列的由右向左或者由左向右进行抽缝。波浪纹面料肌理锁缝效果如图3-33（b）所示。

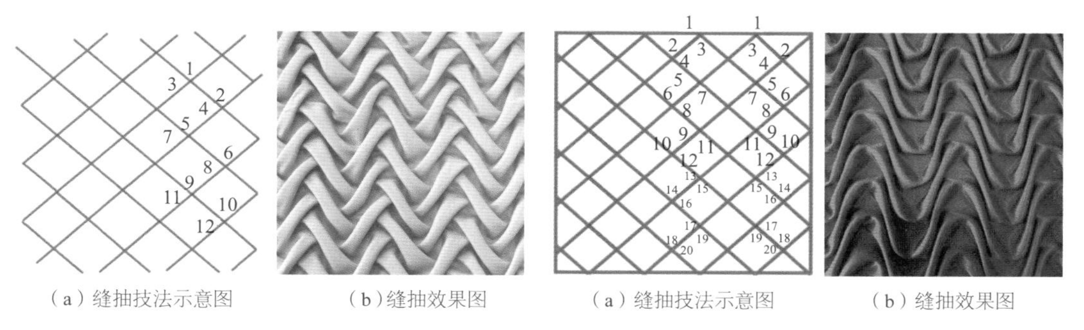

（a）缝抽技法示意图　（b）缝抽效果图

图3-32　人字纹褶饰技法及效果展示

（a）缝抽技法示意图　（b）缝抽效果图

图3-33　波浪纹褶饰技法及效果展示

（四）方格四角锁缝格子状褶饰

1. 花朵纹

在布的正面用水消笔画正方形格子，格子的大小一般为 2 ~ 3cm。如图 3-34（a）缝抽技法示意图所示的顺序号在面料的正面进行锁缝，最后从 9 处布的表面穿出，边拉紧线，边用针穿 1 粒珍珠固定，然后针在 4、5 位置穿入，做线结就完成一个单元，依此重复，最后统一整理抽缝面料，抽缝效果如图 3-34（b）所示。

2. 金锭纹

在布的反面作横、竖格子，如图 3-35（a）中所示作标记，将 4 点缝后把线拉紧，各点之间的线不松不紧。

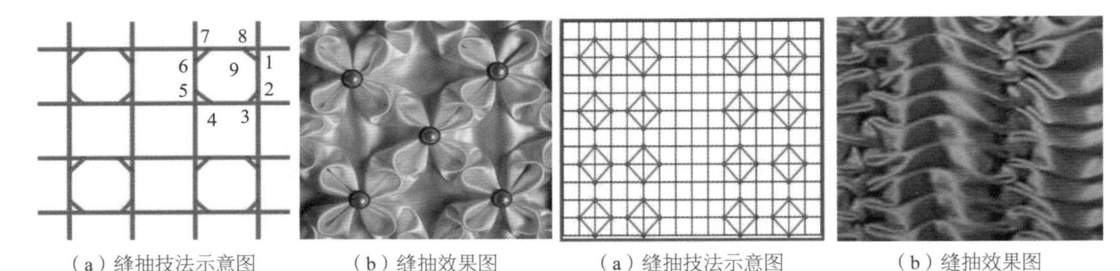

（a）缝抽技法示意图　（b）缝抽效果图

图 3-34　花朵纹褶饰技法及效果展示

（a）缝抽技法示意图　（b）缝抽效果图

图 3-35　金锭纹褶饰技法及效果展示

3. 金星纹

采用错位 4 点相连的针法，如图 3-36（a）所示，沿着方格将 4 点用针挑起抽成 1 点，打结完成。

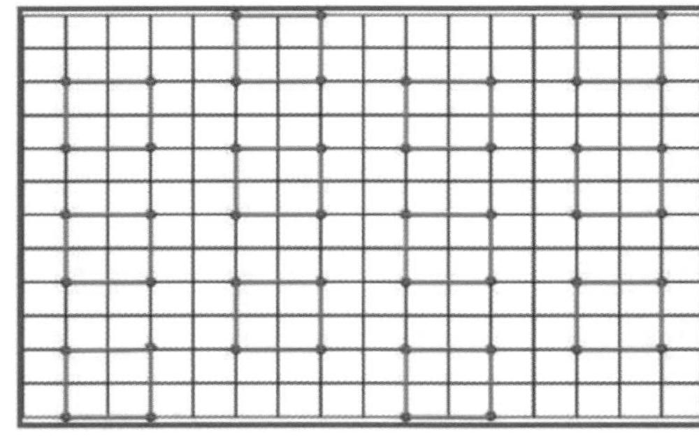

（a）缝抽技法示意图

（b）缝抽效果图

图 3-36　金星纹褶饰技法及效果展示

（五）方格边缘锁缝格子状褶饰

在布的反面画正方形格子，沿着正方形格子的边缘按着图 3-37（a）中数字顺序进行锁缝，效果如图 3-37（b）所示。

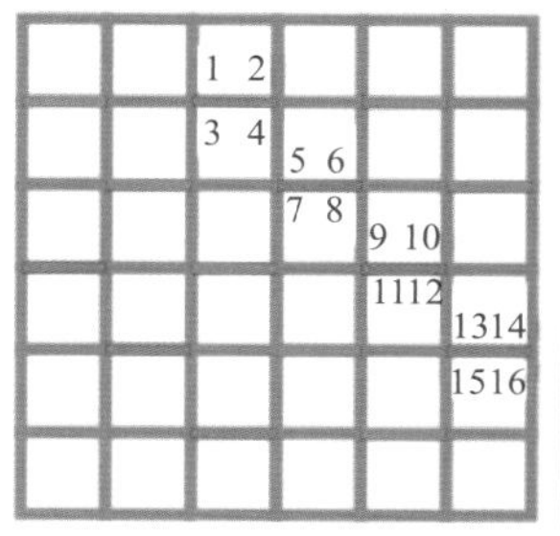

（a）缝抽技法示意图

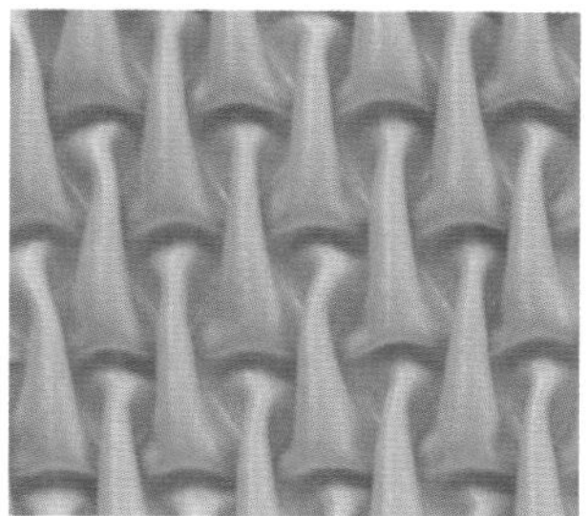
（b）缝抽效果图

图 3-37　方格边缘锁缝格子状褶饰技法及效果展示

（六）圆点布

圆点布是圆点规则地排列的几何花样，利用圆点来作褶饰。根据设计需要有两种方法，一种是完成褶饰肌理后露出圆点，一种是在锁缝时消去圆点。

1. 露出圆点

锁缝方法如图 3-38 所示。

2. 消去圆点

锁缝方法如图 3-39 所示。

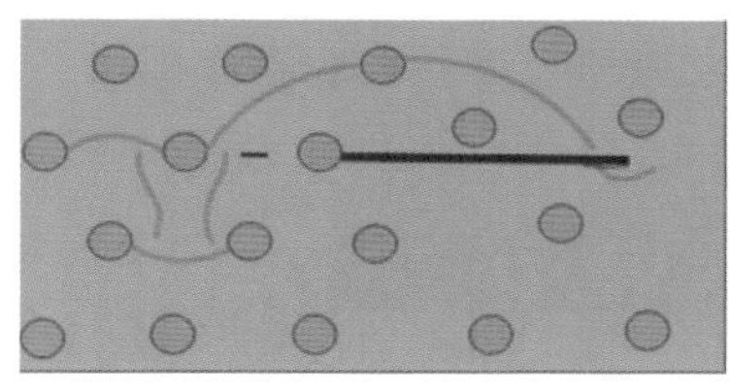

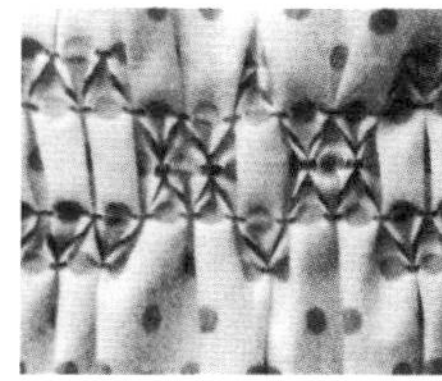

图 3-38　圆点布褶饰肌理设计及效果

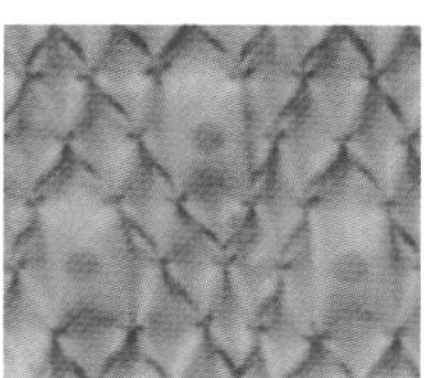

图 3-39　圆点布褶饰肌理设计及效果

（七）方格布

方格就象和画图案印一样，以方格的交叉点为基准锁缝。

1. 方形格子

锁缝方法如图 3-40 所示。

2. 菱形格子

锁缝方法如图 3-41 所示。

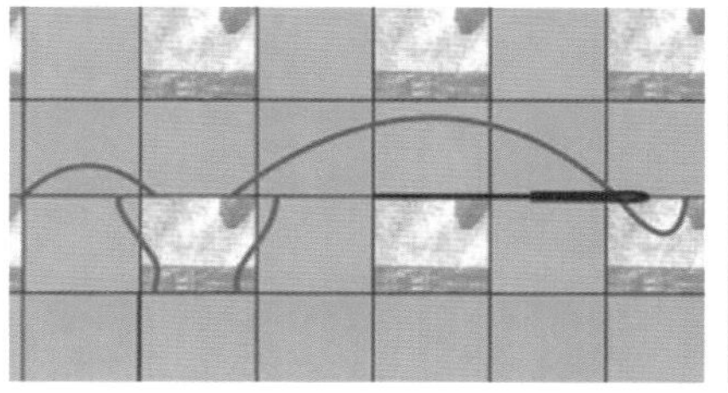

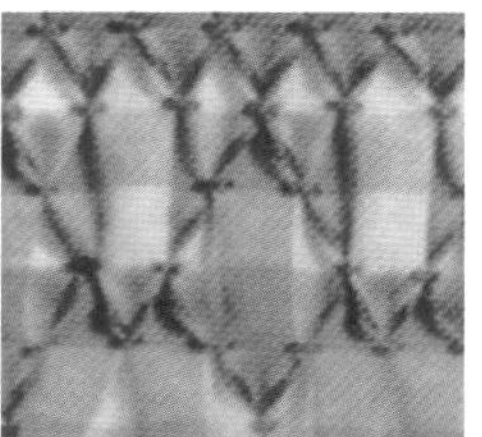

图 3-40　方形格子褶饰肌理设计及效果

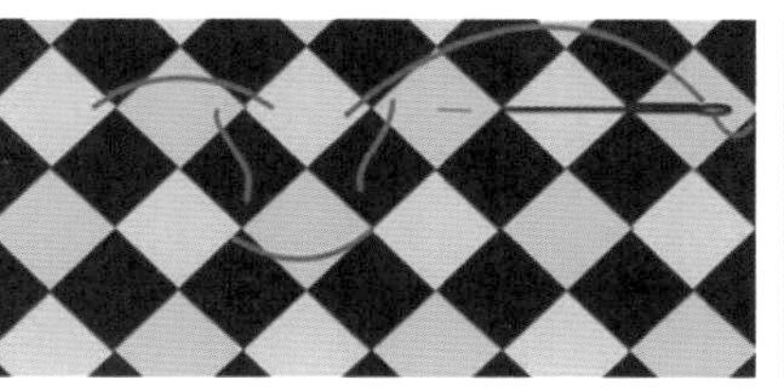

图 3-41　斜格子褶饰肌理设计及效果

（八）条纹布

用相同宽度的条纹布做褶饰时，用竹刀或划粉做横线的印记之后，用经向格布锁缝的要领锁缝，条纹布可以出现特殊变化的肌理效果。

（九）褶饰技法应用实例

褶饰技法应用范围较广，从服装设计到服饰品设计，再到室内家居床上用品的设计，似乎都能够体现出褶饰技法在产品设计研发中的独特性、审美性和艺术性。

在服装设计中，褶饰技法根据审美及平衡法则，通常在服装的局部应用，例如，在上衣的前胸部位、袖子部位以及裙子局部，如图 3-42 所示。

在家居用品设计中，靠枕、抱垫的设计制作应用褶饰技法较多，通常都是产品整体进行褶饰应用，如图 3-43 所示。另外，在服饰品的设计中，也会应用到褶饰技法，如包的设计与制作。通过褶饰技法的应用，改变了面料原本的肌理，提升了产品的艺术效果。

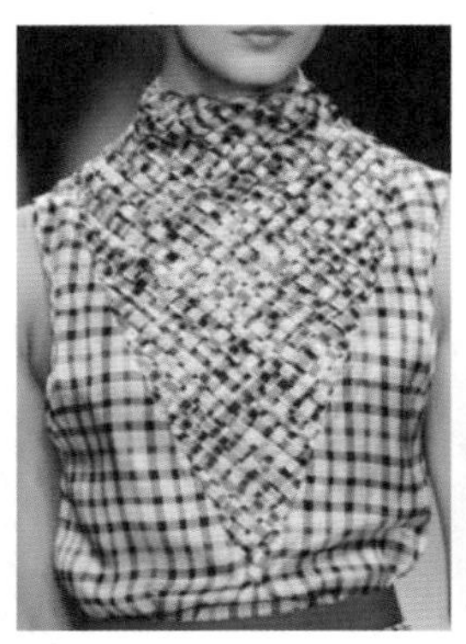

图 3-42　褶饰技法在服装设计中的应用

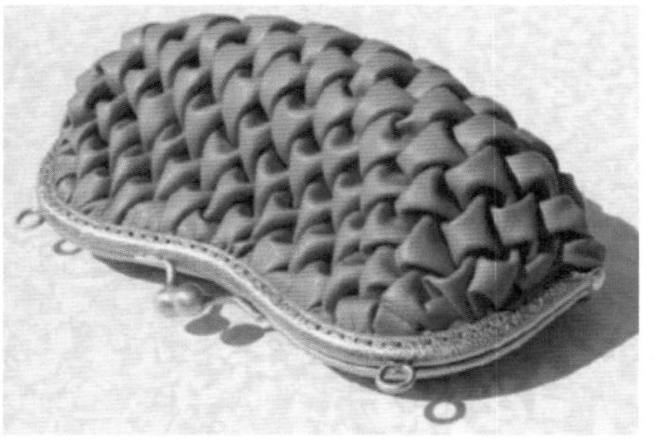

图 3-43　褶饰技法在家居用品及服饰品设计中的应用

第四章　编结工艺与设计

编结工艺与设计

教学课题：编结工艺与设计

教学学时：8 课时

教学方法：任务驱动教学法

教学内容：1. 编结概述

2. 编结基础技法

3. 编结工艺应用实例

教学目标：1. 掌握编结基础技法的制作步骤。

2. 掌握多种基础结艺技法的组合方法。

3. 独立完成简单中国结的编织。

教学重点：1. 结艺的基础编织技法。

2. 成品构成的分析。

课前准备：查阅中国结艺相关资料，认识中国结，准备 5 号线（颜色不限）5m 以上、剪刀、打火机、准备供学生观察的实物样品、编结技法的教学课件。

第一节　编结概述

一、编结材料与用具

编结工艺是以绳带为基础材料、以绳线弯曲盘绕、纵横穿插而成，它因具有实用性和装饰性的功能而得以在服饰和家居饰品上被广泛应用。民间的编结方法非常多，编结的样式也丰富多彩。它可用一根或多根绳带编制，也可与其他饰物组合。掌握一个或数个最基本、最简单的结式，就可在此基础上编出变化结式，也可重复组合应用。

学习编结工艺时，我们首先要准备好各种所需材料，包括线、工具、装饰物件等，都要准备齐全，才可以进行编制。

1. 线的种类

编制结饰时，最主要的材料当然是线，线的种类很多，包括丝、棉、麻、尼龙、混纺等，都可用来编结，采用哪一种线，要看编哪一种结以及结要做何用途而定。一般来讲，编结的线纹路越简单越好，一条纹路复杂的线，虽然未编以前看来很美观，但是用来编中国结，在一般情况下，不但结的纹式尽被吞没，而线的本身具有的美感也会因结子线条的干扰而失色。

线的硬度要适中。如果太硬，不但在编结时操作不便，结形也不易把握；如果太软，编出的结不挺拔，轮廓不明显，棱角不突出。但是扇子、风玲等具有动感的器物下面的结子，则宜采用质地较软的，线使结与器物能合二为一，在摇曳中具有动态的韵律美。

谈到线的粗细，首先要看饰物的大小和质感。形大质粗的东西，宜配粗线；雅致小巧的物件，则宜配以较细的线。假如编一件不为合器物而 纯为艺术欣赏的独立作品，譬如壁饰等一类室内装饰品，则用线比较自由，不同质地的线，可以编出不同的风格的作品来。

选线也要注意色彩。例如，为古玉一类古雅物件编装饰结，线应选择较为含蓄的色调，如咖啡或墨绿；而为一些形制单调、色彩深沉的物件编配装饰结时，若在结中夹配少许色调醒目的细线，譬如金、银或者亮红，立刻会使整个物件栩栩如生，摧璨赤目。除了用线以外，一件结饰往往还包括镶嵌在结忙面的圆珠、管珠，做吊坠用的各种玉石、金银、陶瓷、蚨琅等饰物，如果选配得宜，就如红花绿叶，相得益彰了。

各色各类的线能够编出许多形态与韵致各异的结。心里想编什么结，就得挑合适的线，如果颜色与质地不适宜，编出的结可能效果大打折扣。同时，一件结饰要讲求整体美，不仅用线要得当，结子的线纹要平整，结形要匀称，还有结子与饰物的关系也要多用心，两者的大小、质地、颜色及形状都应该能够配合并相辅相成才好。用太硬的线编结，转折操作较不方便；用太软的线又不能编出结形挺拔、轮廓明显的结。但是在扇子、风玲等具有动感的器物下面编的结子，则宜采用质地较软的线，使结与器 物能合二为一，摇曳生姿。线型分类，见表 4-1。

表 4-1 线型分类

图示	序号	线型号	规格	用途
	1	1 号跑马金葱线	10mm	教学示范、大型结体，颜色一色，红色
	2	2 号跑马线	6mm	大型结体用如双喜结，颜色一色，红色
	3	4 号跑马线	3mm	中型结体用，初学者可用此线，须注意扭线
	4	5 号跑马线	2.5mm	中、小型结体用，注意扭线，适合玉器打结
	5	6 号跑马线	1.5mm	小型结体用
	6	7 号跑马线	1mm	特小结体用，可做穿玉用、绑茶壶结
	7	5 号金葱线	2.7 mm	可单独编结或搭配其他线材
	8	6 号金葱线	1.5 mm	可单独编结或搭配其他线材
	9	7 号金葱线	1 mm	绕穗子用，如束腰型穗子
	10	单股金葱线	0.5 mm	绕穗子用
	11	2 号斜纹线	6 mm	大型结体用，如双喜结、春字结
	12	3 号斜纹线	4 mm	大型吊饰适用
	13	4 号斜纹线	3 mm	中、小型挂件用（适合初学者）
	14	5 号斜纹线	2.5 mm	中、小结体用（适合初学者）
	15	4 号斜纹金葱线	3 mm	斜纹线加金葱
	16	5 号斜纹金葱线	2.5 mm	斜纹线加金葱

线型结构一般情况下是，1 号到 7 号，数字越小线越粗。1 号较粗，7 号较细。其中 5 号线、4 号线是最常用的。5 号比较细一点，初学者用 5 号线来当练习比较合适，如图 4-1~ 图 4-3 所示 。

2. 装饰物件

编结过程中还要准备出一些装饰物件进行搭配，会给装饰物增色添彩，如图 4-4 所示。

图 4-1　5 号线、4 号线

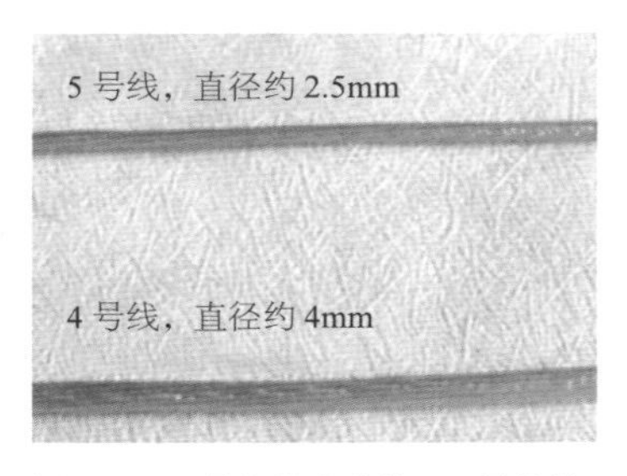

图 4-2　5 号线编小结饰，4 号线编中大型结饰

图 4-3　5 号线编的手链

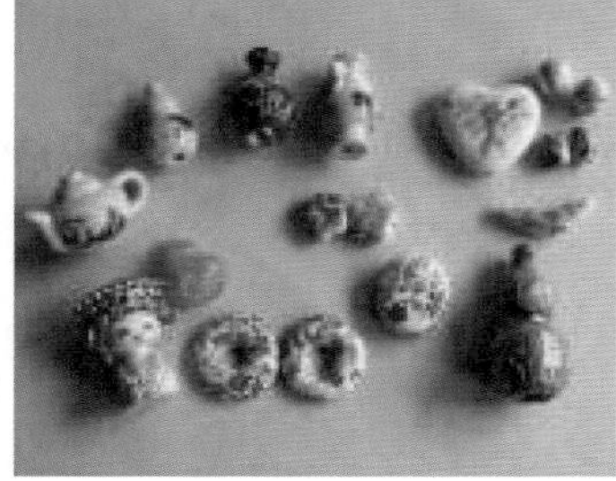

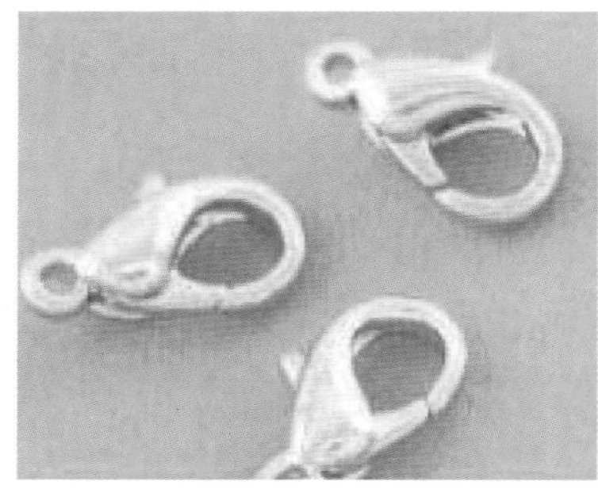

图 4-4　装饰物件的准备

二、工具准备

编结使用的工具有：定位板、珠针、剪刀、钳子、摄子、尺、打火机、大眼针、热熔枪、针线、强力胶、编结用定位泡沫板等，如图 4-5 所示。

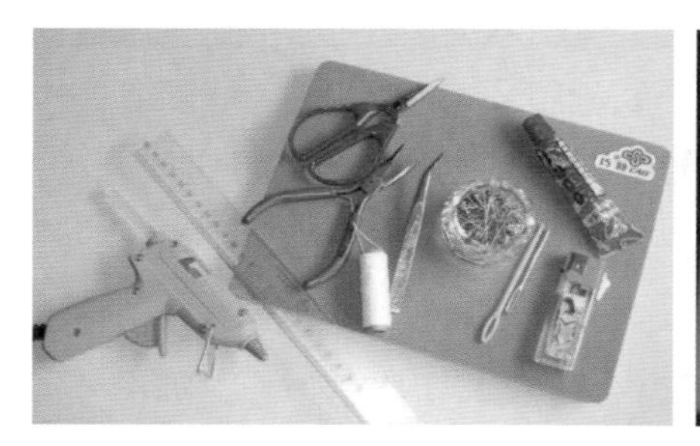

图 4-5　工具种类

第二节　编结基础技法

一、盘扣组结

盘扣是中国传统服装中使用的一种纽扣，用来固定衣襟，如图 4－6 所示。盘扣由扣结（也叫扣花）和扣襻、盘花构成，如图 4－7 所示，扣结和扣襻分别缝在衣襟两侧并且相对。盘花则是在扣结和扣襻后继续编盘成各种造型，起到装饰作用。这样看来，扣襻和扣结是盘扣的基础，因此掌握扣襻和扣结的编法是非常重要的。

图 4–6　服装中的盘扣

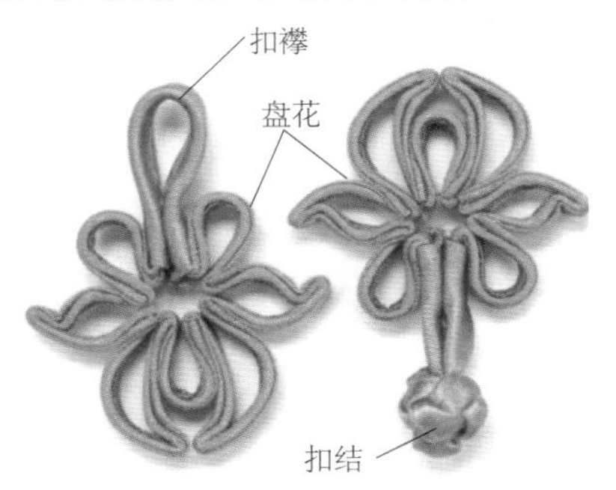

图 4–7　盘扣的构成

（一）材料与用具

1. 线

线的粗细要均匀，系结牢固的线比较适合。

2. 手针

3 号 ~5 号手针，用于连接绳子之间的空隙时使用。

3. 桌子

普通书桌或案台即可。

4. 大头针

普通缝纫大头针或立裁用大头针均可，主要起固定作用，而且方便拆卸。

（二）扣襻的制作

1. 制作准备

取长 20cm、宽 2~3cm、正斜 4 乎的布料 1 块，如图 4–8 所示；同色缝纫线少许。

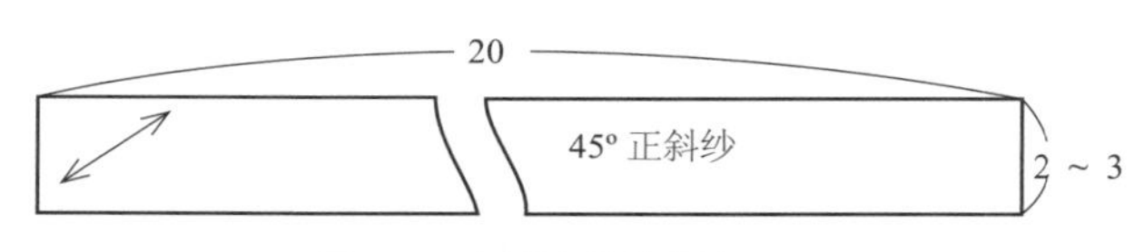

图 4-8　扣襻布裁剪方法

2. 制作步骤

（1）缝制扣结、扣襟布料带有两种方法。

方法一：将斜料两边各折 0.4cm 之后再对折，用手工缝合，外观有缝迹，如图 4-9（a）所示。

方法二：将斜料正面对折，看反面沿 0.4cm 处缉缝一道，然后将正面翻出即可，外观没有缝迹，如图 4-9（b）所示。

（2）扣襟制作：扣襟带对折，留出扣襟眼的位置，用手针固定，尾部折进缝分末端，并用手针在底部将扣身缝合，如图 4-9（c）所示。

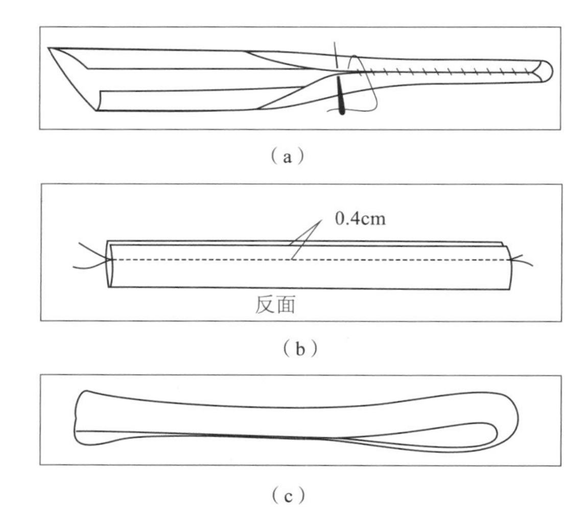

图 4-9　扣襻制作步骤

（三）扣结的制作

1. 制作准备

取长 60cm 缝制好的扣襻布料。

2. 制作步骤

扣结的制作方法如图 4-10 所示。

（1）A、B 交叉形成 X 形，如图 4-10（a）所示。

（2）B 端翻转，形成第二套，如图 4-10（b）所示。

（3）A 端穿入穿出第二套，如图 4-10（c）所示。

（4）A、B 两端同时穿入结耳，如图 4-10（d）所示。

（5）结耳向上拉，上下左右抽拉均匀即可，如图 4-10（e）所示。

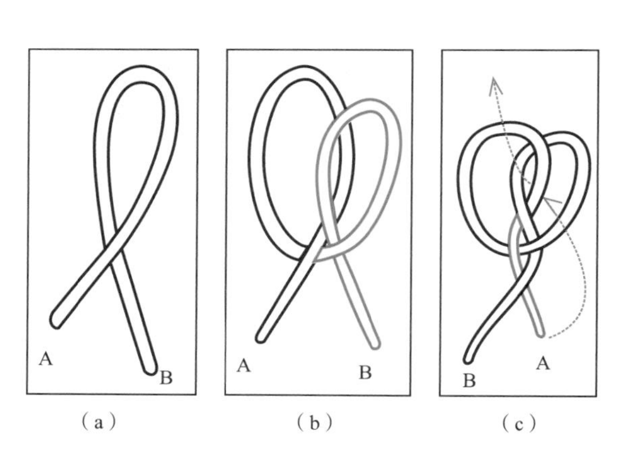

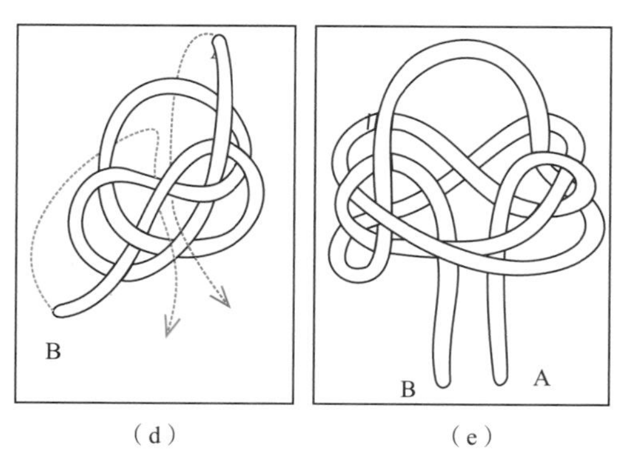

图 4-10　扣结制作步骤

需要注意的是：将盘扣整理成型后，要把前端预留的线环抽回去，使头部饱满有型，扣结的扣身制作与扣襻相同，完成后的造型效果如图 4-11 所示。

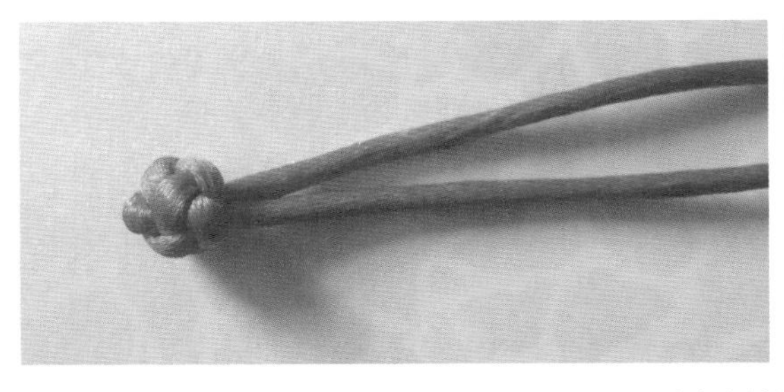
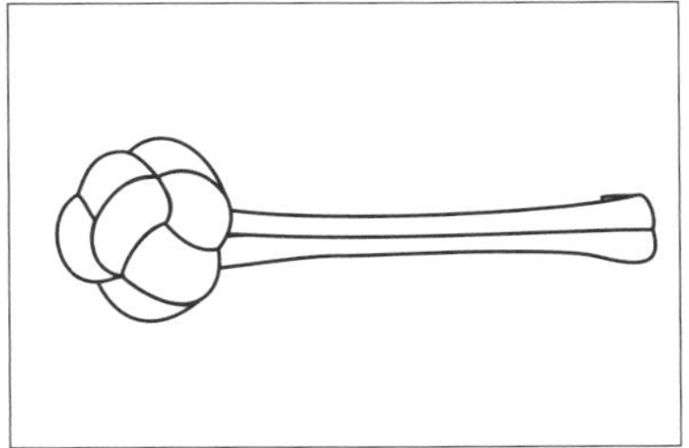

图 4-11 纽结完成效果

二、云雀结

1. 制作步骤

在绳编技法中比较常用，是绳编的基础，此结简单，也最实用。不仅应用于结与饰物之间相连或固定线头之用，也可做饰物的外圈用，编织步骤如图 4-12 所示。

（1）红色绳为定位绳，横向拉平两端用大头针固定。将白色绳对折，放在红绳上面，如图 4-12（a）所示。

（2）白绳上端向下折转绕过红绳，如图 4-12（b）所示。

（3）将两根绳插入环中，如图 4-12（c）所示。

（4）确定好位置将两根绳拉紧固定到红绳上，如图 4-12（d）所示。

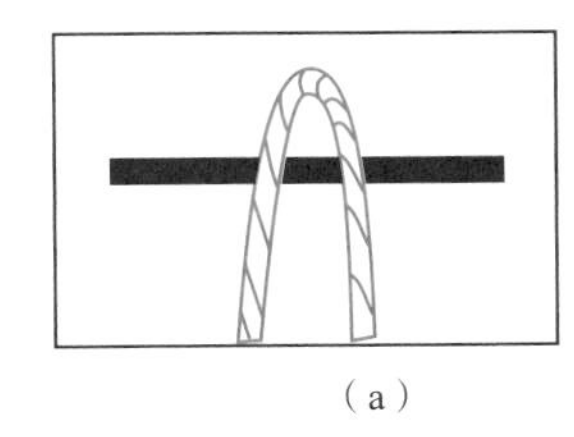
（a）
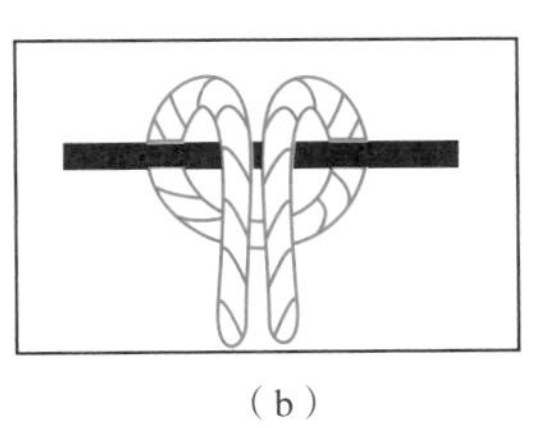
（b）
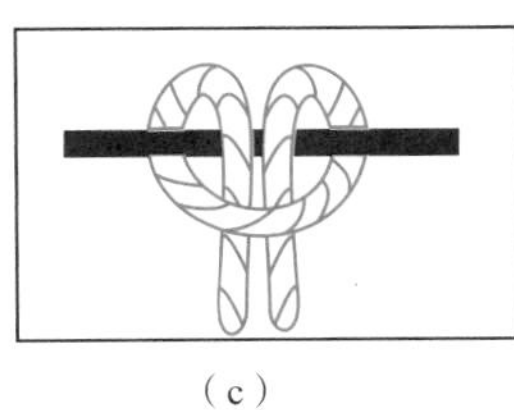
（c）
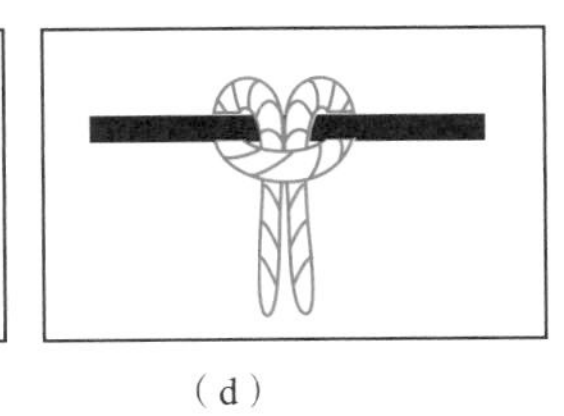
（d）

图 4-12　云雀结制作步骤

2. 组合使用

云雀结还可以组合使用，常见组合方式如图 4-13 所示。

（1）第一种组合方法：红绳两端固定，将两组绳分别编成云雀结，左边一组的左绳由上至下绕住右绳，右边一组的右绳由上至下绕住左绳，拉紧后整理成型，如图 4-13（a）所示。

（2）第二种组合方法：红绳两端固定，将两组绳分别编成云雀结，左边一组的左绳由上至下绕住剩余的 3 根绳，以此类推拉紧后整理成型，如图 4-13（b）所示。

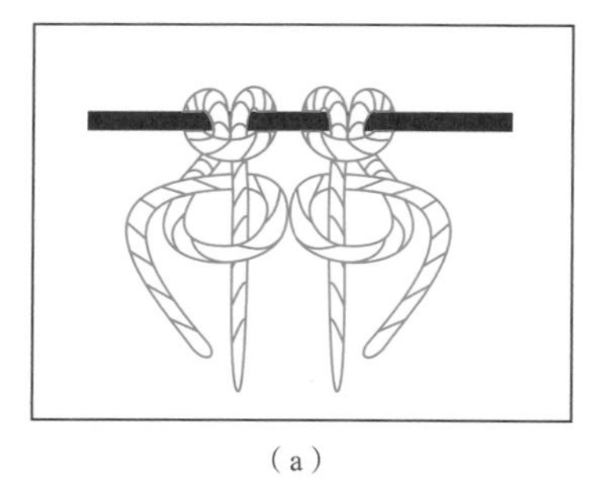
（a）

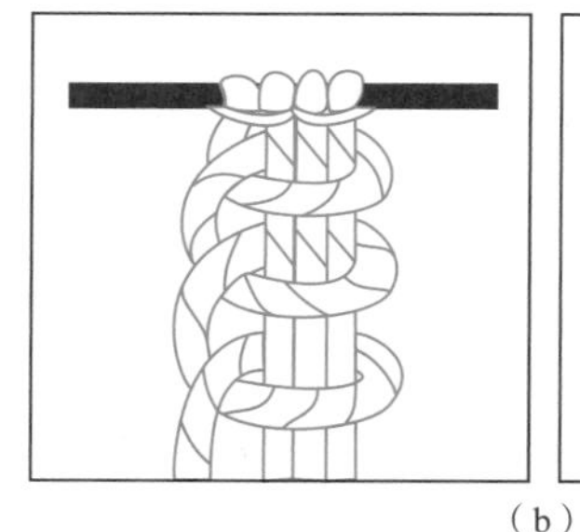
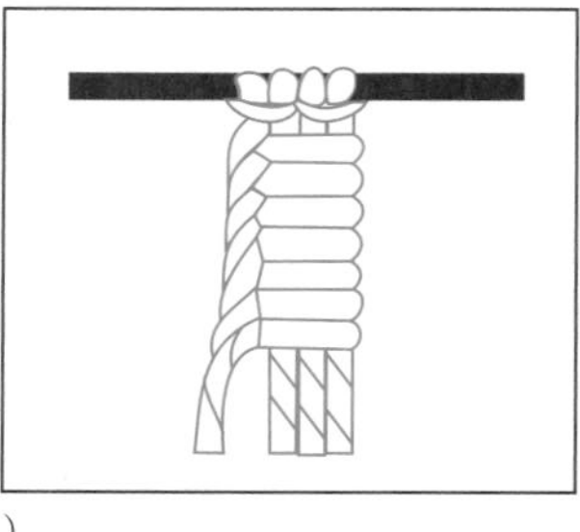
（b）

图 4-13　云雀结的组合运用

三、平结

平结是以一根或一组线为轴，另一根或一组线绕轴穿梭编织而成，是中国结的基本结之一，因外观呈扁平状而得名。平结又可以根据编织方向的变化，分为单向平结和双向平结。单向平结，即始终保持一个方向连续编结，这样会由于张力的作用呈现扭曲的外观，如图 4-14（a）所示；双向平结是沿左右两个方向交替编织的平结，外观扁平，如图 4-14（b）所示。一般常说的平结就是指的双向平结。一般用于编织手链、项链、腰带、提绳等，也可搭配其他结组成大形的装饰结。

（a）双向平结

（b）双向平结

图 4-14　平结应用效果

双向平结的编制步骤如图 4-15 所示，编织时分别在轴线左右两侧交替编织就可以了。单向平结的编织方法基本相同，区别在于编织时始终在轴线的左侧或右侧单向编织即可。

（1）将绳双折横放轴线下面，A 绳压于 B 绳下方，按形状放好，如图 4-15（a）所示。

（2）将 A 绳压穿住轴线从左边环中穿入，如图 4-15（b）所示。

（3）B 绳由轴线下方经过放于左边，A 绳压住轴右侧线圈穿出，如图 4-15（c）所示。

（4）重复步骤 2、3，直至完成，如图 4-15（d）所示。

（5）剪掉多余线头，用打火机将线头烧黏，以免脱丝，如图 4-15（e）所示。

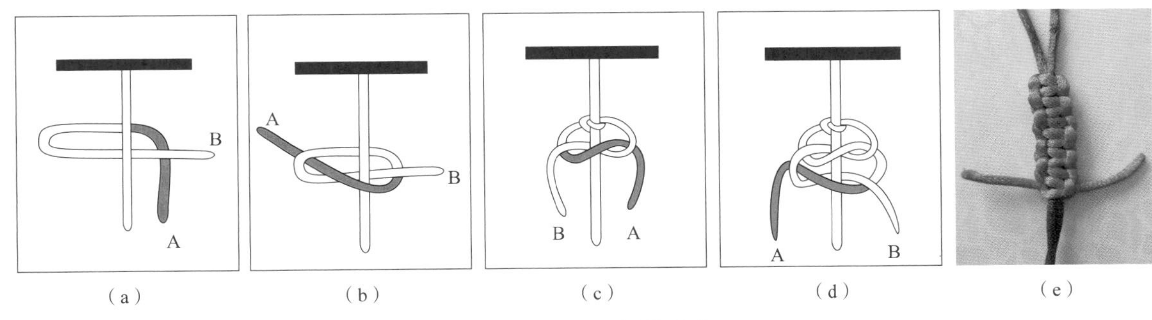

（a）　（b）　（c）　（d）　（e）

图 4–15　双向平结制作步骤

四、玉结

图 4–16　玉结

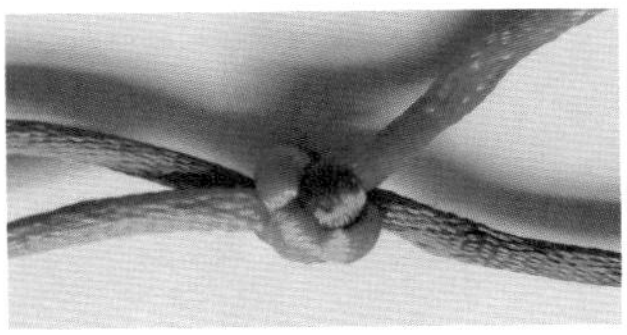

玉结和扣结的手法相似，区别在于扣结是一根绳编结而成，而玉洁则是由两根绳编成的，如图 4–16 所示。

制作步骤如图 4–17 所示。

（1）左边的绳子在上面做一个环，如图 4–17（a）所示。

（2）沿箭头方向穿过去，如图 4–17（b）所示。

（3）沿箭头方向将两绳收紧，如图 4–17（c）所示。

（4）收紧各线，调整成形，如图 4–17（d）所示。

（5）按箭头方向穿过结的中央，如图 4–17（e）所示。

（6）按箭头向两边拉紧以后整理成形，如图 4–17（f）所示。

（a）　（b）　（c）　（d）　（e）　（f）

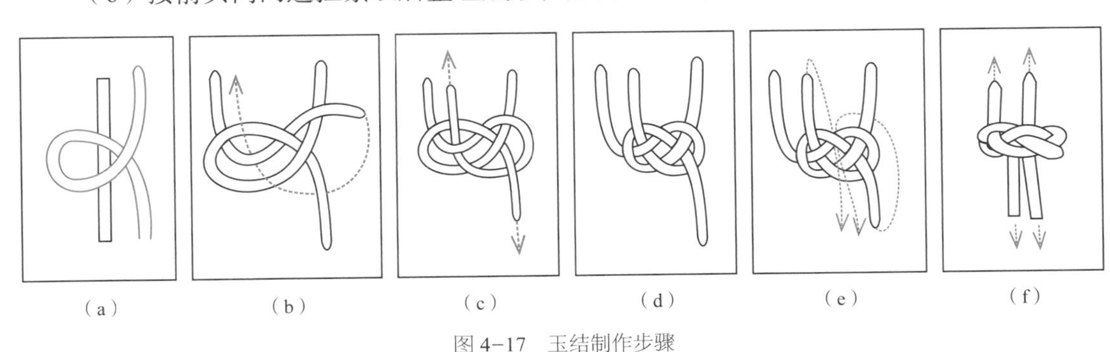

图 4–17　玉结制作步骤

五、攀缘结

攀缘结是历史悠久的中国传统手工编织工艺。因常常套于一段绳或其他花结上而得名，如图 4–18 所示。编织时注意将能抽动的环固定或套牢，还要调整花型，保证线圈大小均匀才能美观。

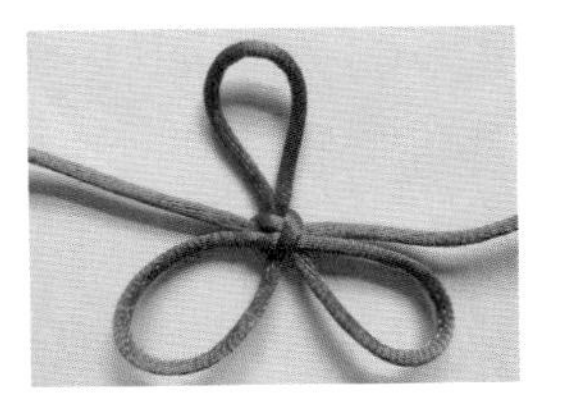

图 4–18　攀缘结

制作步骤如图 4-19 所示红色绳的顺序进行编结（单结用绳约 30cm）。

（1）按图将绳摆放好，如图 4-19（a）所示。

（2）将 B 端按图示方向穿出，放于 A 端下方，如图 4-19（b）所示。

（3）将 B 端按图示方向穿出，放于 A 端下方，如图 4-19（c）所示。

（4）将 A、B 两端收紧并调整线圈形状、大小均匀即可，如图 4-19（d）所示。

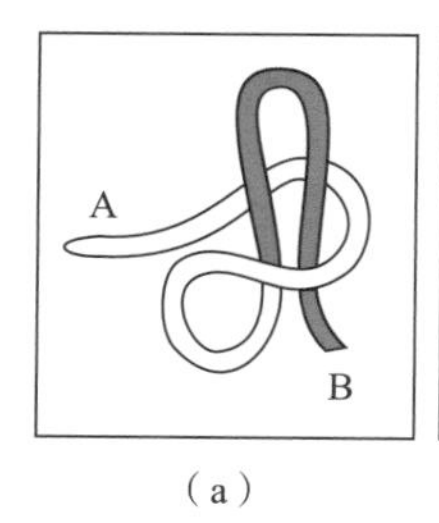

（a）

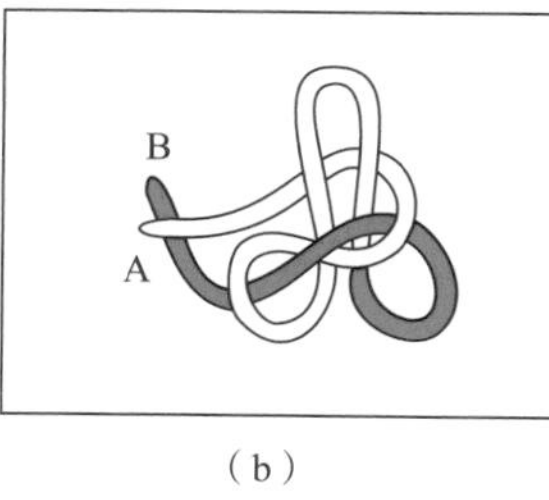

（b）

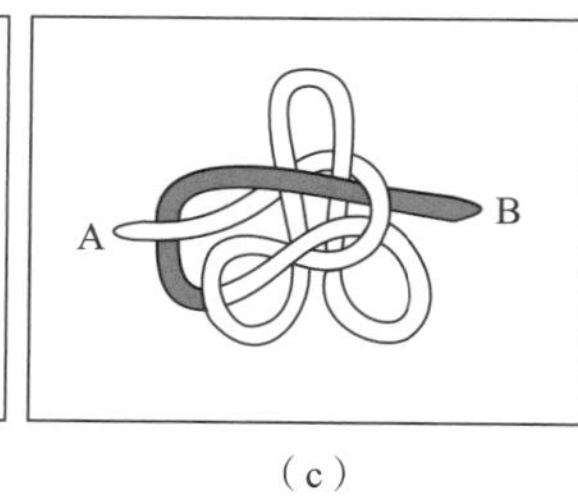

（c）

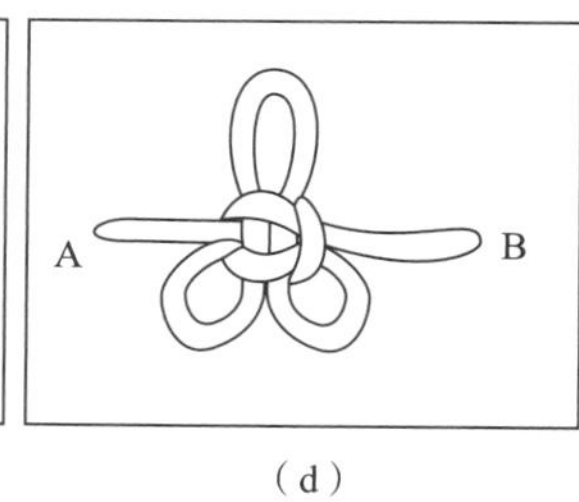

（d）

图 4-19　攀缘结制作步骤

六、玉米结

玉米结外观呈颗粒状形似玉米，由编织顺序产生的差异可产生两种不同的外观，分别为方形玉米结和圆形玉米结，如图 4-20 所示。

（a）方形玉米结

（b）圆形玉米结

图 4-20　玉米结

方形玉米结制作步骤，如图 4-21 所示。

（1）按图将两根线摆成“十”字交叉状，如图 4-21（a）所示。

（2）将四个方向的线按逆时针方向依次压住后面的线，再按顺时针方向重复压线，就这样交替换方向编织，如图 4-21（b）所示。

（3）每次按一个方向编织完成后，将线收紧再进行下一个方向的编织，如图 4-21（c）所示。

（4）编织完成后，剪掉线头，烧黏固定，如图 4-21（d）所示。

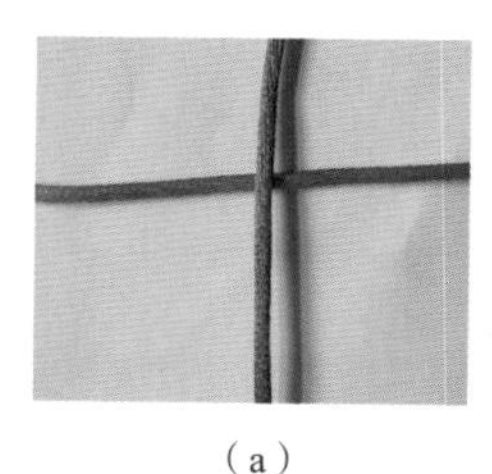

（a）

（b）

（c）

（d）

图 4-21　方形玉米结制作步骤

圆形玉米结的编织手法与方形玉米结相同，不同的是圆形玉米结不需要改变方向，只需要一直保持一个方向连续编织就可以了。

七、吉祥结

吉祥结是在玉米结的基础进行变化的结果，如图 4–22 所示。

制作步骤如图 4–23 所示。

（1）按箭头方向折成“十”字型，如图 4–23（a）所示。

（2）将 A 端向上压住 B 圈，再将 B 圈逆时针压住 C 圈；C 圈向下压住 D 圈；D 圈向右压住 A 圈后从 B 圈中穿过，如图 4–23（b）所示。

（3）将线圈收紧，如图 4–23（c）所示。

（4）调整线圈大小，如图 4–23（d）所示。

（5）重复步骤（1）～（4），如图 4–23（e）所示。

（6）将下层线圈拽出，形成 4 个花瓣，收紧各线，整型，如图 4–23（f）所示。

图 4–22　吉祥结

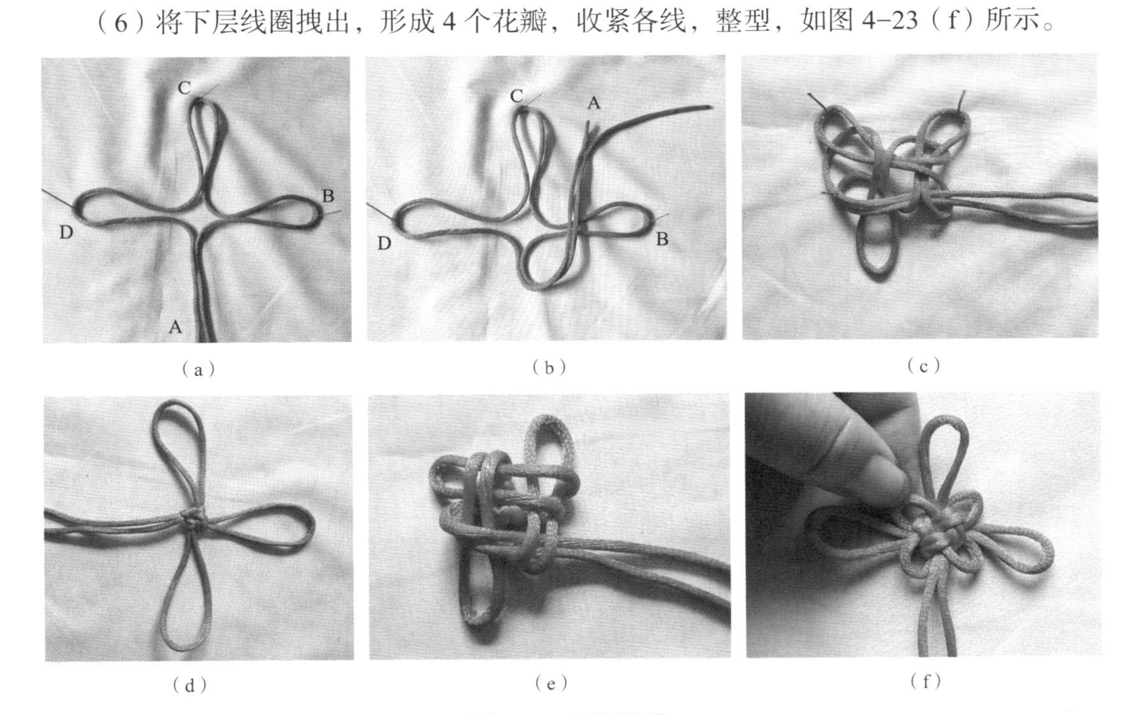

（a）　（b）　（c）

（d）　（e）　（f）

图 4–23　吉祥结制作

八、八字结

八字结是由单根线编织而成，常用作绳端的装饰。因表面呈现八字纹路而得名，

图 4-24　八字结

如图 4-24 所示。此结的造型即可做成上小下大的水滴型，和大小均可灵活调整。

制作步骤如图 4-25 所示。

（1）如图，线作逆时针绕个圈，压、挑、压后往下穿出，如图 4-25（a）所示。

（2）线接着做顺时针方向挑、压穿过中心区，如图 4-25（b）所示。

（3）线以逆时针方向朝下绕过另一边穿出，再顺时针同步骤 3 穿出，如图 4-25（c）所示。

（4）顺时针四次，逆时针五次绕好后，拉紧整理，烧黏、固定，如图 4-25（d）所示。

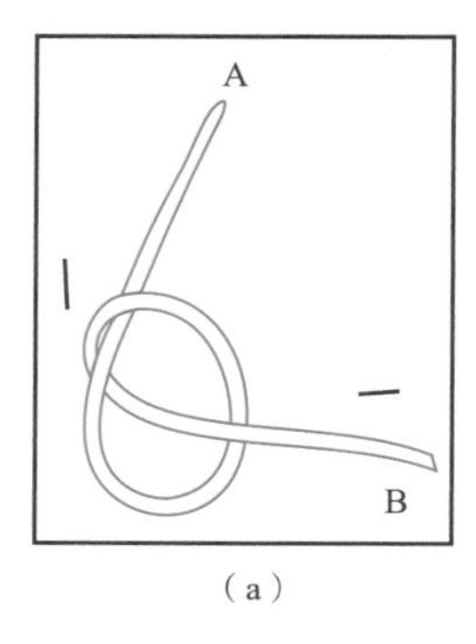

（a）

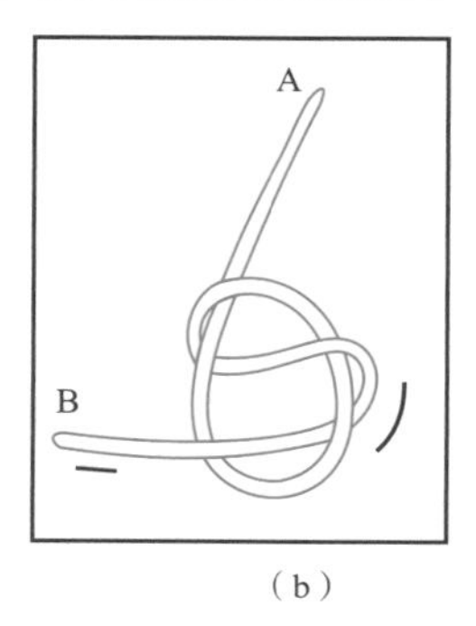

（b）

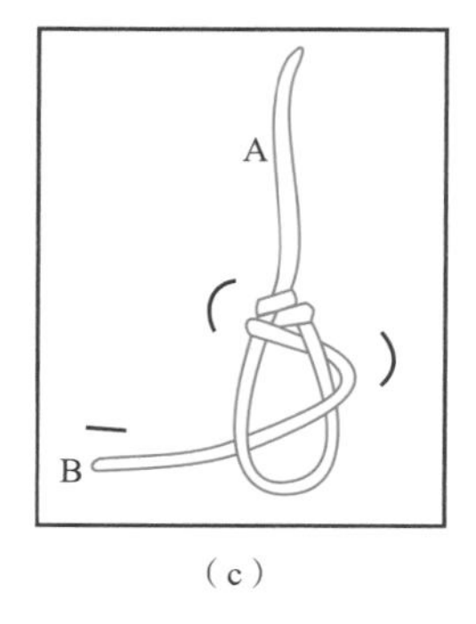

（c）

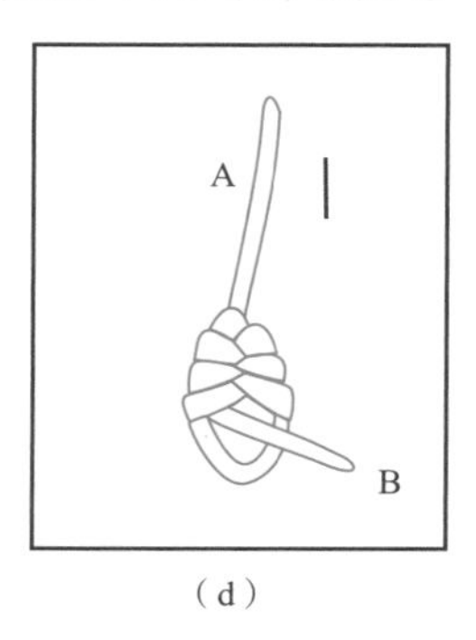

（d）

图 4-25　八字结制作步骤

九、斜卷结

斜卷结是常见的中国结艺，适用范围很广泛。外观呈现斜向纹路。和其他结艺相结合能编出任何你想要的饰品，如图 4-26 所示。但是，需要加强联系，多运用才能灵活掌握。

斜卷结因为编结方向的不同，不但分正反，还会分左右。不仔细观察较难区分，但实际使用时，不必在意到底是哪一种，还是要以完成效果为主。斜卷结编织步骤如图 4-27 所示。

（1）把 a 线斜右下方作为芯线，缠绕 b 线，再缠绕 c、d 线，第 2 段是把 a 线斜左下方，拐角处用大头针固定，把竖线的 b、d 反方向缠绕，如图 4-27（a）所示。

（2）左图是把 2 段重叠缠绕进行组合的方法。右图是先缠绕成“八”字形，然后再中间穿入木制念珠，

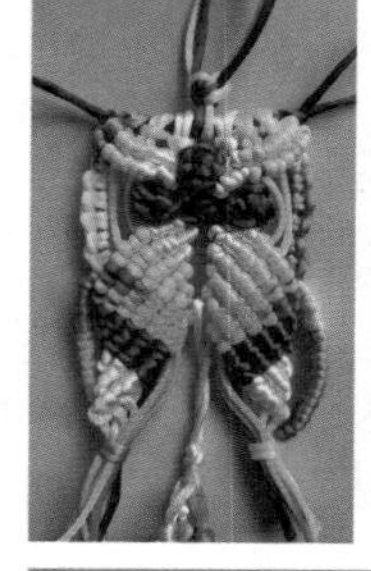

图 4-26　斜卷结作品

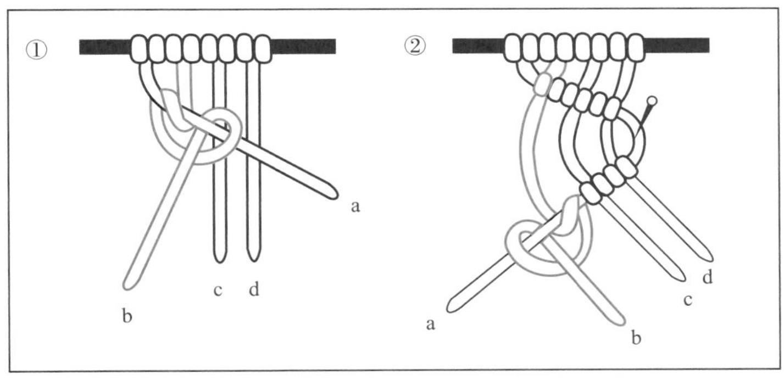

（a）

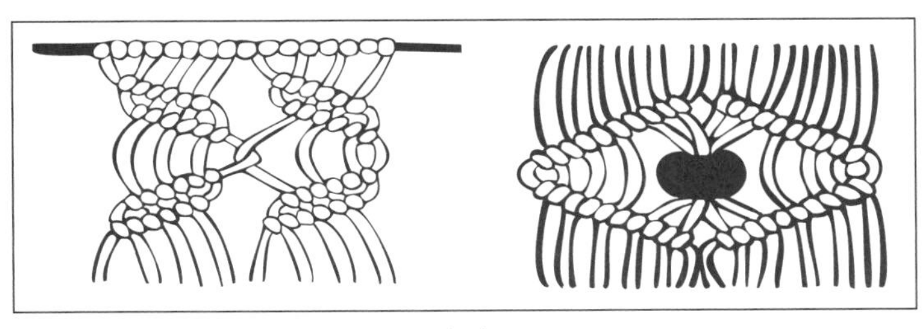

（b）

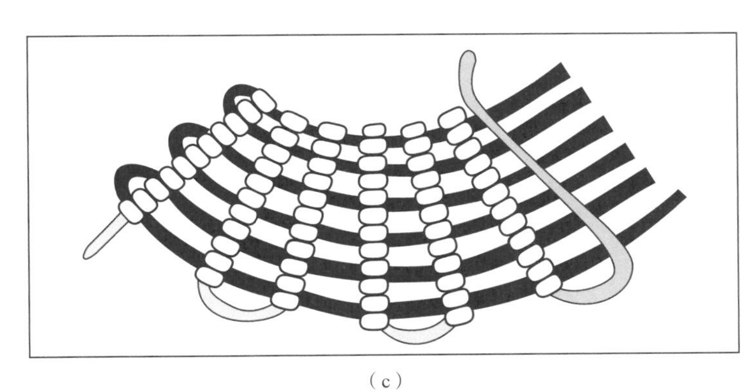

（c）

图 4-27　斜向编结制作

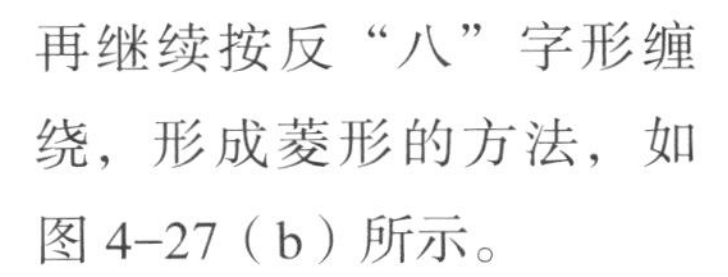

再继续按反“八”字形缠绕，形成菱形的方法，如图 4-27（b）所示。

（3）连续回折的芯线外部张开，用竖线编成扇形的方法，如图 4-27（c）所示。

十、环形抽编

环形抽编制作步骤，如图 4-28 所示。

（1）把 b 线作为芯线，a 线从前向后绕过 b 线后，由 a、b 两线的中间抽出，如图 4-28（a）所示。

（2）继续以 b 线作为芯线，a 线从后往前绕过 b 线后，从 a 线环中穿出，如图 4-28（b）所示。

（3）整理形状后将编绳收紧，如图 4-28（c）所示。

（4）重复步骤（1）和（2），直至所需长度，如图 4-28（d）所示。

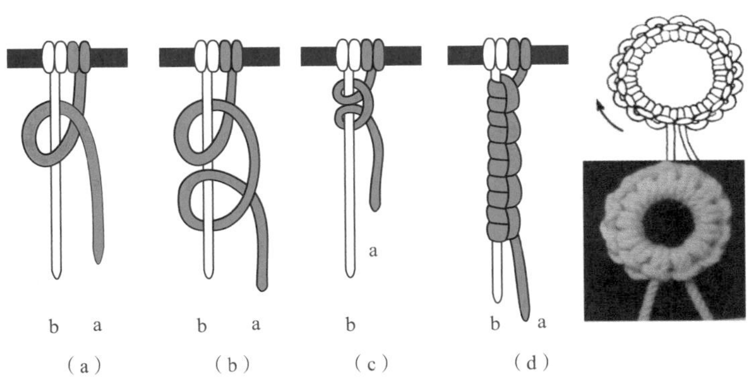

（a）　（b）　（c）　（d）

图 4-28　环形抽编制作

十一、蛇结和金刚结

蛇结是中国结的基础结法之一，编法简单易学，但是结构较松散，易拉伸，如图 4-29 所示。金刚结与蛇结外观相似，但是稍显粗壮一些，更结实，如图 4-30 所示。此外金刚结编织的饰物因为有辟邪的象征而有广泛的应用。

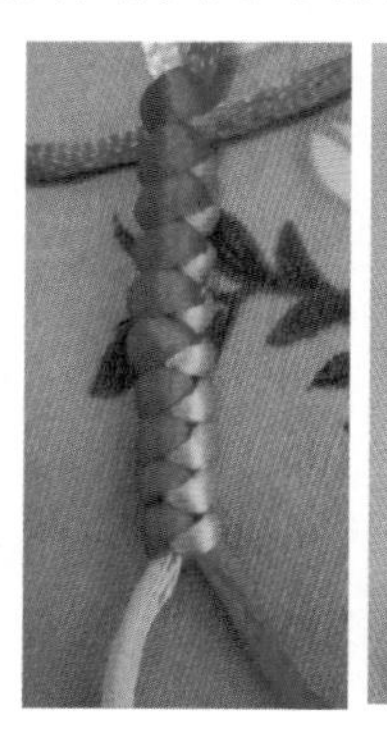
拉伸前

拉伸后

图 4-29　蛇结性能对比

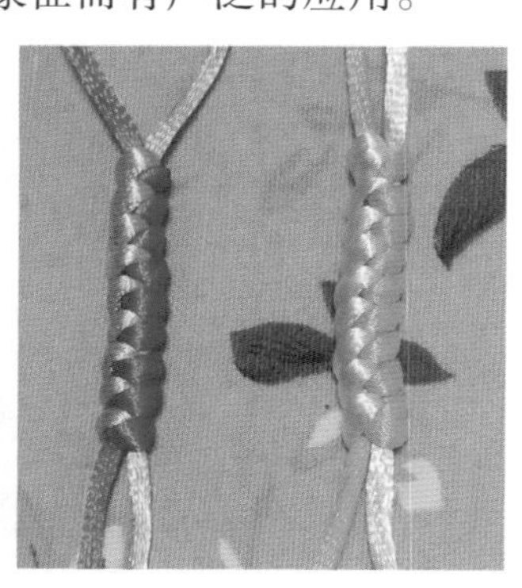
蛇结　　金刚结

图 4-30　蛇结和金刚结

蛇结编织方法如图 4-31 所示。

（1）水平放置编织线，a 线在 b 线上方，如图 4-31（a）所示。

（2）a 线由 b 线下方经过，向上绕圈，包裹住 b 线，a 线仍在上方，如图 4-31（b）所示。

（3）b 线向上绕圈，压住 a 线，再由 a 线绕成的线圈中穿出，如图 4-31（c）所示。

（4）收紧 a、b 两线，然后重复前三步直至完成，过程中始终要保持 a 线在上方，如图 4-31（d）所示。

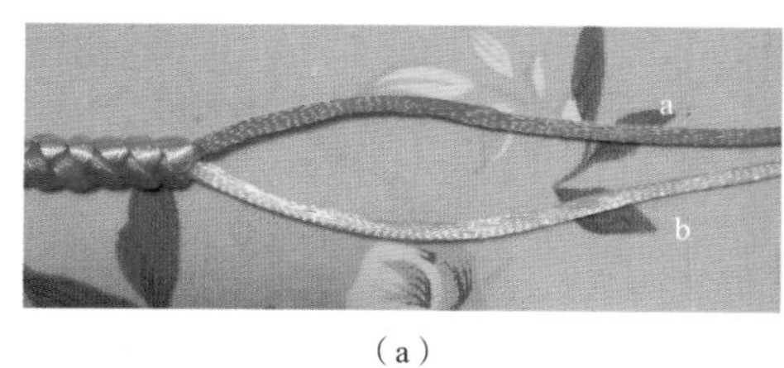

（a）

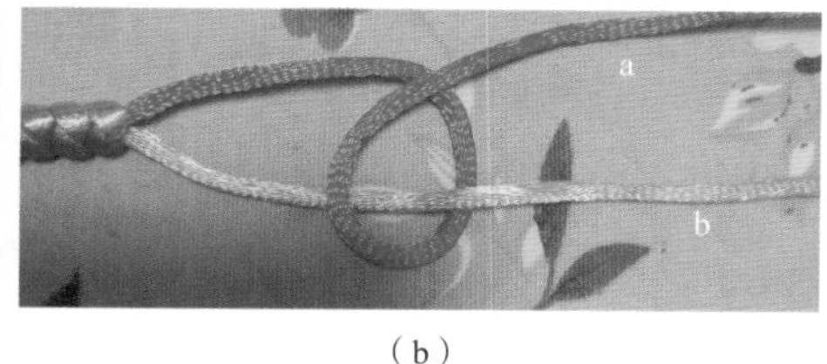

（b）

（c）

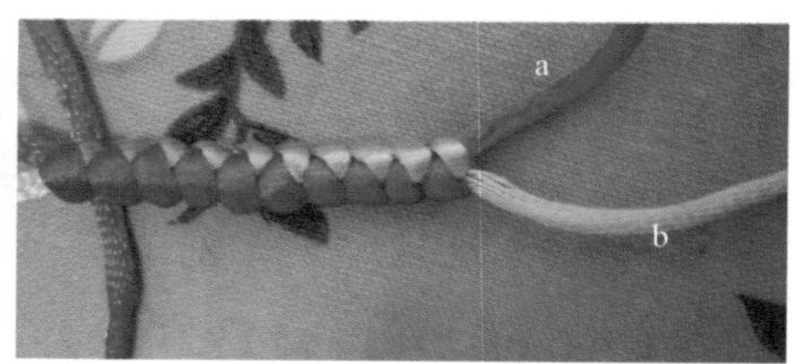

（d）

图 4-31　蛇结编织方法

金刚结编织方法如图 4–32 所示。

（1）水平放置编织线 a 线处于上方，如图 4–32（a）所示。

（2）将 b 线向上绕圈，经过 a 线，压在 a 线下方，如图 4–32（b）所示。

（3）将 a 线向下绕圈，经由 a 线下面绕过，再从 a 圈中穿出，拉紧 b 线 a 线在 b 线后留一个线圈，如图 4–32（c）所示。

（4）b 线向上绕圈由 a 线预留的线圈中穿出，如图 4–32（d）所示。

（5）拉紧 a 线，此时 b 线保留一个线圈，如图 4–32（e）所示。

（6）重复（2）~（5），直到完成，将两线同时拉紧即可，如图 4–32（f）所示。

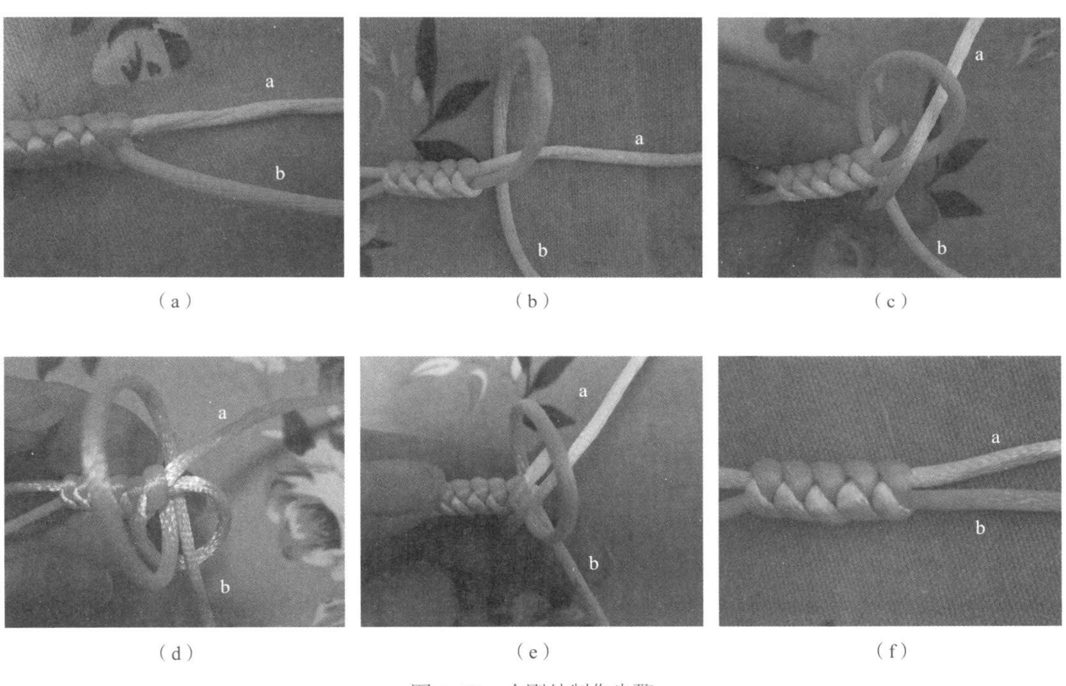

图 4–32　金刚结制作步骤

十二、吊穗

吊穗常挂于中国结尾部起到局部点缀作用，如图 4–33 所示。制作步骤如图 4–34 所示。

（1）将挂绳对折，打结，如图 3–34（a）所示。

（2）将挂绳藏于吊穗绳中间，如图 3–34（b）所示。

（3）在吊穗长的中点，用细线或金银线捆住吊穗和挂绳，如图 3–34（c）所示。

（4）用专用装饰线，一圈一圈困住，头尾藏于

图 4–33　吊穗挂饰

细绳内，如图 3–34（d）所示。

（5）提起挂绳，将吊穗梳理整齐，如图 3–34（e）所示。

（6）用专用装饰线，一圈一圈困住，头尾藏于细绳内，如图 3–34（f）所示。

（7）完成效果，如图 3–34（g）所示。

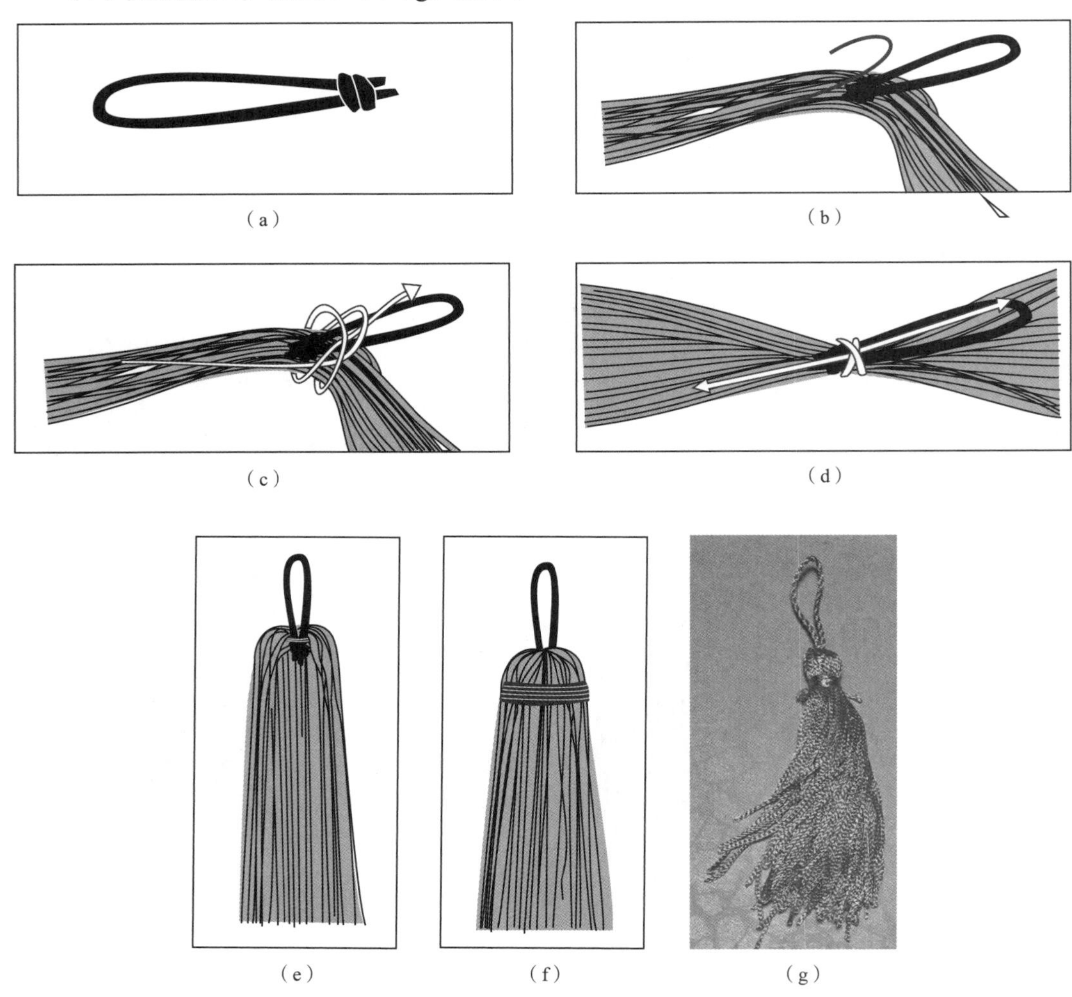

图 4–34　吊穗的制作

十三、双钱结

双钱结，形似两个铜钱穿套在一起，如图 4–35 所示。多个双钱结的组合可做杯垫、项链、包带等。

图 4–35　双钱结

双钱结制作步骤如图 4–36 所示。

（1）将线对折，如图 4–36（a）所示。

（2）b 线逆时针方向摆一个圈，线尾在上，如

图 4-36（b）所示。

（3）a 线的线尾顺时针向下，压住 b 线线尾，再由线圈 B 的中心向上穿出，如图 4-36（c）所示。

（4）a 线压住 b 线，由线圈 A 穿出，如图 4-36（d）所示。

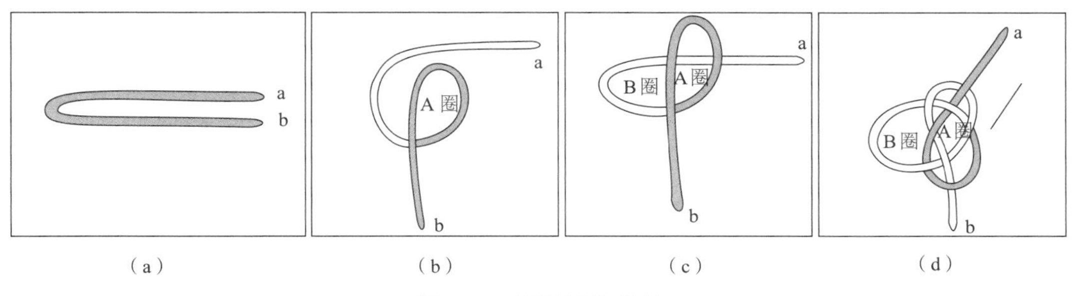

（a）（b）（c）（d）

图 4-36 双钱结制作步骤

十四、双联结

“联”，有连、合、持续不断之意。双联结即由两个单死结相套相扣形成交叉状，有佳偶成对的含义。由于它小巧，不易脱散，常常用于编结的开端和结尾，简单并且结实耐用，如图 4-37 所示。

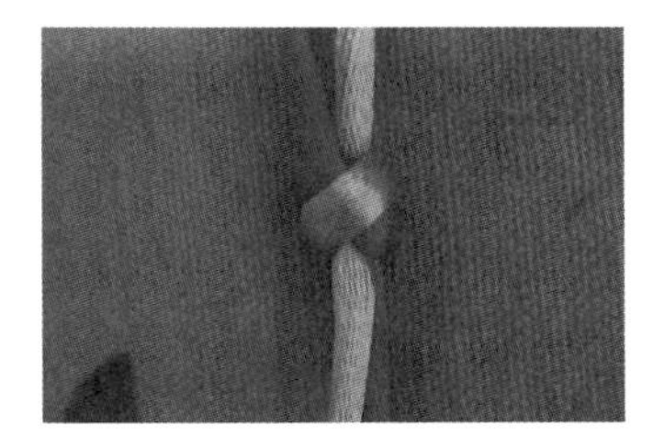

图 4-37 双联结

制作步骤如图 4-38 所示。

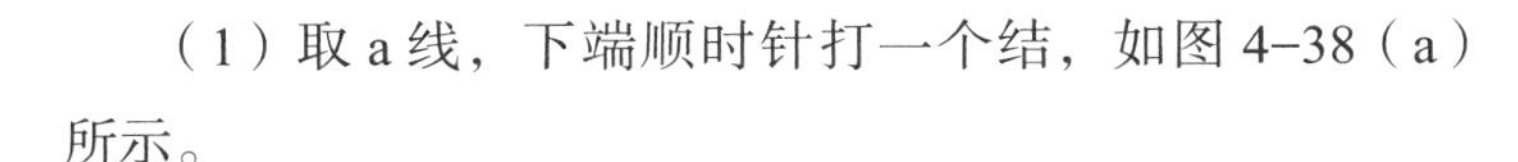

（1）取 a 线，下端顺时针打一个结，如图 4-38（a）所示。

（2）取 b 线由 a 线的线圈内穿出，如图 4-38（b）所示。

（3）b 线下端向上逆时针绕经 a 线下方在左侧打结，如图 4-38（c）所示。

（4）将 b 线下端从 a 线打结的线圈里穿出，如图 4-38（d）所示。

（5）两线向两头拉紧，完成，如图 4-38（e）所示。

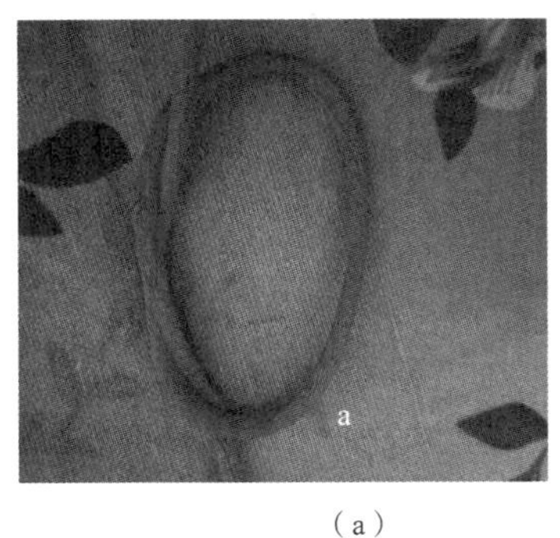

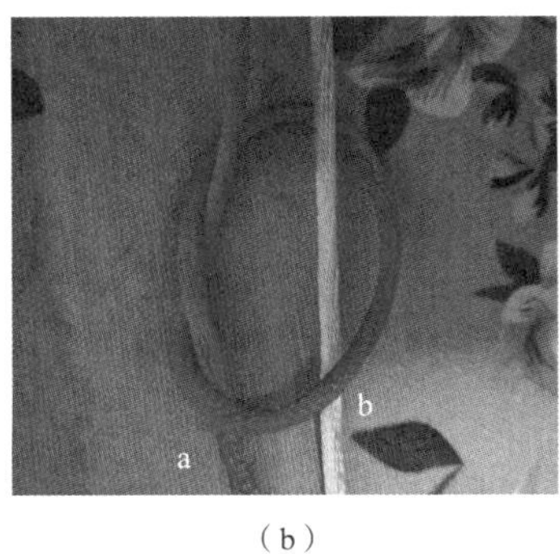

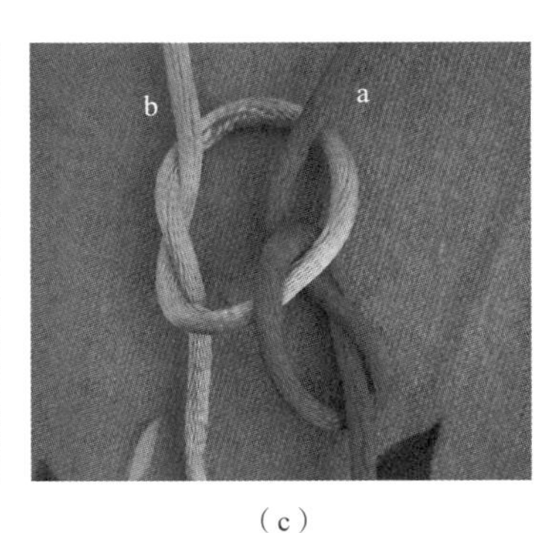

（a）（b）（c）

图 4-38

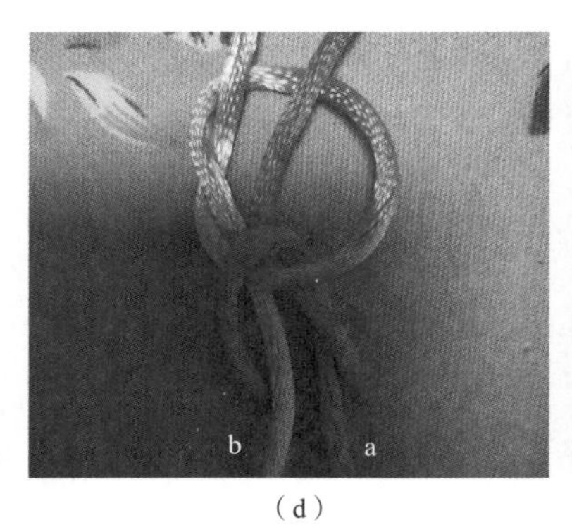

（d）

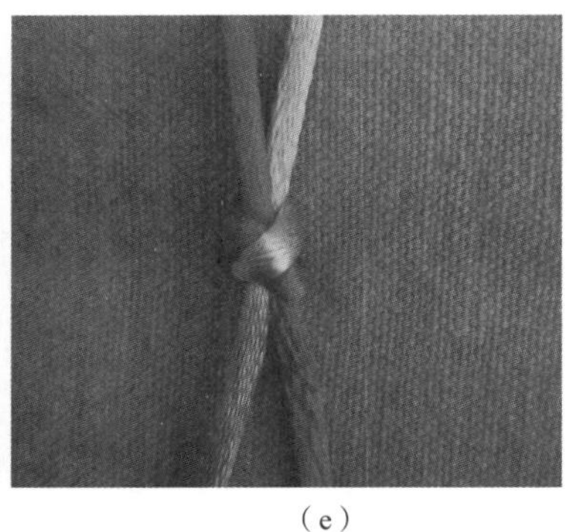
（e）

图 4-38　双联结的制作

第三节　编结工艺应用

一、花式盘扣制作实例

花式盘扣是在扣襻和扣结的基础上，加入造型设计，使盘扣整体具有强烈的装饰感。盘扣造型繁多，有模仿动植物的梅花扣、花苞扣、蝴蝶扣；也有代表吉祥如意的文字扣，如寿字扣、喜字扣等。在不断地演变中，盘扣早已不单单是固定衣襟的纽扣了，更多的是通过盘花成为服装中的点睛之笔。下面就为大家介绍下常见花式盘扣的制作实例。

（一）琵琶扣

琵琶扣因外形似琵琶而得名，外观效果如图 4-39 所示。

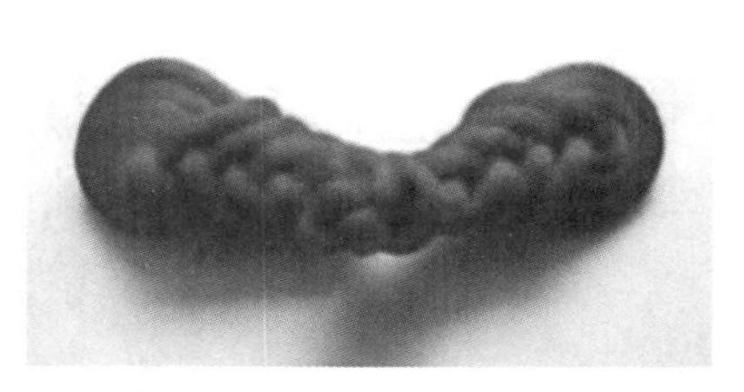
图 4-39　琵琶扣效果图

1. 材料准备

（1）取长 40cm、宽 2 ~ 3cm、正斜 45° 的布料一块做扣结。

（2）取长 30cm、宽 2 ~ 3cm、正斜 45° 的布料一块做扣襻。

（3）同色缝纫线少许。

2. 制作步骤

（1）B 端围绕扣眼绕成“8”字形，如图 4-40（a）所示。

（2）B 端在前一个圈内继续绕“8”字形，如图 4-40（b）所示。

（3）B 端最后收线于结下，如图 4-40（c）所示。

（4）扣襻反面手针扦缝，定型，如图 4-40（d）所示。

（5）先编出扣结，然后重复以上 4 步，完成扣结的编织，如图 4-40（e）所示。

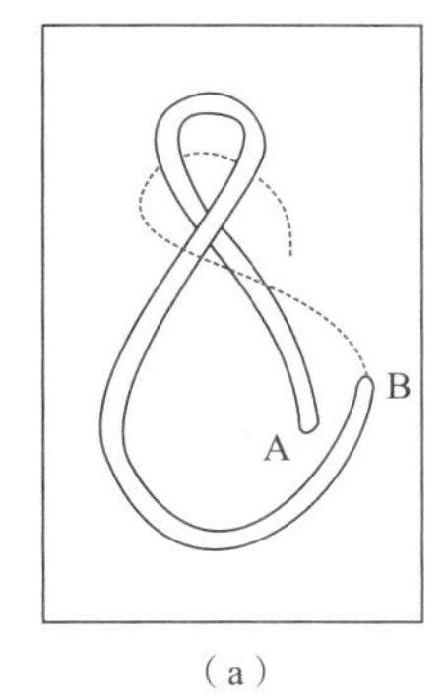

（a）

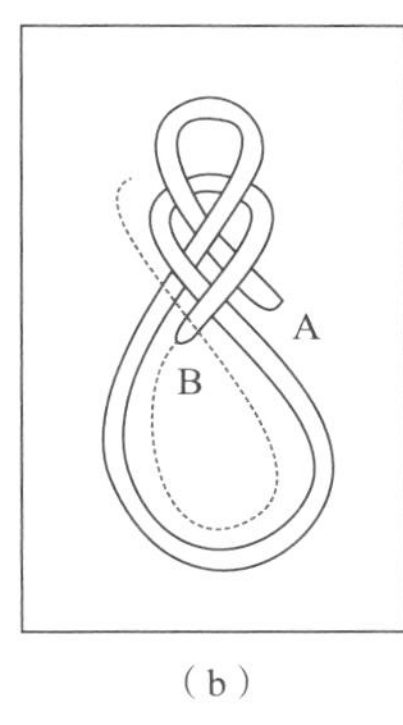

（b）

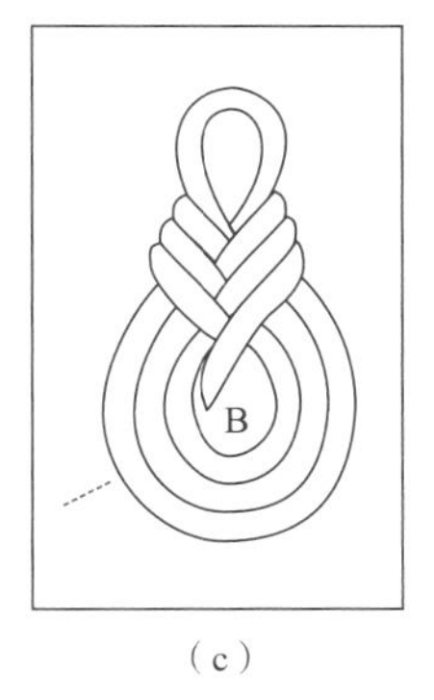

（c）

（d）

（e）

图 4-40　琵琶扣制作步骤

3. 制作要点

（1）琵琶扣可以根据自己的爱好和服装的需要多绕或少绕几个圈。

（2）完成后，在扣的反面把末端用针线固定。

（二）葫芦扣

葫芦扣造型简单，由盘扣带卷曲盘绕成两个圆形而成，因圆形直径不同而形似葫芦，如图 4-41 所示。

图 4-41　葫芦扣

1. 材料准备

（1）取宽 2 ～ 3cm、长 60cm 和 40cm 的正斜 45° 的布料各一块做扣结和扣襻。

（2）同色缝纫线少许。

2. 制作步骤

（1）缝制扣结、扣襻面料带的方法可参考一字扣进行。编结扣襻，一高一低同方向卷曲，如图 4-42（a）所示。

（2）编结扣结，先参照一字扣扣结的编结方法编出扣结，然后完成整个造型，如图 4-42（b）所示。

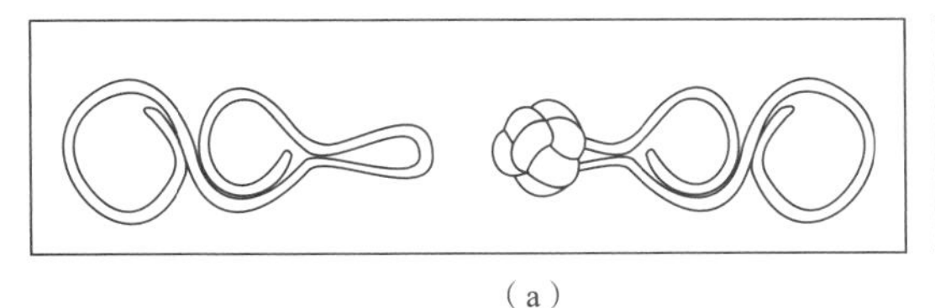

（a）

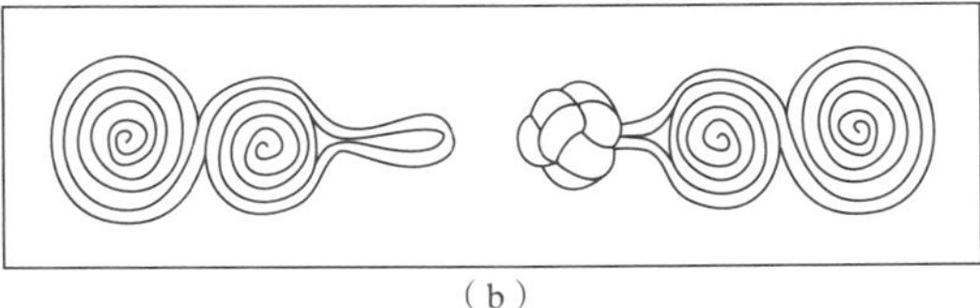

（b）

图 4-42　葫芦扣制作

3. 制作要点

（1）葫芦扣可以根据自己的爱好选择上、下葫芦的大小。

（2）完成后，在扣的反面把末端用针线固定。

（三）单翼蝴蝶扣

蝴蝶扣，顾名思义是根据蝴蝶翅膀的造型编织的花式盘扣，如图 4–43 所示。

图 4–43　蝴蝶扣

1. 材料准备

（1）取宽 2 ～ 3cm、长 40cm 和 30cm 的正斜 45° 的斜料各一块做扣结和扣襻。

（2）同色缝纫线少许。

2. 制作步骤

（1）缝制扣结、扣襻布料带的方法可参照一字扣进行。编结扣襻，留出扣襻的大小位置，将剩下的部分按造型在底部手针缝合，如图 4–44（a）所示。

（2）编结扣结，参照一字扣扣结的编结方法编出扣结，参照上面扣襻的步骤进行，完成造型，如图 4–44（b）所示。

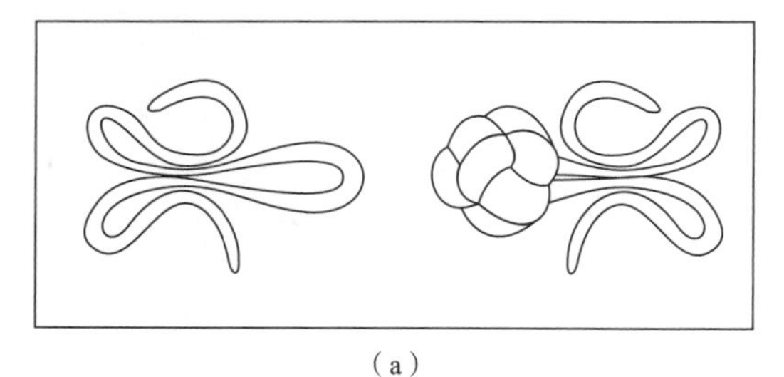

（a）

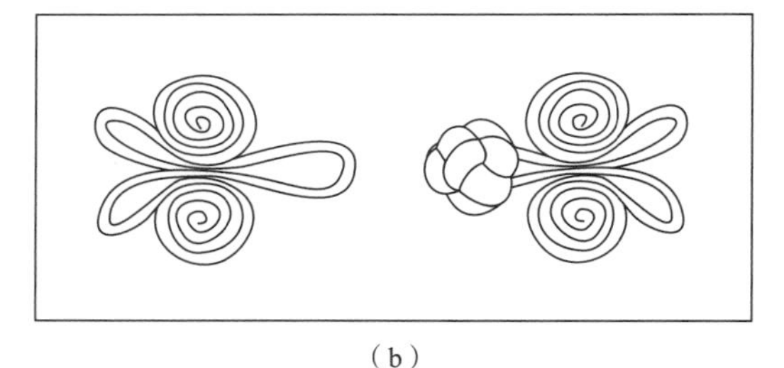

（b）

图 4–44　单翼蝴蝶扣制作

3. 制作要点

（1）单冀的长短可根据自己的喜好进行调整。

（2）完成后，在扣的反面把末端用针线固定好。

（四）凤尾扣

凤尾扣外观效果如图 4–45 所示。

图 4–45　凤尾扣

1. 材料准备

（1）取宽 2 ～ 3cm、长 46cm 和 36cm 的正斜 45° 的布料各一块分别做扣结和扣襻。

（2）同色缝纫线少许。

2. 制作步骤

（1）缝制扣结、扣襻布料带的方法可参照一字扣进行。

（2）编结扣襻：在扣襻带 1/7 处预留出扣襻的大小位置，然后用手针固定。长的一端，水平来回三次，然后一齐向下弯曲，末端用手针固定在反面。

（3）编结扣结：先参照一字扣扣结的编结方法编出扣结。凤尾部分参照上面扣襻的步骤进行，如图 4–46 所示。

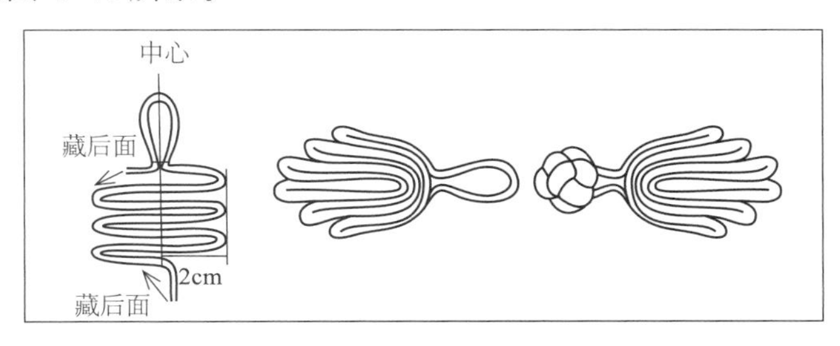

图 4–46　凤尾扣制作

3. 制作要点

（1）凤尾扣的凤尾的宽度及长短可根据自己的喜好及布料薄厚进行设计，不宜过分细长，注意长与宽的比例。

（2）完成后，在扣的反面把两个末端用针线固定好。

（五）菊花扣

菊花扣，即扣位形似菊花瓣，如图 4–47 所示。

图 4–47　菊花扣

1. 材料准备

（1）取宽 2 ～ 3cm、长 40cm 和 36cm 的正斜 45° 的斜料各一块分别做扣结和扣襻。

（2）同色缝纫线少许。

2. 制作步骤

（1）缝制扣结、扣襻布料带的方法可参照一字扣进行，扣襻带折叠为两段，短的一段为 3cm 左右，长的一段为 33cm 左右。从折叠顶端向下留出 1.5cm 为扣眼大小，并用手针固定。然后长的一端盘出菊花造型。短的一端嵌入花中心，两个末端在反面用针线固定好，如图 4–48（a）所示。

（2）编结扣结：扣结参照一字扣扣结的编结方法进行，菊花造型部分参照上面扣襻的编结步骤进行，如图 4–48（b）所示。

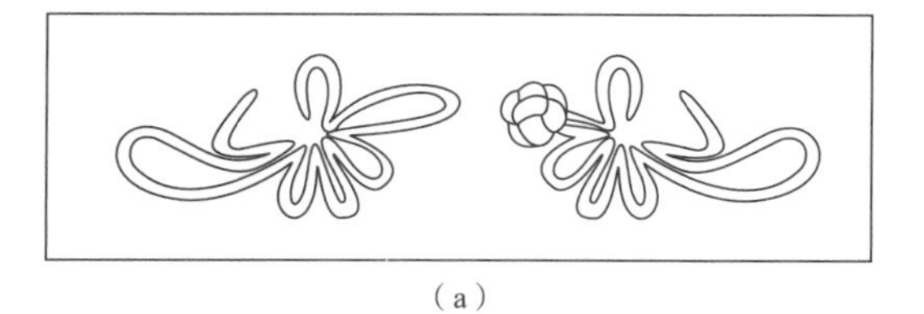
（a）

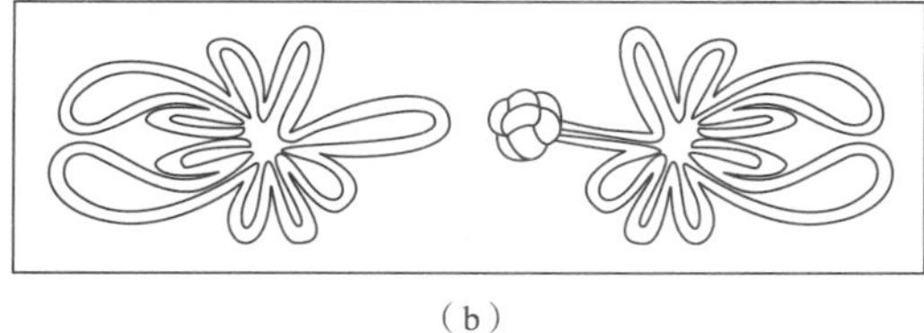
（b）

图 4–48　菊花扣制作

3. 制作要点

菊花扣花瓣的长短及造型可根据自己的喜好来进行设计和调整，并注意整朵花的长宽比例。

二、绳编手链制作实例

（一）波西米亚手链

图 4–49　波西米亚手链

此款手链是用双向平结编结而成的，如图 4–49 所示。

制作步骤如图 4–50 所示。

（1）准备 3 种编绳，白色最粗，红、蓝两色为扁绳，如图 4–50（a）所示。

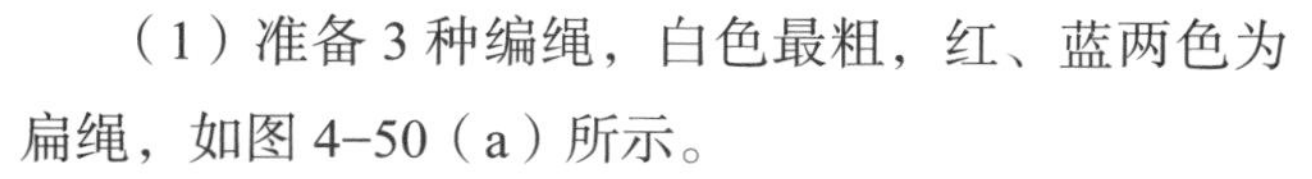

（2）按平结方法将白绳作为芯绳，蓝色为边绳，红色为装饰绳，如图 4–50（b）所示。

（3）均匀将每个绳结系牢固，松紧一致，如图 4–50（c）所示。

（4）以此类推循环编结，围成圈状后，收尾打结，如图 4–50（d）所示。

（a）

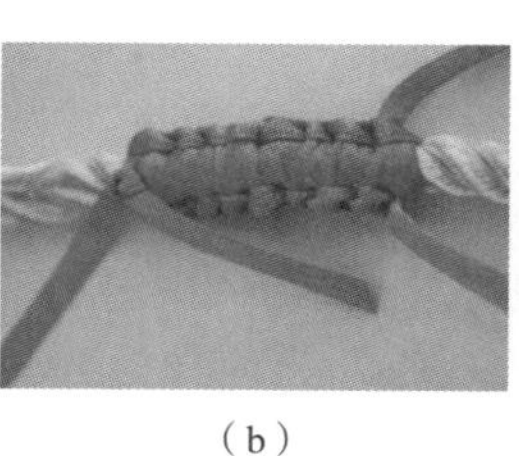
（b）

（c）

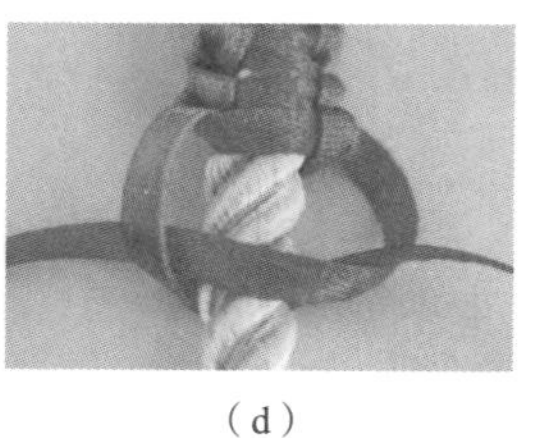
（d）

图 4–50　波西米亚手链制作

（二）玉石手链

玉石手链，就是在绳编过程中穿入珠宝玉石所编出的手链，如图 4–51 所示。

1. 材料准备

40cm、50cm、100cm 长的空心线各两根，粉色大珠子若干，白色中号珠子两颗，粉色小型珠子 4 颗，其他装饰物若干。

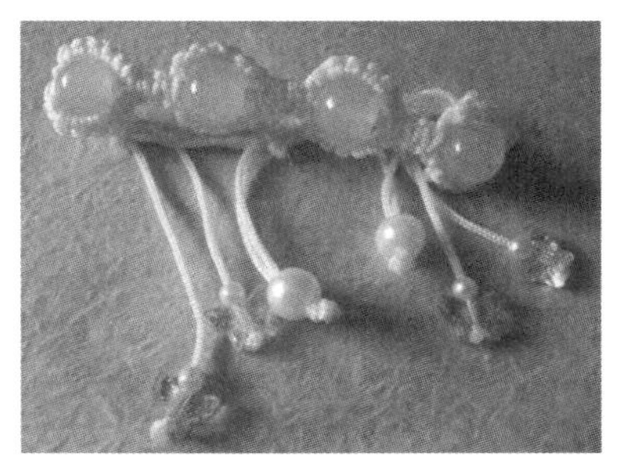
图 4-51　玉石手链

2. 制作步骤

制作步骤如图 4-52 所示。

（1）编平头结。40cm 和 50cm 的绳子作中心绳，100cm 的绳子用来编结，如图 4-52（a）所示。

（2）编雀头结。先把六根绳子分成 3 股：100cm 和 50cm（左）、40cm 和 40cm（中）、100cm 和 50cm（右）。然后左右两边分别编雀头结，编结时用 100cm 的绳子编，50cm 的绳子做中心绳，如图 4-52（b）所示。

（3）穿珠子。左右两边编好雀头结后，中间的那股绳子穿上珠子，如图 4-52（c）所示。

（4）编平头结。把左中右 3 股绳子合成一股，编平头结，用 100cm 的绳子编结，其余 4 根做中心绳，如图 4-52（d）所示。

（5）收尾。将编结的绳子打一个死结，剪掉多余的绳子，用打火机烧软绳子，摁紧，如图 4-52（e）所示。

（6）串饰品。从两端分别把 50cm 的绳子挑出来，串上饰品。调整好长度，打结，整理线头，如图 4-52（f）所示。

（7）收尾编平头结。先把剩余的 4 根绳子归到一起，再另外拿一根 20cm 左右的绳子，以这 4 根绳子为中心绳编平头结，如图 4-52（g）所示。

（8）最后把剩余的 4 根绳子分为两股，分别串上珠子，调整好长度，打结，整理线头，如图 4-52（h）所示。

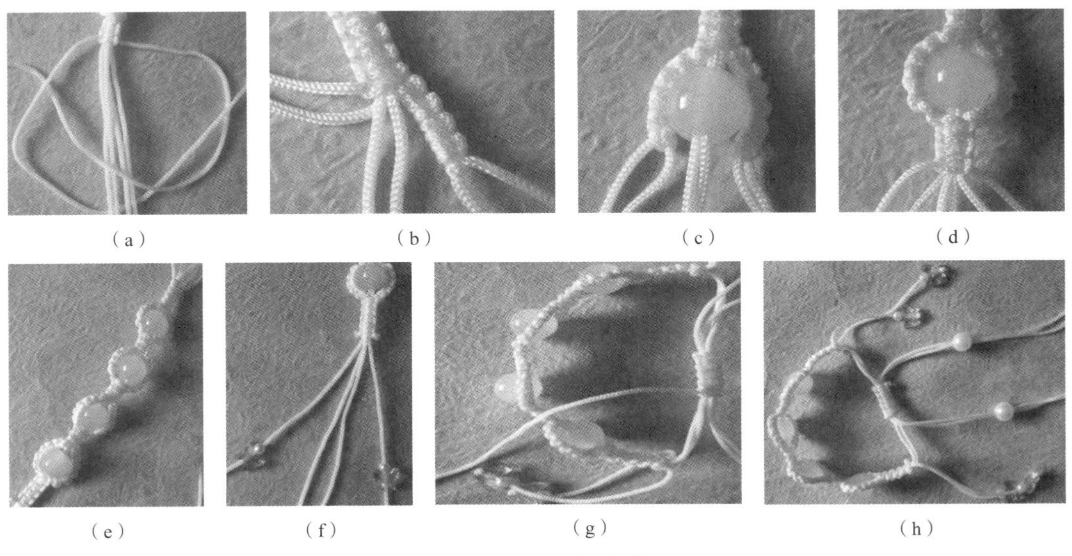
（a）　（b）　（c）　（d）
（e）　（f）　（g）　（h）

图 4-52　玉石手链制作

（三）桃花手链

图 4–53　桃花手链

此款桃花手链，外形似盛开的朵朵桃花相依在一起，如图 4–53 所示。

1. 材料准备

两种颜色 5 号线，其中轴线 1.2 米，编线 1.8 米、打火机、剪刀。

2. 制作步骤

制作步骤如图 4–54 所示。

（1）将轴线对折，留出扣襻，然后编三次蛇结，如图 4–54（a）所示。

（2）将轴线交叉后，加入编线作一个云雀结，将轴线拉紧，如图 4–54（b）所示。

（3）左右两侧分别做云雀结，如图 4–54（c）所示。

（4）将两侧编线拉紧，调整花型，如图 4–54（d）所示。

（5）将轴线交叉后，用编线按图示方法编云雀结，如图 4–54（e）所示。

（6）重复（3）~（5）至所需长度，如图 4–54（f）所示。

（7）结尾处继续编 3 次蛇结，然后做纽结，清剪线头，烧黏固定，如图 4–54（g）所示。

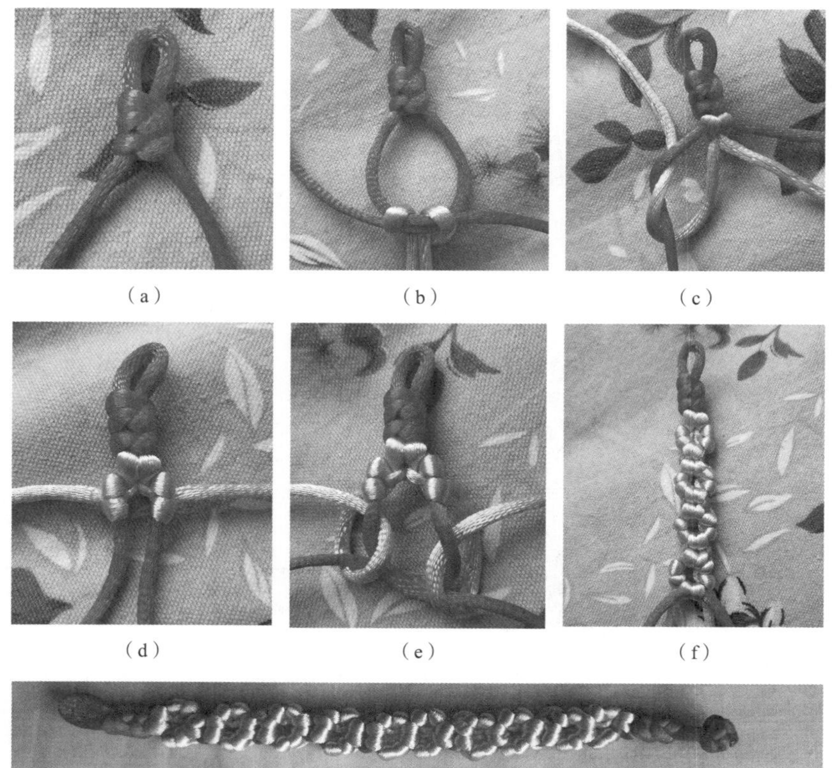
（a）　（b）　（c）　（d）　（e）　（f）　（g）

图 4–54　桃花手链制作

（四）半圆六股辫手链

此款手链的横截面呈半圆形。这种编法不仅可以编手链，也可以用作编腰带，外观饱满，非常美观，如图 4–55 所示。

1. 材料准备

此款手链需要 3 种颜色的 5 号线各 120cm。

2. 制作步骤

这款手链的构成如图 4–56 所示，制作步骤如图 4–57 所示。

（1）将三股编织线中点附近的两端分别朝相反方面捻转，如图 4–57（a）所示。

（2）将捻转后的绳带由中点顶起，形成扣襻，如图 4–57（b）所示。

（3）将编结线按分成左右两股，三种颜色为一股。每股线按由上到下排列将 1 线由扣襻后放绕至另一侧，如图 4–57（c）所示。

（4）将右侧绕过来的线从左侧 1，2 线的中间绕出，回到右侧放于最下层，成为 3 线，如图 4–57（d）所示。

（5）将左侧 1 线从线襻后方绕至右侧，如图 4–57（e）所示。

（6）将左侧 1 线从右侧 1、2 线中间穿出，回到左侧最下端，如图 4–57（f）所示。

（7）重复（3）~（6）至所需长度，如图 4–57（g）所示。

（8）将剩余线分两股编扣结，如图 4–57（h）所示。

（9）清剪线头，烧黏固定，如图 4–57（i）所示。

图 4–55 半圆六股辫手链

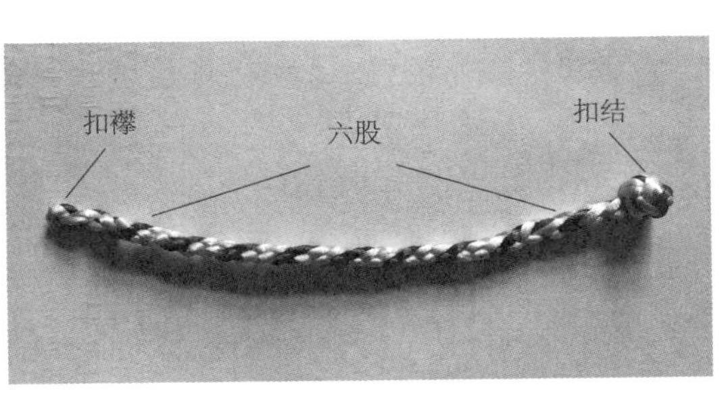

图 4–56 六股辫手链的构成

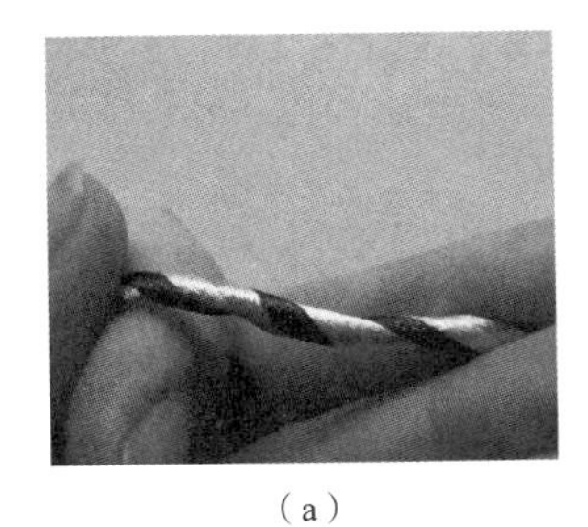

（a）

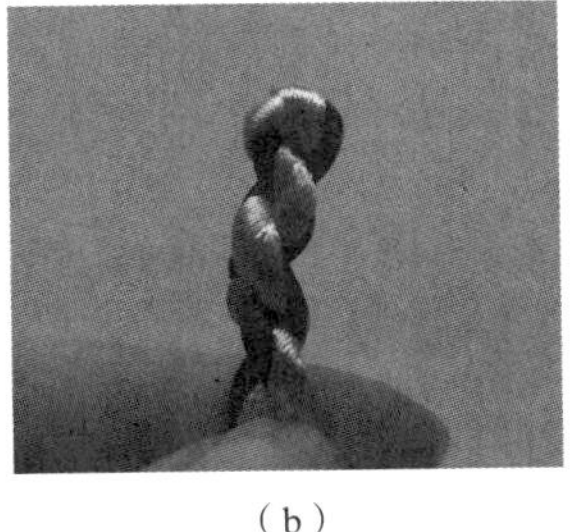

（b）

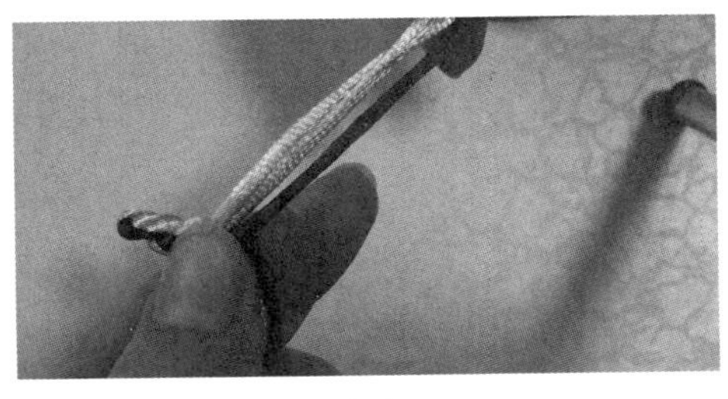

（c）

图 4–57

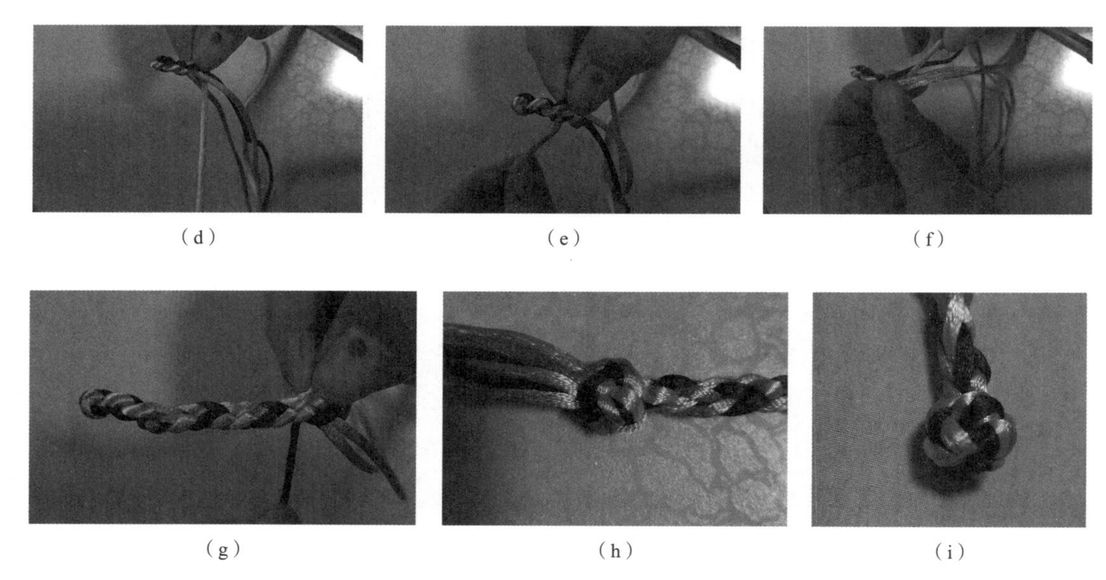

（d） （e） （f）

（g） （h） （i）

图 4-57　半圆六股辫手链制作

三、绳编挂饰制作实例

结艺技法的练习主要以“中国结”为例，中国结其实是一种古老的编织艺术，是中国特有的民间手工编制装饰品，如图 4-58 所示，根根五彩的丝线，悬垂在居室四周，古朴而有韵律。自然浓郁的生活气息以及吉祥漂亮的中国结，就像中国的书画、雕刻、陶瓷、甚至菜肴一样，这是由于基本结构的特殊性，导致其结形和功能与西洋结、日本结等有着明显的差别。“中国结”全称为“中国传统装饰结”，是一种中华民族特有的手工编织工艺品，它具有悠久的历史。我们追溯中国结艺的渊源要从远古时代的结绳纪事开始。据说当时中国结又叫盘长结，当时的绳结不仅是人们日常生活中的必备用具，同时还具有记载历史的重要功能，因而在人们的心目中是十分神圣的。很早以前人们就开始使用绳纹来装饰器物，为绳结注入了美学内涵。除了用于器物的装饰，绳结还被应用在人们的衣着、佩饰上，

图 4-58　盘长结效果图

因此绳结也是中国古典服饰的重要组成部分。

（一）四道盘长结

盘长结一般对中国结的印象及称呼，大部分是指盘长结的结体，因为盘长结纹理分明、造型明显，常以单独结体装饰在各种器物上面，只要一眼见到即让人记忆深刻。学会基本盘长结，可应用此技法制作各种更为亮丽复杂的盘长结。

1. 材料与用具

（1）线：1 ~ 5 号线，绳编小挂饰可用 4 号线，大的挂件可用 3 号线，根据物件大小进行选择，线的粗细要均匀，有硬度定型效果好，系结牢固的线比较适合。

（2）热熔胶：1 个。

（3）桌子：普通书桌或案台即可。

（4）大头针：准备 30 个左右，普通缝纫大头针或立裁用大头针均可，主要起固定作用，而且方便拆卸。

（5）镊子：用于狭小缝隙的辅助穿引，也可用钩针代替。

（6）泡沫板：30cm × 30cm 一块。

2. 制作步骤

制作步骤如图 4–59 所示。

（1）准备一条长 2 ~ 3m 的线绳，粗细为 4 号线，先将线中间对折，然后，留出 7cm 长的线环，按直盘扣方法，打出结子，如图 4–59（a）所示。

（2）固定线结，按红绳方向进行折转两遍，两线间距 2cm。再将黄绳双折穿入红绳中，如图 4–59（b）所示。

（3）穿过两组回转线，钩住线耳，往左慢慢带出，如图 4–59（c）所示。

（4）与前面方法相同再做一次，形成一个井字，线尾用大头针固定，如图 4–59（d）所示。

（5）延右下方外角绕出，将黄绳穿过两个红绳中间，如图 4–59（e）所示。

（6）下一个回转线方法与第（5）步相同，如图 4–59（f）所示。

（7）红绳穿过内耳（黄绳）中间，外耳（红绳）下方，慢慢带出红绳，左下方外耳适当留出余量，如图 4–59（g）所示。

（8）红绳回转穿过内耳线，穿时注意先上后下穿出，挑出外耳左边线慢慢向下穿出，如图 4–59（h）所示。

（9）红绳继续从两绳中间由下而上穿出，方法同第（7）步相同，如图 4–59（i）所示。

（10）最后一个转线，方法同第（8）步相同。若线路不清楚，用镊子尾推线将其拨开，如图 4–59（j）所示。

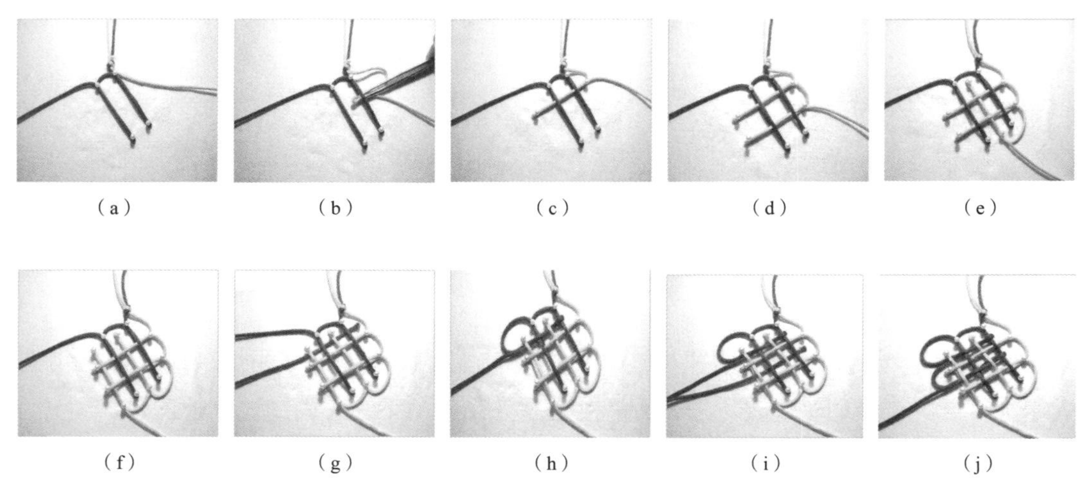

（a）（b）（c）（d）（e）

（f）（g）（h）（i）（j）

图 4-59　四道盘长结制作

3. 注意事项

（1）四道盘长结的结图是专为初学者设计，已经熟悉者可另画简单图形，减少珠针及用线长度。

（2）如大量制作，其他结形也可按照上述方法。

（3）绕线如果太紧，会影响珠针及插垫使用次数。

（4）扁形线或跑马线之类，必须在抽线的同时一并处理，才不会浪费时间，如图 4-60 所示。

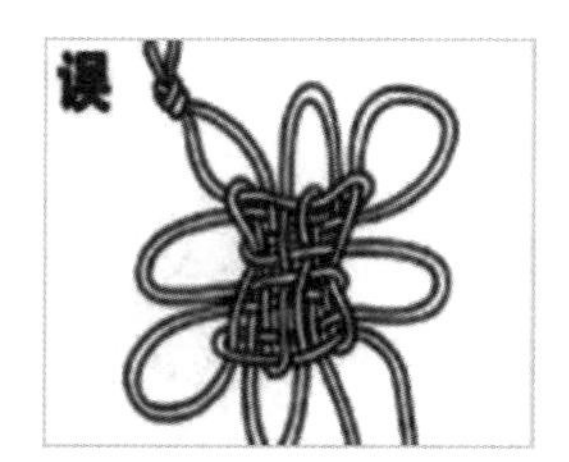

图 4-60　纽线现象

（二）蝴蝶挂饰

1. 材料准备

这是一款中国结小挂饰（图 4-61），需用 5 号线 3m，配件 1 个，8mm 珠 2 颗。

图 4-61　蝴蝶挂饰

2. 蝴蝶挂饰制作步骤

制作步骤如图 4－62 所示，其中蝴蝶尾用到双钱结。

（1）做个双联结，左线做 A1、A4，如图 4-62（a）所示。

（2）回转进去，做 A2 套，如图 4-62（b）所示。

（3）做 A3 套，如图 4-62（c）所示。

（4）将余线拉出来，做个双钱结，如图 4-62（d）所示。

（5）双钱结余线 A5 折转，如图 4-62（e）所示。

（6）换右线做 B1 套，进 A1-A5 套，包 A1-A5 套，如图 4-62（f）所示。

（7）做 B4 套，进 A4、A5 套，包 A4、A5 套，如图 4-62（g）所示。

（8）做 B2 套，进 A2-A5 套，包 A2-A5 套，如图 4-62（h）所示。

（9）做 B3 套，进 A3-A5 套，包 A3-A5 套，如图 4-62（i）所示。

（10）将余线拉出来，做个双钱结，如图 4-62（j）所示。

（11）做 B5 套，进 A5 套，包 A5 套，如图 4-62（k）所示。

（12）整理成型，如图 4-62（l）所示。

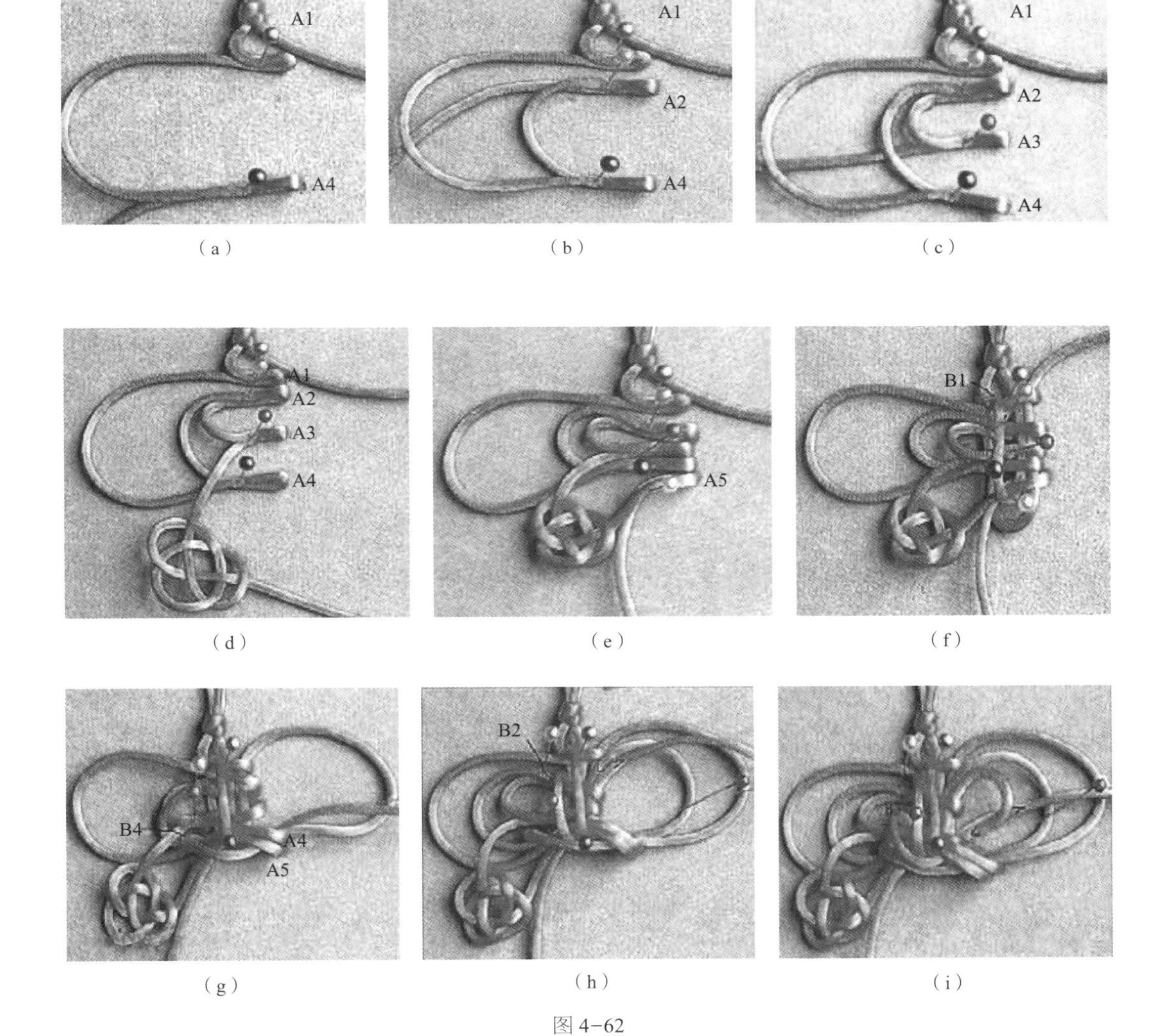

图 4-62

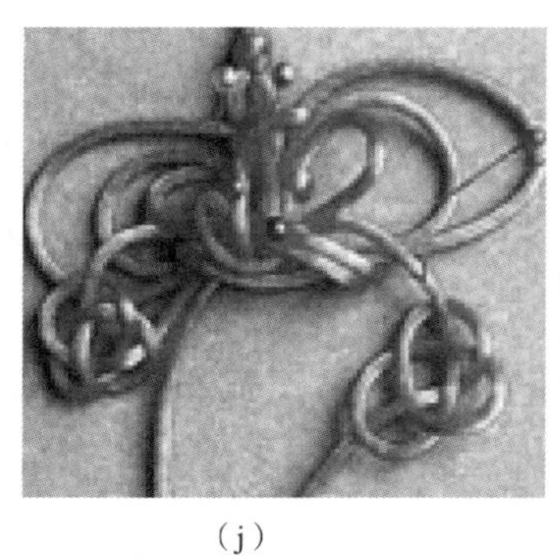
（j）

（k）

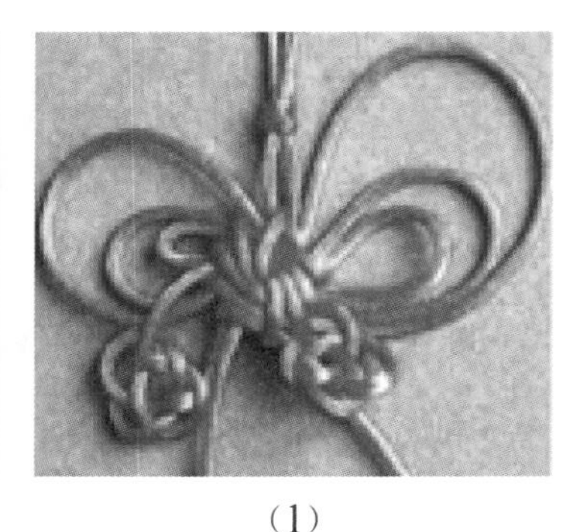
（l）

图 4-62　蝴蝶挂饰制作

3. 双钱结制作步骤

（1）将编绳对折，用大头针固定住左上端，如图 4-63（a）所示。

（2）将右侧绳尾顺时针绕一个圈，绳尾压住左侧编绳由大头针上方绕过，放于线圈上方，同时用另外一个大头针固定右侧线圈，如图 4-63（b）所示。

（3）右侧绳尾由左侧绳尾的下方经过，由上向下穿入左侧线圈，由左侧绳的下方经过，再压住右侧编绳，最后从右侧线圈的下方穿出，如图 4-63（c）所示。

（4）收紧线圈，调整形状，如图 4-63（d）所示。

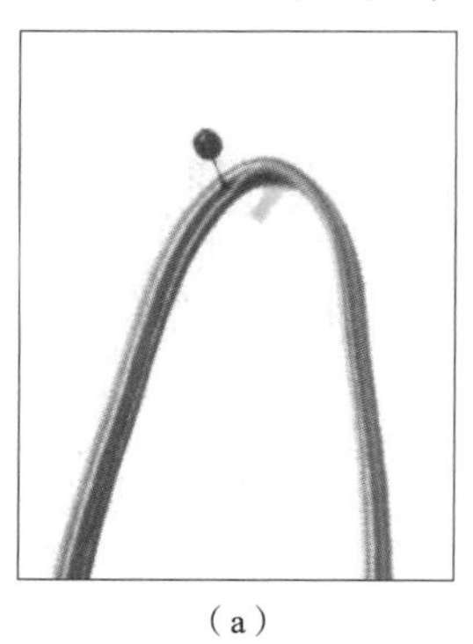
（a）

（b）

（c）

（d）

图 4-63　双钱结制作

（三）如意扇

如意扇挂饰是在三环结的基础上进行的结饰变化，形若一把扇子，新颖而有韵味，如图 4-64 所示。

图 4-64　如意扇挂饰

1. 材料准备

5 号线 6m。

2. 三环结制作步骤

三环结制作方法，如图 4-65 所示。

（1）将 A 端沿竖直方向折成一个环，B 端沿水平方向折成一个环并从 A 线环中间穿出，如图 4-65（a）所示。

（2）B 端在竖直方向折一个环，从水平方向的环中由上向下穿出，如图 4-65（b）所示。

（3）B 端继续水平方向折一个环，从上一个环中穿出并压住第一环，最后由第一环的下方水平穿出，如图 4-65（c）所示。

（4）收紧线，调整形状，保证三个环大小相同即可，如图 4-65（d）所示。

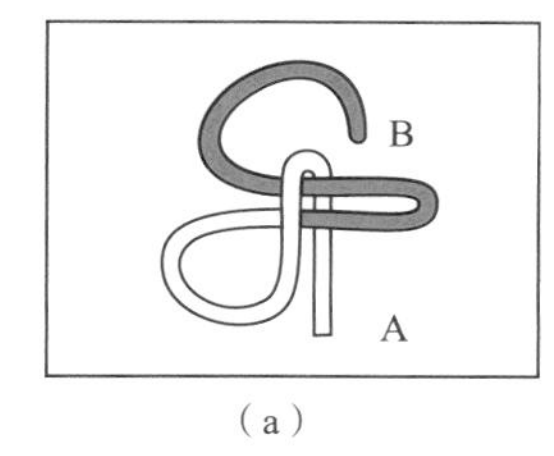

（a）

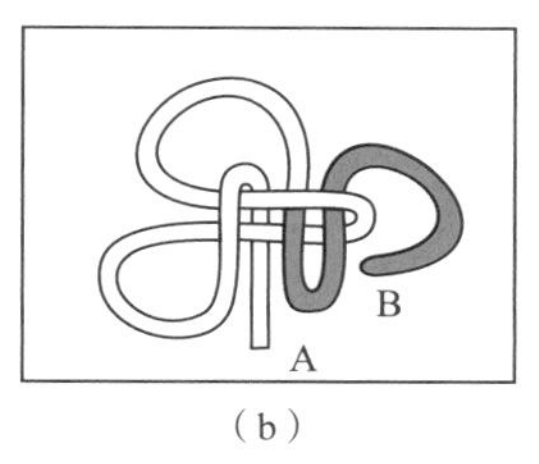

（b）

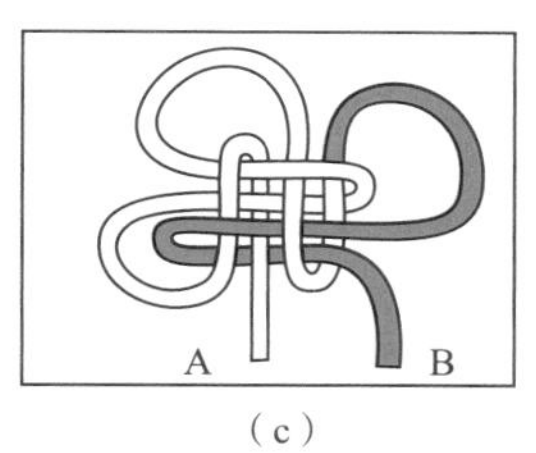

（c）

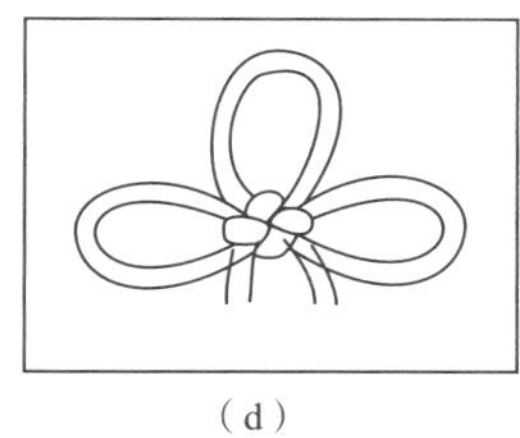
（d）

图 4-65　三环节制作

3. 如意扇挂饰制作步骤

如意扇挂饰制作步骤如图 4-66 所示。

（1）线对折，编纽扣结，两线以直挂方式由下往上各编 6 个三环结，如图 4-66（a）所示。

（2）中间以一个三环结相结合，如图 4-66（b）所示。

（3）用同样方法再编一排三环结，结耳要与上面一排三环结相勾连，中间仍以三环结相结合，如图 4-66（c）所示。

（4）编长形盘长结，结耳要与上面三环结结耳相勾连，如图 4-66（d）所示。

（5）编三环结，结耳要与上面盘长结左、右角下方结耳相勾连，如图 4-66（e）所示。

（6）穿珠子，编双扣结，编吉祥结，并用其他颜色的线，编玉结装饰在盘长结的结耳上，系穗完成，如图 4-66（f）所示。

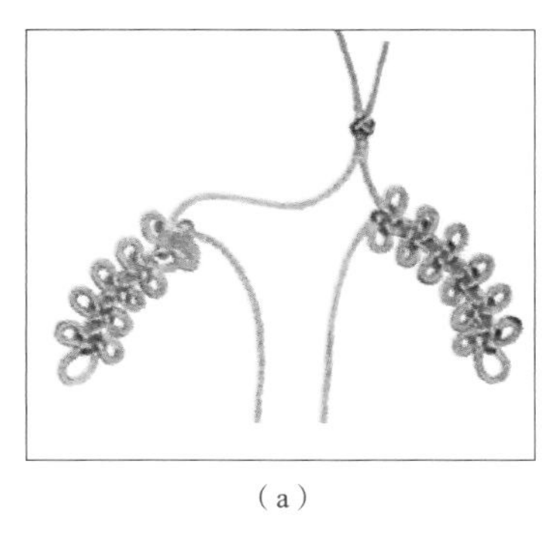
（a）

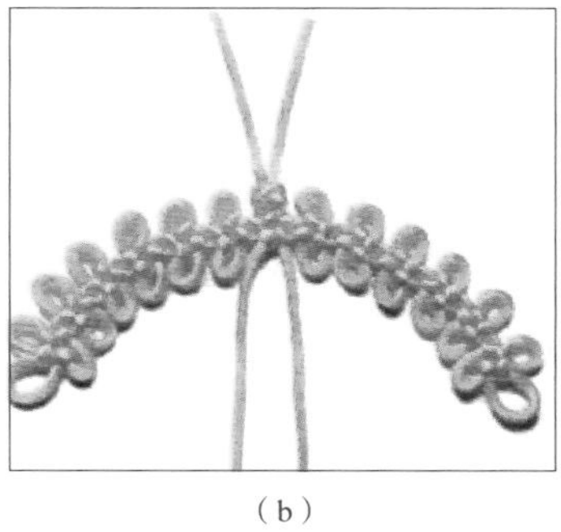
（b）

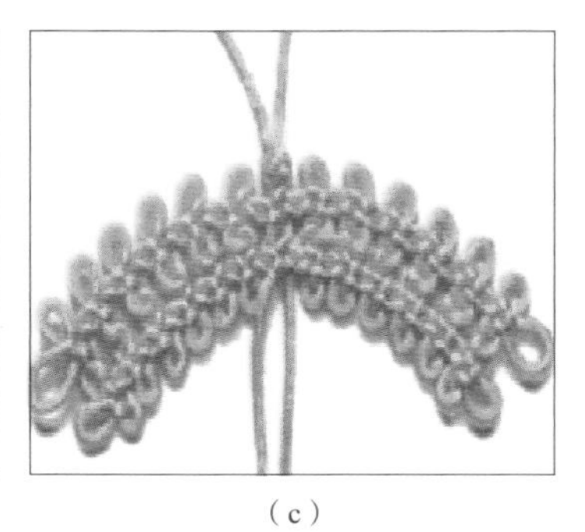
（c）

图 4-66

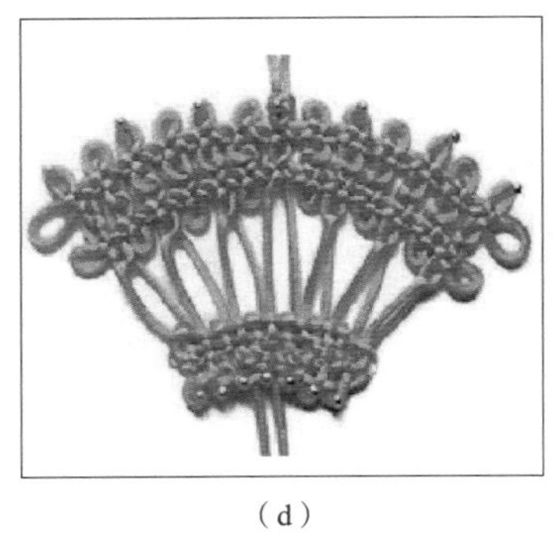
（d）

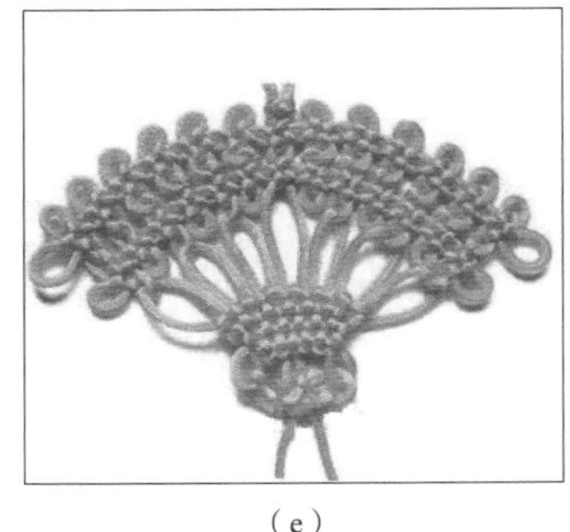
（e）

（f）

图 4-66　如意扇挂饰制作

（四）格桑花挂饰

格桑花挂饰可作为车挂或者钥匙扣，如图 4-67 所示。

图 4-67　格桑花挂饰

1. 材料准备

需采用 4 ~ 5 种颜色的 5 号线进行编织，用线量视挂饰大小而定，轴线 1m，其他四色线至少 1.5m，成品粗细由选用的绳线粗细决定，长度可根据需要自由调整。一般情况下，主体部分保持在 10~12cm 的长度比较适宜，如图 4-68 所示。

2. 制作步骤

制作步骤如图 4-69 所示。结尾处还用到了绕结来收紧编结线，绕结编织方法如图 4-70 所示。

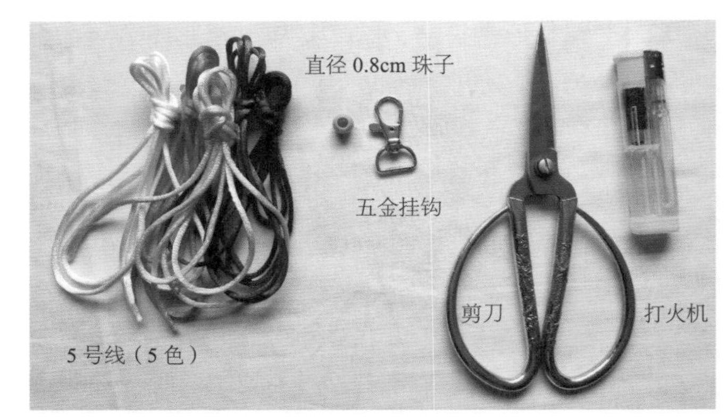

图 4-68　格桑花挂饰工具和材料准备

（1）将轴线穿入金属件居中，编双联结，如图 4-69（a）所示。

（2）穿入装饰珠子，如图 4-69（b）所示。

（3）盘一个玉结，如图 4-69（c）所示。

（4）调整玉结松紧，并且要求紧贴珠子，如图 4-69（d）所示。

（5）四色彩线对折，如图 4-69（e）所示来套。

（6）将轴线插入彩线中间，收紧彩线，如图 4–69（f）所示。

（7）四色彩线分别做一个金刚结，如图 4–69（g）所示。

（8）按逆时针方向做平结并收紧，如图 4–69（h）所示。

（9）继续做蛇结，就这样一行蛇结、一行平结交替编织，至足够长度。编平结时始终保持逆时针方向，如图 4–69（i）所示。

（10）结束时，取其中一根轴线将其他线缠紧，做三套结，如图 4–69（j）所示。

（11）将所有尾线按图示方法做八字结，如图 4–69（k）所示。

（12）收紧线，注意所有的八字结大小均匀，如图 4–69（l）所示。

（13）清剪线头，烧黏固定，如图 4–69（m）所示。

（a）（b）（c）（d）（e）（f）（g）（h）（i）（j）（k）（l）

图 4–69

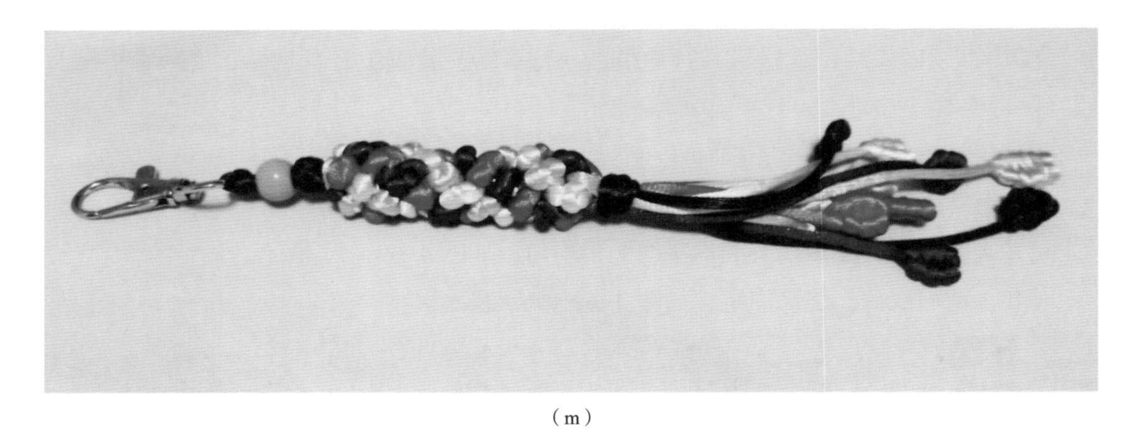

（m）

图 4-69　格桑花挂饰制作步骤

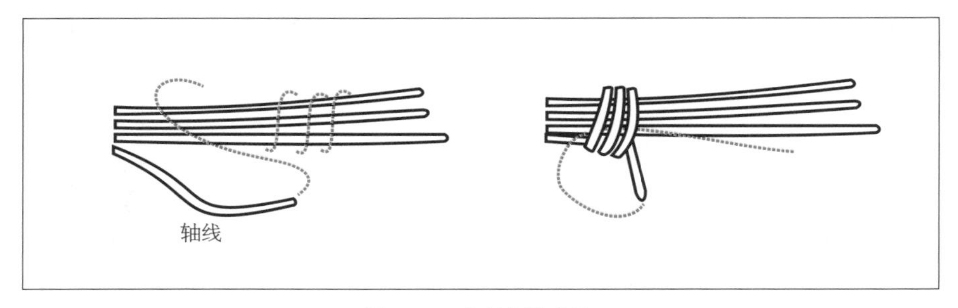

图 4-70　绕结制作方法

第五章　手工花饰工艺与设计

手工花饰工艺与设计

教学课题：手工花饰工艺与设计

教学学时：8 课时

教学方法：任务驱动教学法

教学内容：1. 手工花饰概述

2. 手工花饰基础技法

3. 手工花饰工艺应用实例

教学目标：1. 了解手工花饰相关的工具及材料。

2. 掌握各种手工花饰的基础制作以及常见蝴蝶结的制作技法。

3. 通过讲述手工花饰实例的制作过程，使学生能够融会贯通多种花饰的组合使用，并能够灵活运用到服饰品设计中去，丰富服装及服饰品设计的内蕴。

教学重点：各种手工花饰技法以及常见蝴蝶结技法及其创新设计。

课前准备：学生需要预习，并查阅相关资料，理出手工花饰的设计思路，准备相关的材料和工具。

第一节　手工花饰概述

花饰是常用的装饰，合理地使用花饰，能使服装或其他服饰品更加富有生机，往往在设计上起到画龙点睛的作用。

一、材料

1．丝带、布

丝带材质有丝、绸、缎、棉、绒网纱等，幅宽从0.5cm到10cm等多种规格，色彩图案丰富多彩；布可以是棉布、纱、绸缎、不织布等，如图5-1所示。

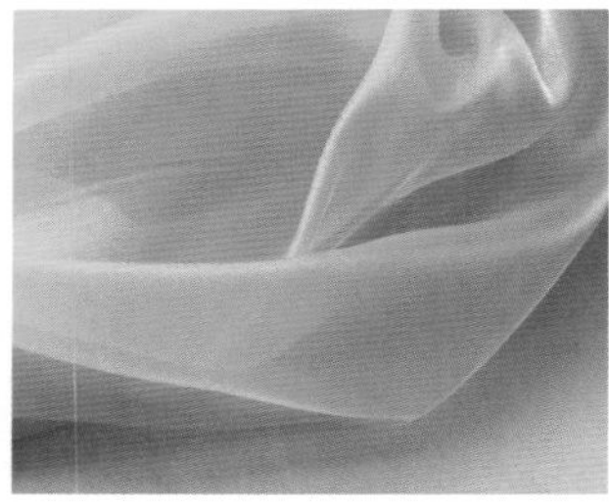

图5-1　丝带、布

2．花蕊

花蕊也称花芯，市场上有各种成品花蕊，也可用布做成小球代替。

3．各种珠子、水钻、纽扣

花饰可根据需要装饰各种珠子、水钻、纽扣。

4．缝线和铁丝

缝线和铁丝常用于固定花结和组合饰品配件。

5．饰品配件

饰品配件用于制作胸花、头饰等饰品。常见的有安全别针、发夹、发网等，如图5-2所示。

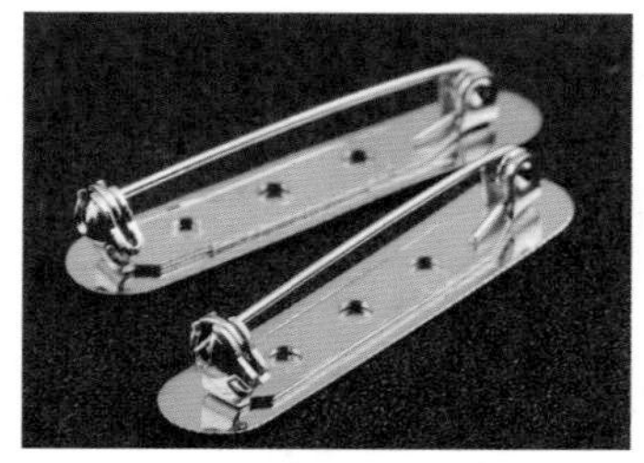
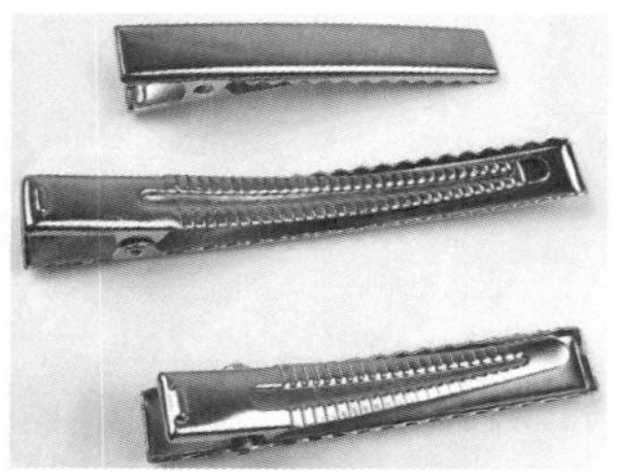

图5-2　饰品配件

二、工具

1．笔

用来作标记，最好用水消笔或气消笔。

2. 尺子

尺子用来确定尺寸或是画直线。

3. 剪刀

剪断材料用时剪刀。

4. 针和大头针

针和大头针用于缝制和固定。

5. 打火机

为防止脱纱，常用打火机烧烫毛边，。

6. 胶枪、双面胶、胶水等

用于粘贴花瓣、叶子或组合花形，以及粘贴饰品配件等。

7. 镊子

为方便拿取常使用镊子。

第二节 手工花饰基础技法

一、布艺花的设计与制作

（一）抽褶花

制作抽褶花时，材料可选择缎纹布或纱布，双折后运用抽褶的方法制作完成布艺花，根据花朵大小可调整布的长度和宽度，如图 5-3 所示。

图 5-3 抽褶花

1. 材料准备

（1）取一条宽 7cm 长 80cm 的正斜 45° 的缎纹布或纱布，如图 5-4 所示。

（2）同色缝纫线。

2. 制作步骤

（1）将布沿宽度方向对折，在毛边一侧小针脚平针抽缝，如图 5-5 所示。

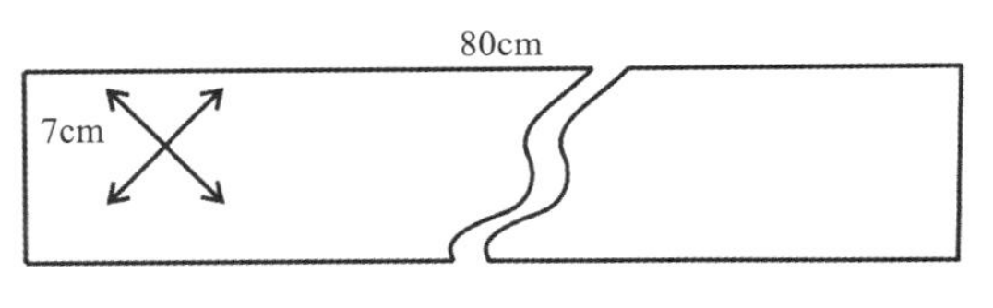

图 5-4 裁剪材料

（2）先卷数圈花芯，然后逐渐拉紧

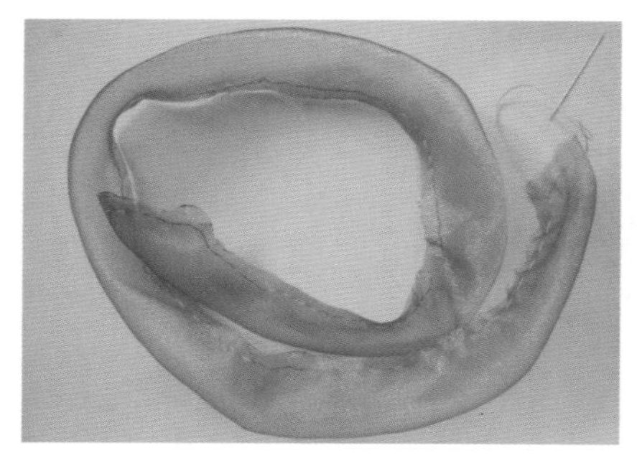
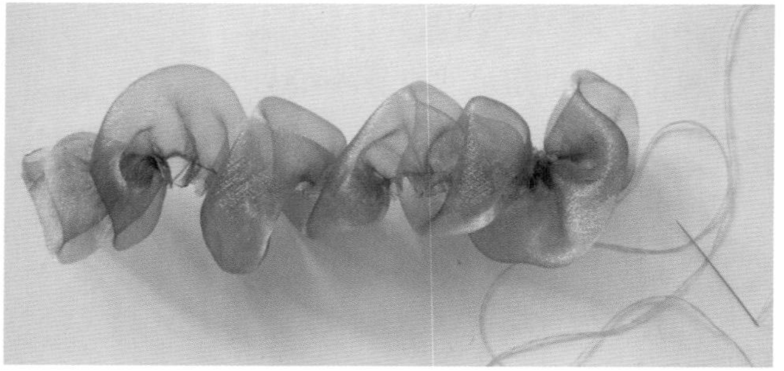

图 5-5　手针抽缝

褶皱，让花朵呈现逐渐放开的状态，如图 5-6 所示。

（3）卷好后在底部左右来回缝几针固定，清剪底部，并用打火机烧毛边防脱，抽褶花制作完成，如图 5-7 所示。

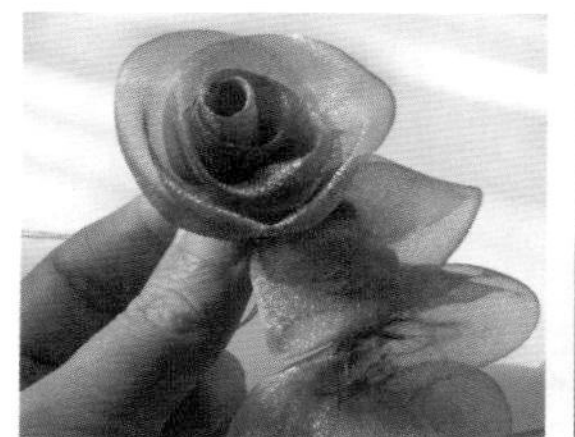

图 5-6　卷花芯

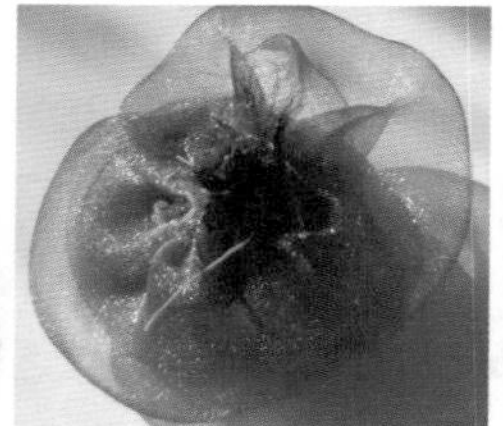

图 5-7　完成图

（二）多片布艺花

用多片方形布制作的布艺花，可根据花朵的大小调整布的尺寸和数量，如图 5-8 所示。

图 5-8　多片布艺花

1. 材料准备

（1）取边长为 5cm 的五块深色方形布和三块浅色方形布做花瓣，如图 5-9 所示。

（2）裁剪边长为 4cm 的圆形布和适量腈纶棉做花芯。

（3）同色缝纫线。

2. 制作步骤

（1）在所有方形布中间放入腈纶棉，再沿对角线对折，用大头针临时固定，如图 5-10 所示。

（2）将折叠后的三角形一个压一个的分别叠放到一起，形成封闭的多边形，用手针绗缝固定，并清剪边缘，如图 5-11 所示。

图 5-9　裁剪布料

图 5-10 放腈纶棉，再对折

图 5-11 固定并清剪

（3）将缝线分别抽紧，花瓣逐渐翻出，如图 5-12 所示。

（4）另取布裁成圆形，沿边绗缝，放入腈纶棉，抽成圆形，即成花芯，如图 5-13 所示。

（5）将花芯、花瓣的圆心重叠放置，手针固定，整理成型，布艺花制作完成，如图 5-14 所示。

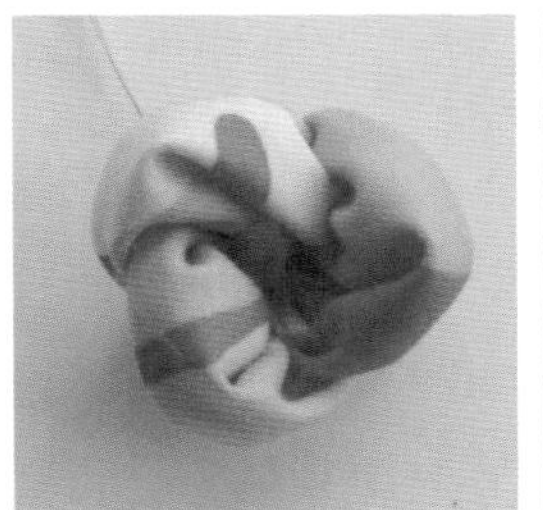 

图 5-12 抽紧缝线

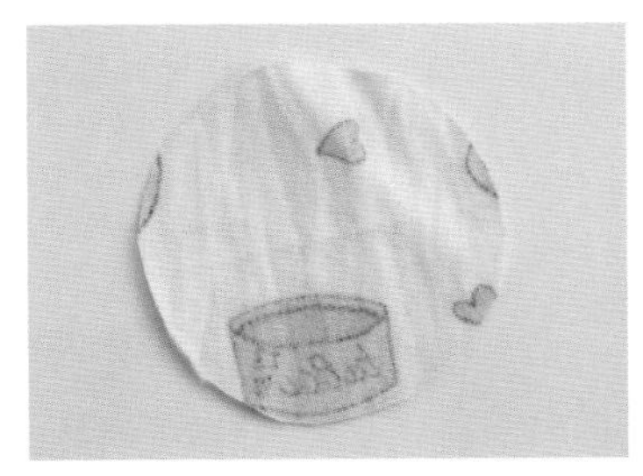  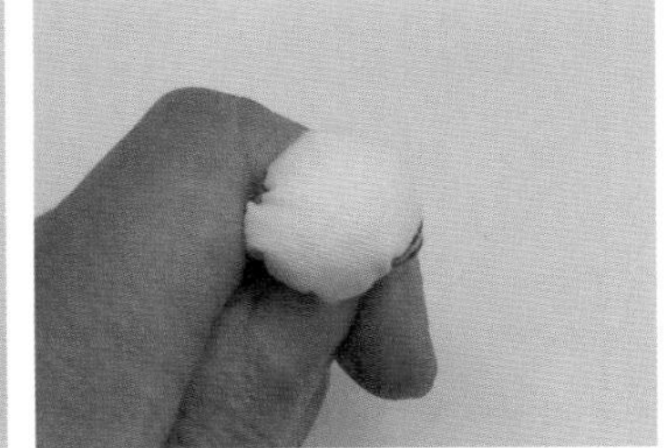

图 5-13 做花芯

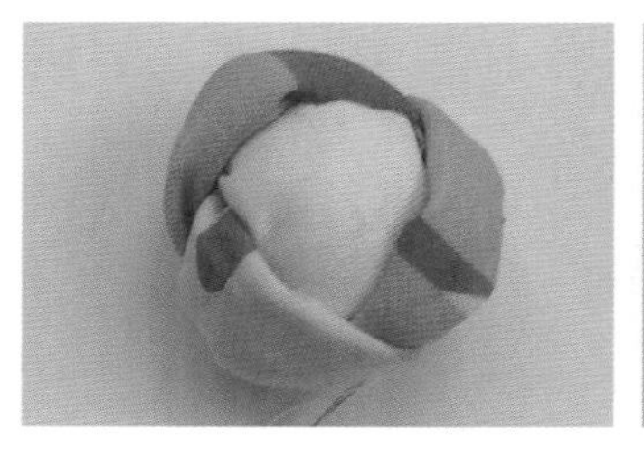 

图 5-14　重叠固定，布艺花制作完成

（三）樱花

图 5-15　樱花

花瓣一般为 5 ～ 6 片，形似樱花，花瓣数量和边长可以依据需要进行调整，正方形布边长越大，花瓣需要的数量越多，如图 5-15 所示。

1. 材料准备

（1）取 5 ～ 6 片边长为 4cm 的正方形布料做花瓣，如图 5-16 所示。

（2）合适的花芯。

（3）同色缝纫线。

2. 制作步骤

（1）取一块 4cm 方形布片，先对折，一边折下来，另一边也相对折下来，如图 5-17 所示。

（2）向外翻折，背部用胶粘住，然后打开，看正面效果，花瓣展开，如图 5-18 所示。

（3）重复前面步骤，完成其他几个花瓣，如图 5-19 所示。

（4）用胶将花瓣依次黏合，如图 5-20 所示。

（5）最后形成花盘，粘上合适的花芯，花朵制作完成，如图 5-21 所示。

图 5-16　裁剪布料

  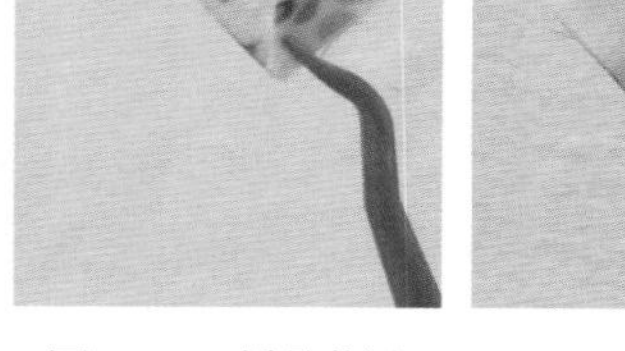

图 5-17　折叠花瓣

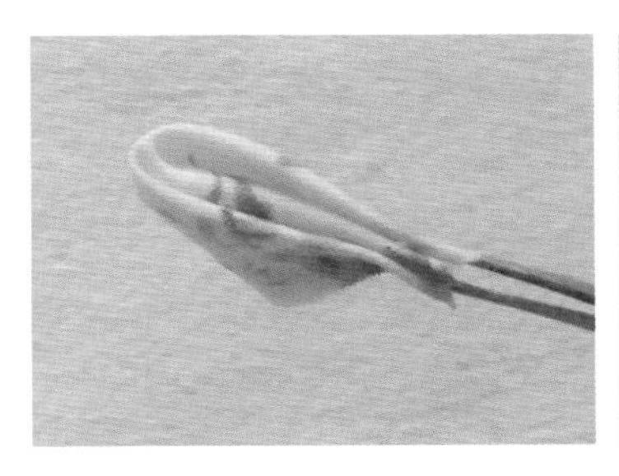

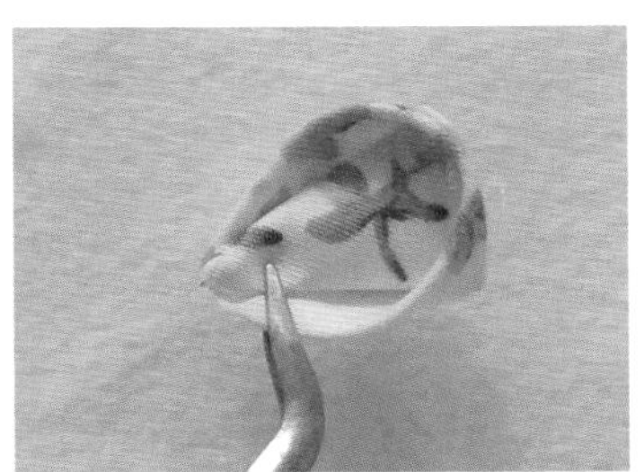

图 5-18　固定花瓣

图 5-19　花瓣完成图

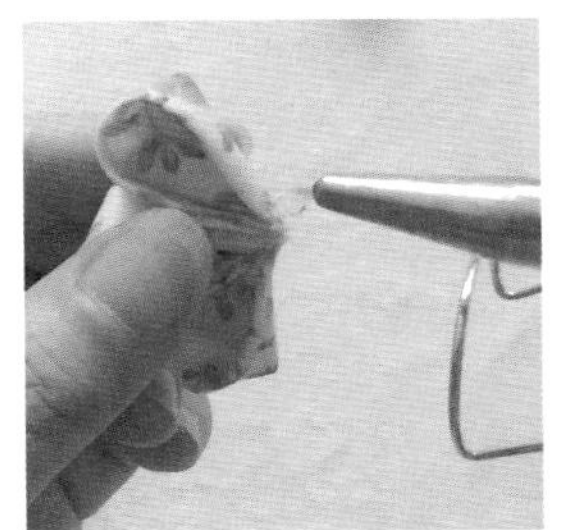

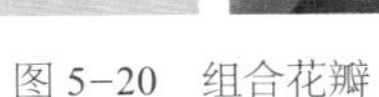

图 5-20　组合花瓣

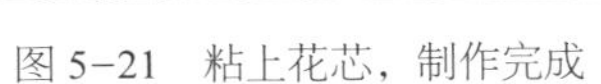

图 5-21　粘上花芯，制作完成

二、丝带花的设计与制作

（一）蔷薇花

通过折叠、卷缝缎带，制作成形似蔷薇花的布艺花，如图 5-22 所示。

图 5-22　蔷薇花

1. 材料准备

（1）裁剪一条宽 2.5cm 长 40cm 的缎带，如图 5-23 所示。

（2）同色缝纫线。

2. 制作步骤

（1）正面朝外，向内翻折，再向下折，卷出花芯，如图 5-24 所示。

图 5-23 准备材料

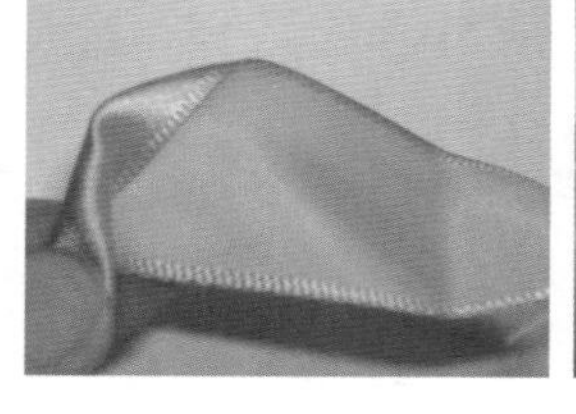

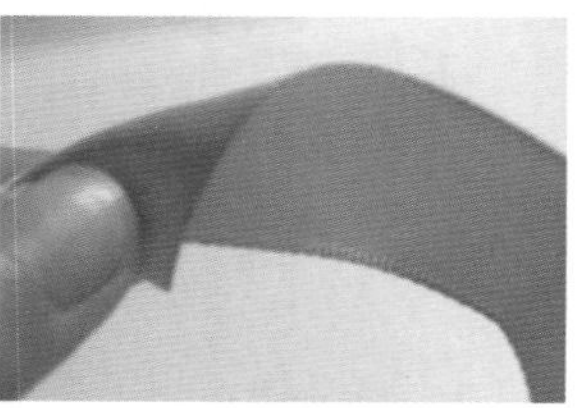

图 5-24 卷出花芯

（2）用右手向外翻折绸带，然后左手朝内绕花芯，卷堆出玫瑰的花形，一边折一边固定，如图 5-25 所示。

（3）继续重复翻折绕行的动作，直至所需的花形大小，卷好后尾部缝几针固定，如图 5-26 所示。

（4）清剪底部并烧毛边防脱，花朵制作完成，如图 5-27 所示。

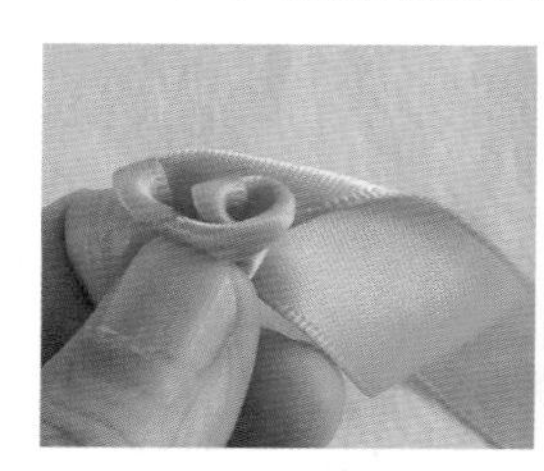

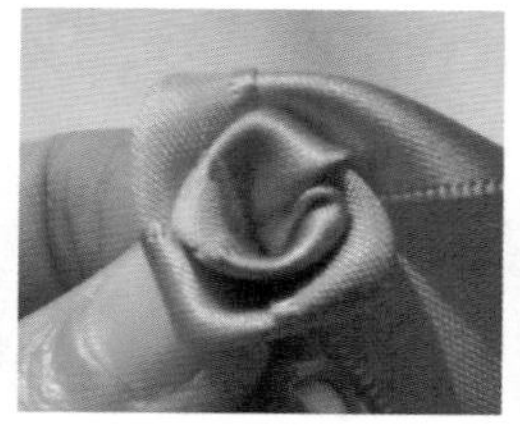

图 5-25 卷出花型

图 5-26 底部固定

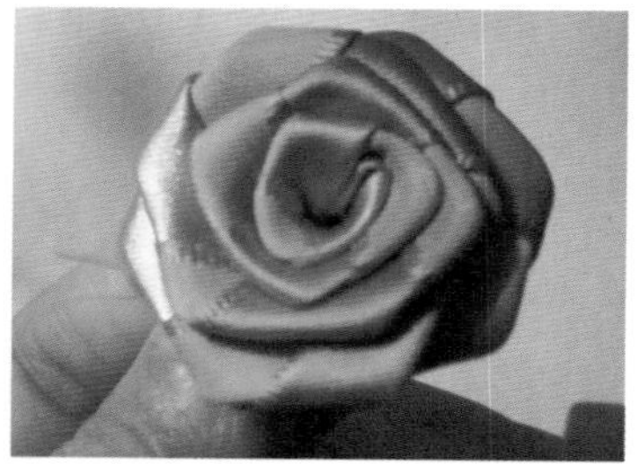

图 5-27 完成图

（二）玫瑰花

运用一条缎带，边折叠边抽缝，最后卷出玫瑰花形，如图 5-28 所示。

图 5-28 玫瑰花

1. 材料准备

（1）裁剪一条缎带，可依据花朵的大小调整丝带的宽度和长度。

（2）同色缝纫线。

（3）不织布花托。

2. 制作步骤

（1）将丝带的一边折起，再将折起部分再向内折，卷成花芯，手针固定，沿边绗缝，如图 5–29 所示。

（2）将丝带如图折叠，继续沿边绗缝。重复折叠、绗缝步骤，如图 5–30 所示。

（3）将缝线适当抽紧，形成花瓣，再逐渐卷起形成花朵，如图 5–31 所示。

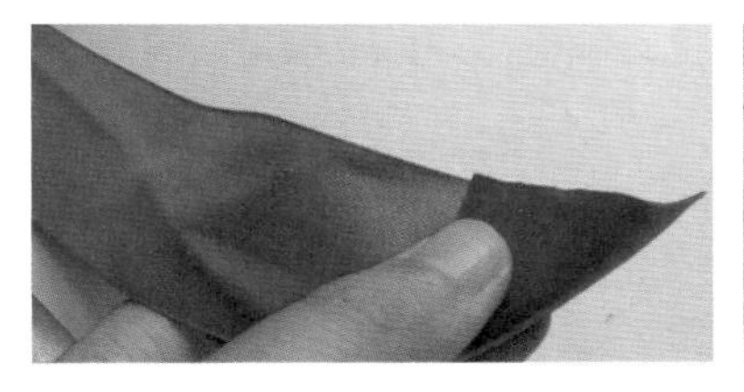
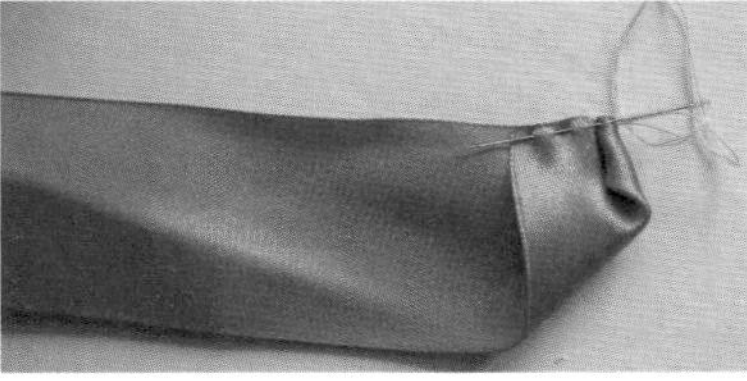

图 5–29　制作花芯

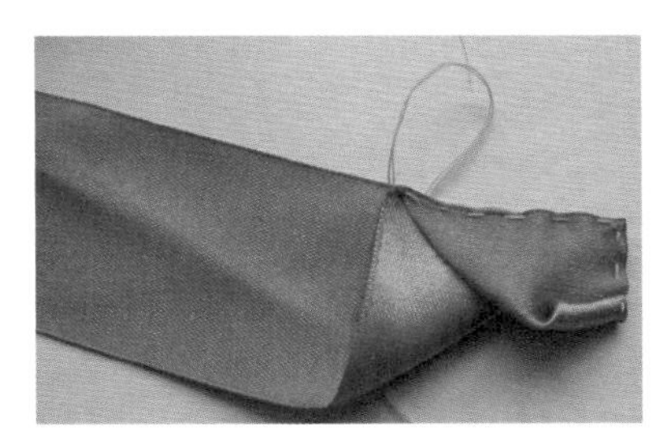
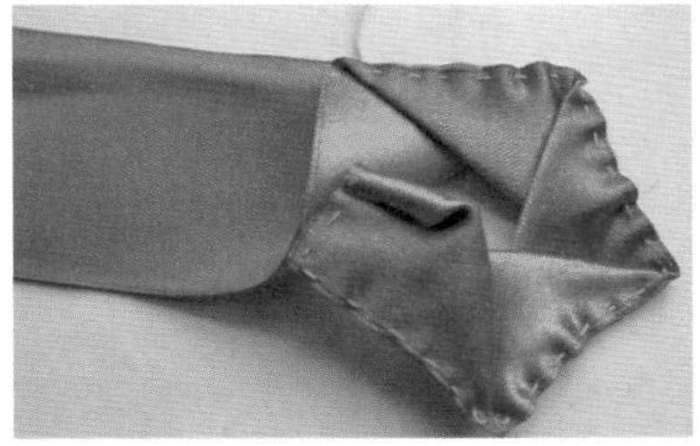

图 5–30　折叠、绗缝丝带

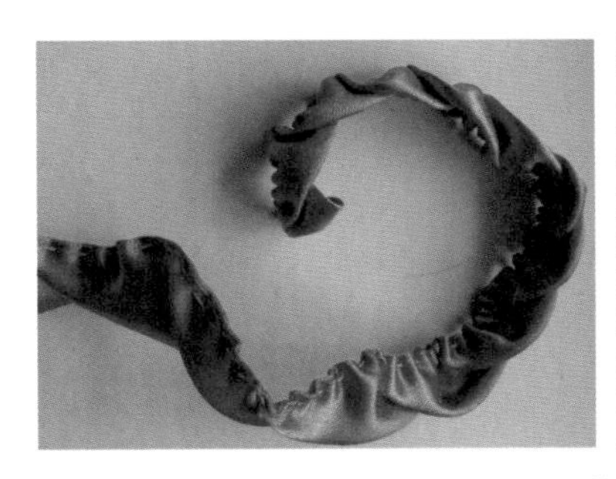

图 5–31　花朵制作完成

（三）多瓣玫瑰花

运用多片缎带，通过折叠、抽缝，最后卷出玫瑰花形的布艺花，如图 5–32 所示。

图 5–32　多瓣玫瑰花

1. 材料准备

（1）裁剪 3cm、宽 7cm 长的缎带 7 ~ 9 片。可依

据花朵的大小调整丝带的数量和宽度，如图 5–33 所示。

图 5–33　裁剪材料

（2）同色缝纫线。

2. 制作步骤

（1）取一片丝带，先将一边折下来，再向下折下来另一边，如图 5–34 所示。

（2）将折好的丝带依次绗缝，同时一边缝一边与上一片丝带重叠二分之一，然后适当抽紧缝线，并整理，如图 5–35 所示。

（3）从花芯开始卷花型，边卷边整理缝线，如图 5–36 所示。

（4）卷好花朵后，整理，并在背面缝线固定，使用时粘上花托，一朵漂亮的玫瑰花完成，如图 5–37 所示。

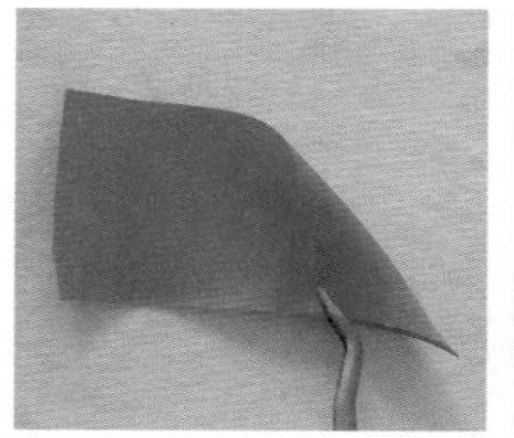

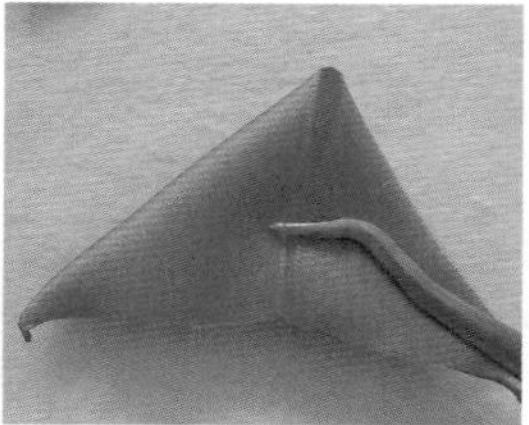

图 5–34　折叠花瓣

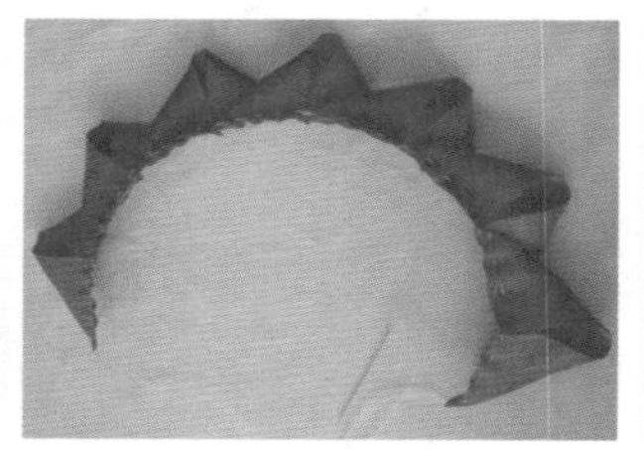

图 5–35　抽缝固定花瓣

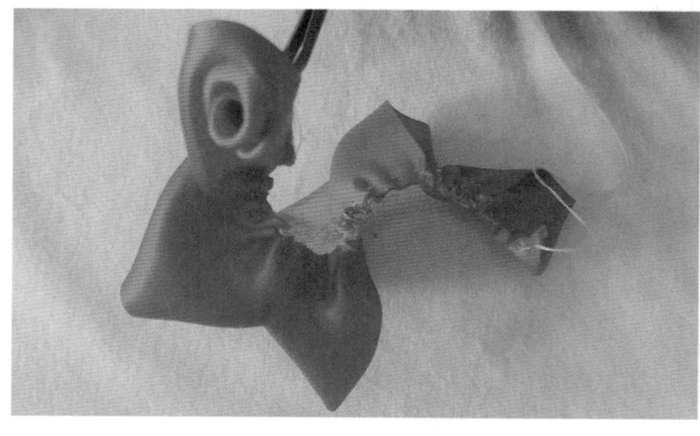

图 5–36　卷缝花瓣

图 5–37　完成图

（四）多瓣抽褶花

使用一条缎带通过抽缝，完成的多瓣布艺花，如图 5–38 所示。

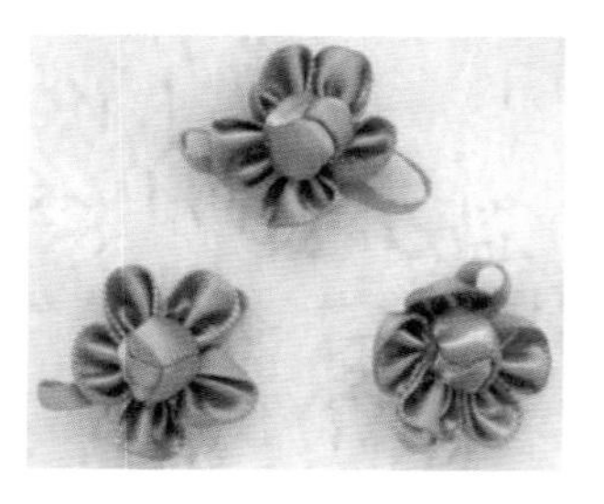

图 5–38　多瓣抽褶花

1. 材料准备

（1）裁剪 4cm 宽 35cm 长的缎带。可依据花朵的大小调整丝带的尺寸。

（2）取 2.5cm 的丝带做花芯。

（3）同色缝纫线。

2. 制作步骤

（1）在丝带上画上半圆形花瓣，小针脚沿画线抽缝，如图 5-39 所示。

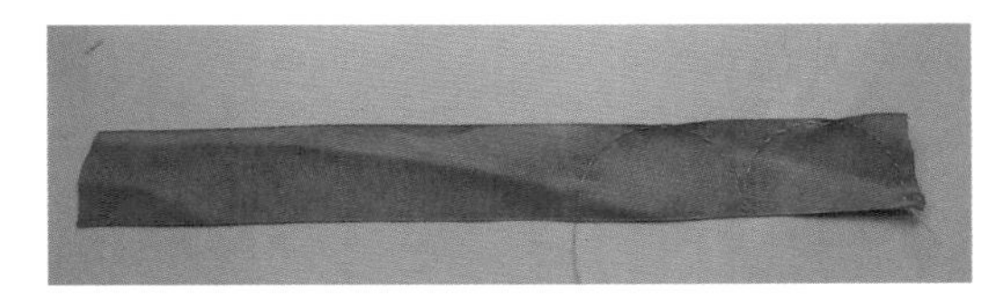

图 5-39　准备材料、抽缝

（2）抽紧缝线，花朵的形状逐渐出来了，再将接头缝合，如图 5-40 所示。

（3）另取 2.5cm 的丝带折叠成四边形，剪去多余丝带并烧边，沿边缘小针码绗缝，如图 5-41 所示。

（4）抽紧缝线，花瓣逐渐翻出，固定底部，形成花苞，作为花芯，如图 5-42 所示。

图 5-40　抽缝制作出花瓣

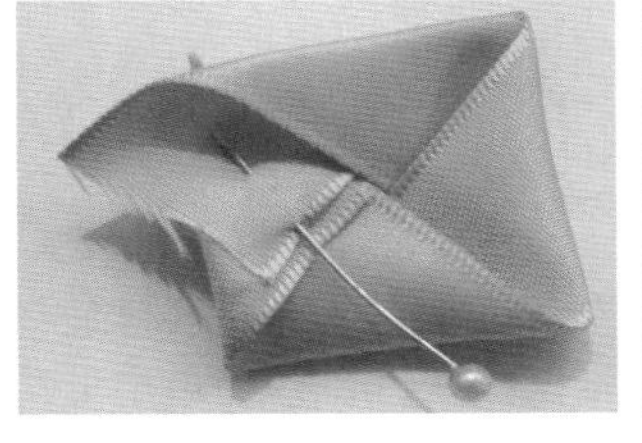

图 5-41　折叠绗缝花芯

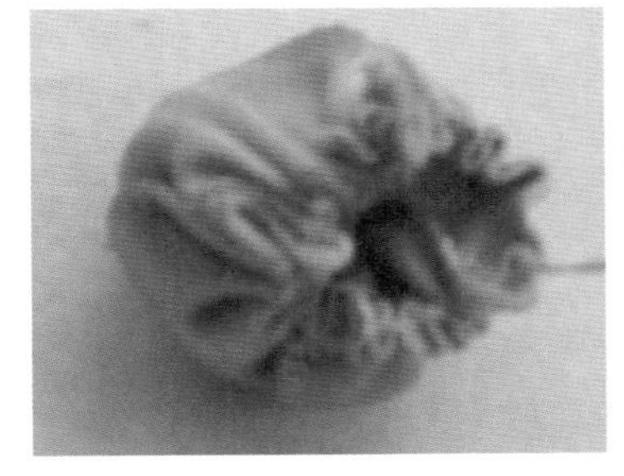

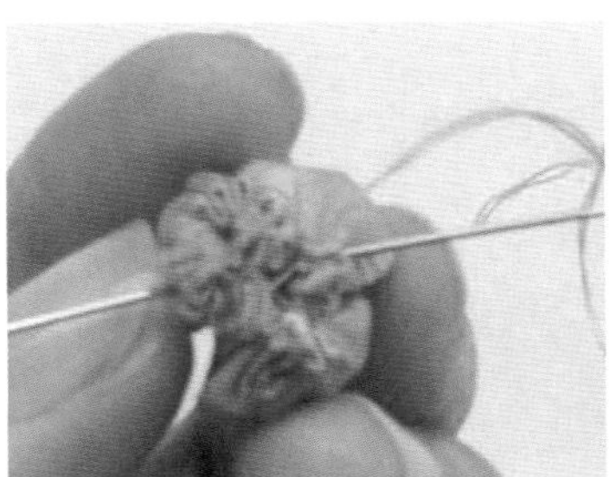

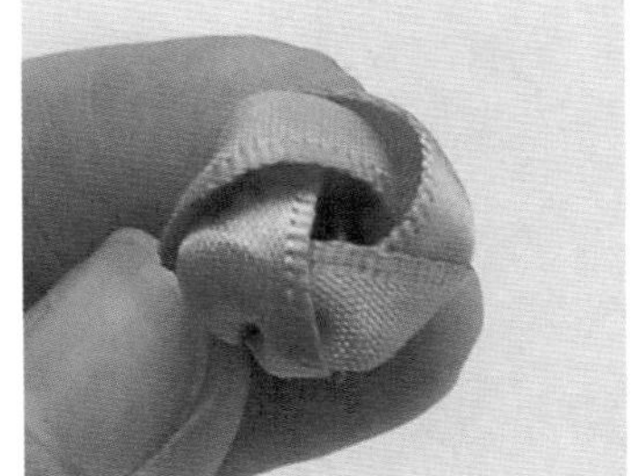

图 5-42　抽紧缝线，制作花芯

（5）将花芯放在花朵上，固定，花朵制作完成，如图 5-43 所示。

图 5-43　完成图

（五）多片丝带花

运用多片缎带，通过折叠、抽缝制作的布艺花，如图 5-44 所示。

1. 材料准备

（1）裁剪 4cm × 10cm 和 4cm × 12cm 的丝带各 5 条，可根据花的大小调丝带的解尺寸，如图 5-45 所示。

（2）花芯 1 个。

（3）同色缝纫线。

图 5-44　多片丝带花

图 5-45　裁剪材料

2. 制作步骤

（1）将两种丝带分别对折，再重叠放置，然后绗缝到一起，如图 5-46 所示。

（2）抽紧缝线，形成花朵，再加入花芯固定，花朵制作完成，如图 5-47 所示。

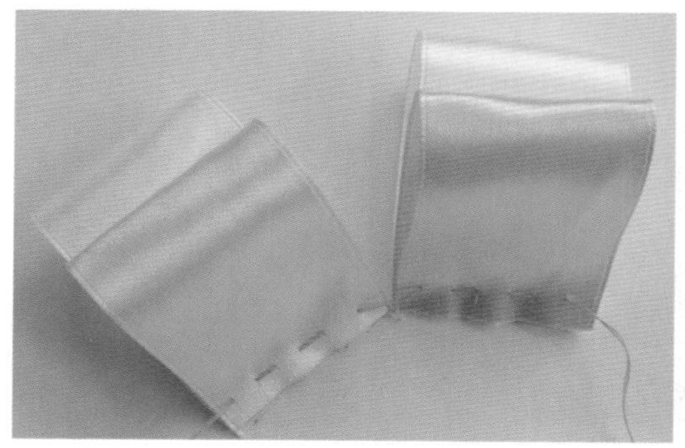

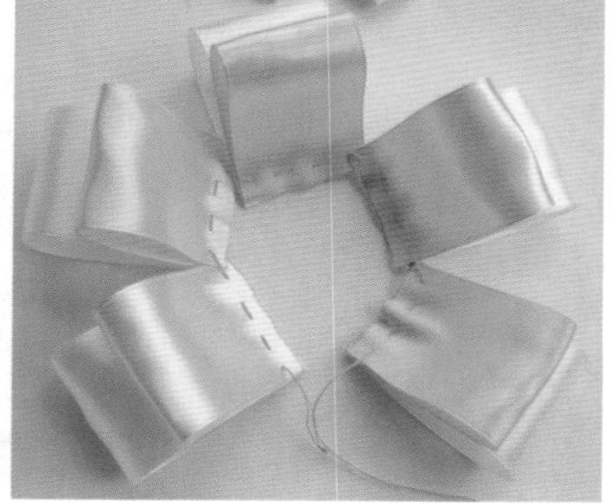

图 5-46　固定缎带

图 5-47　抽缝线，花朵制作完成

（六）罗纹带拉花

使用一条罗纹带或缎带，通过对隔距离的点缝线，再抽紧，固定完成的布艺花，如图 5-48 所示。

图 5-48　罗纹带拉花

1. 材料准备

（1）裁剪 2.5cm 宽的丝带长 37cm，如图 5-49 所示。可根据花的大小调丝带的解尺寸。

（2）花芯。

（3）同色缝纫线。

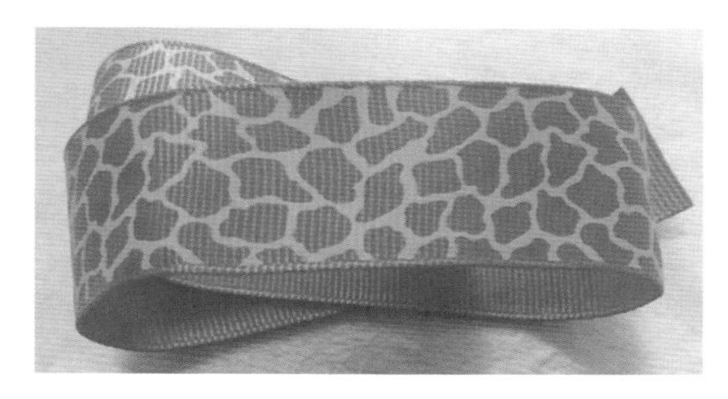

图 5-49　裁剪材料

2. 制作步骤

（1）左边起每 2cm 作一个标记点，如图 5-50 所示。

（2）将丝带首尾相接，注意首尾标记点要重叠，如图 5-51 所示。

（3）将正面每一个标记点缝起来，如图 5-52 所示。

（4）将缝线抽紧，形成多个褶裥，将褶裥整理一下，如图 5-53 所示。

（5）随便挑一个褶开始缝，然后空一个褶，缝第三个褶，即缝单数褶空双数

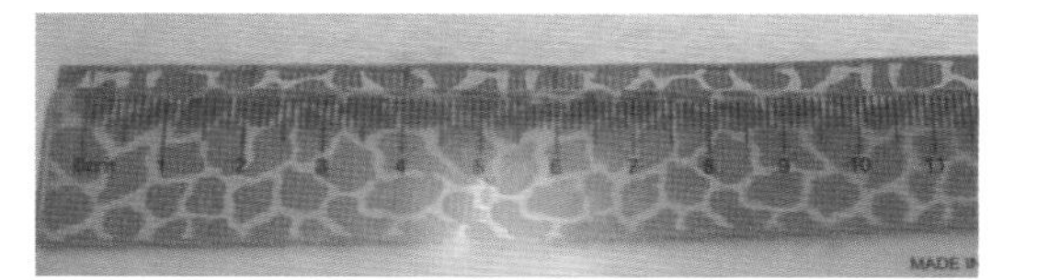

图 5-50　作标记

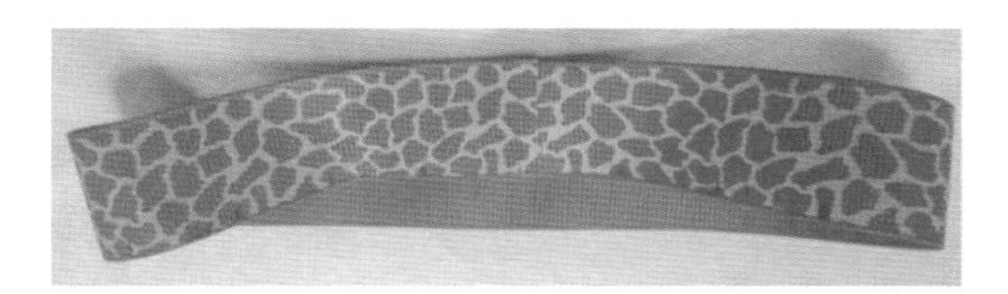

图 5-51　丝带首尾相接

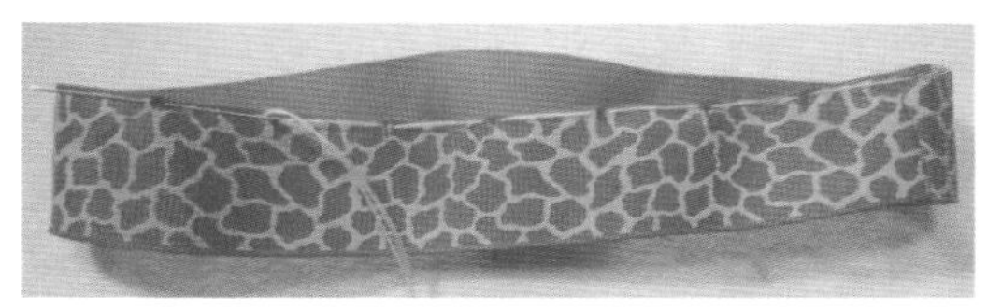

图 5-52　缝标记处

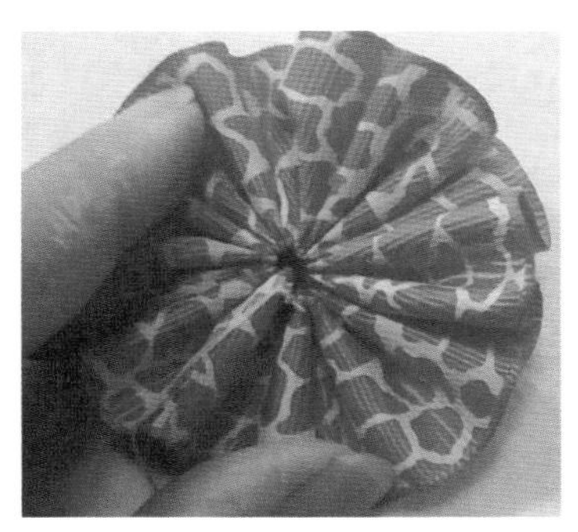

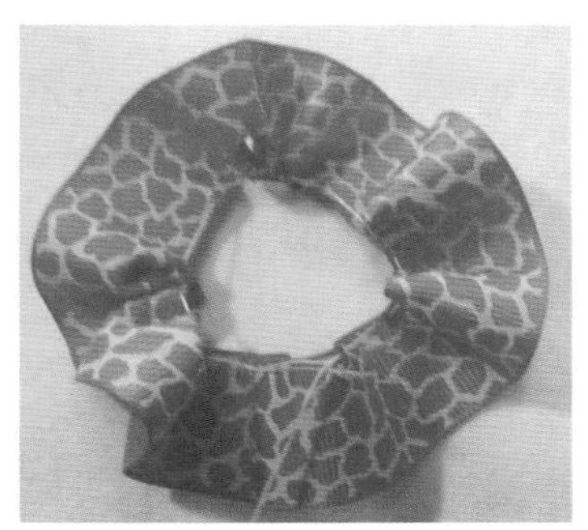

图 5-53　抽紧缝线，整理褶裥

褶，依次缝合剩下的单数褶，如图 5-54 所示。

（6）单数褶全部缝好后整理一下，背面和正面的效果就出来了，然后在正面中心处粘上喜欢的花芯，完成花朵如图 5-55 所示。

图 5-54 固定褶裥

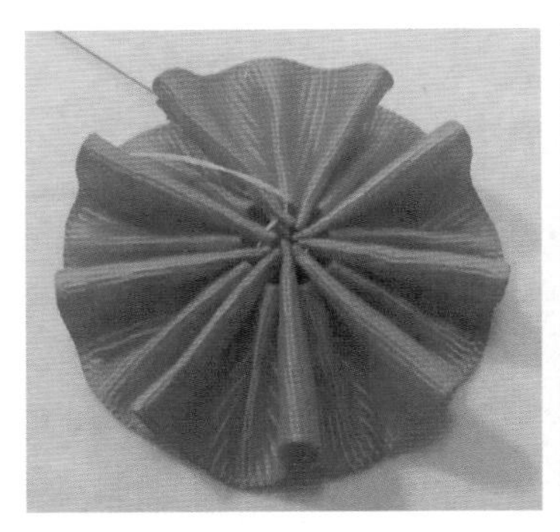

图 5-55 整理，完成花朵

三、蝴蝶结的设计与制作

（一）手打蝴蝶结

用一条罗纹带或缎带徒手打出的蝴蝶结，如图 5-56 所示。

1. 材料准备

取宽度为 1cm 的丝带适量，可依据宽度适当调整长度，如图 5-57 所示。

2. 制作步骤

（1）将丝带双折，右边丝带围绕双折丝带绕一圈，形成第一个结，如图 5-58 所示。

图 5-56 手打蝴蝶结

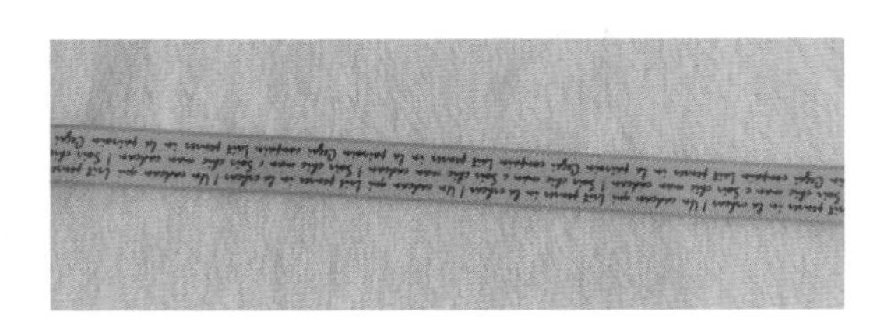

图 5-57 准备材料

（2）将右边丝带向上翻折露出正面，如图 5-59 所示。

（3）将右边丝带双折从拇指上的圈里拉出，形成第二个结，如图 5-60 所示。

（4）将两边双折的丝带拉紧，剪去多余的丝带，如图 5-61 所示。

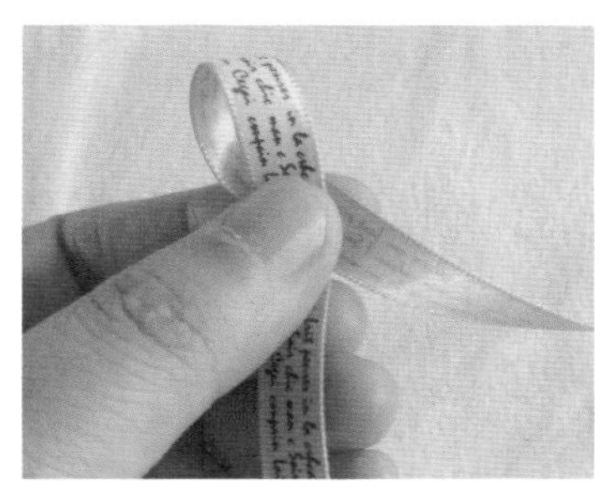
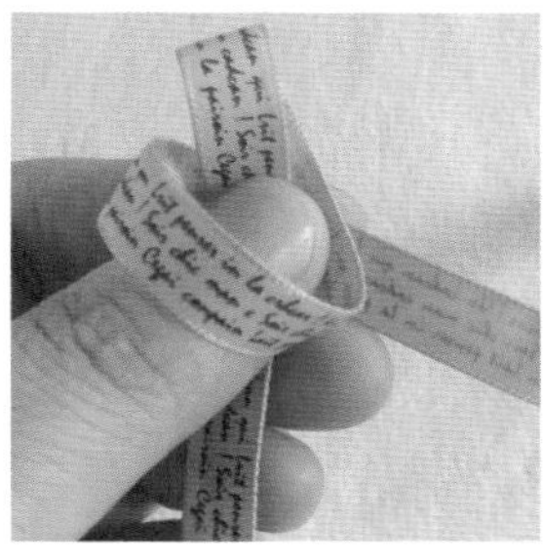

图 5-58　绕第一个结

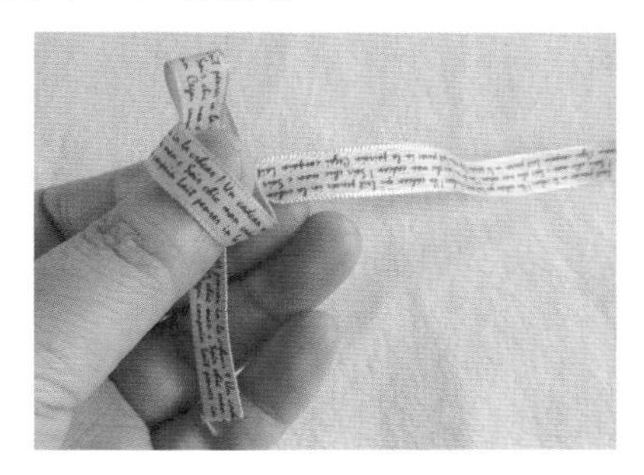

图 5-59　右边丝带翻折出正面

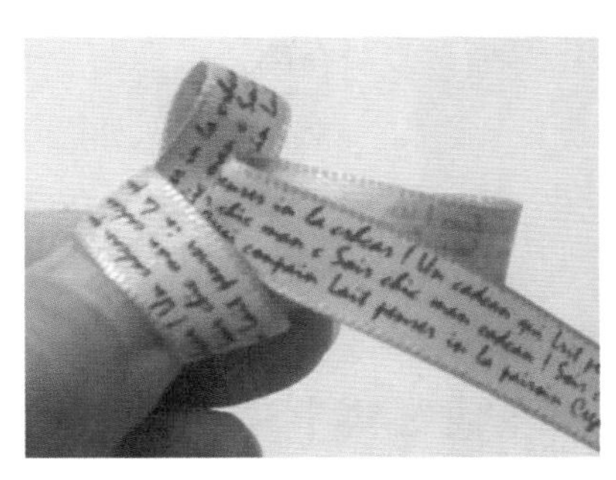
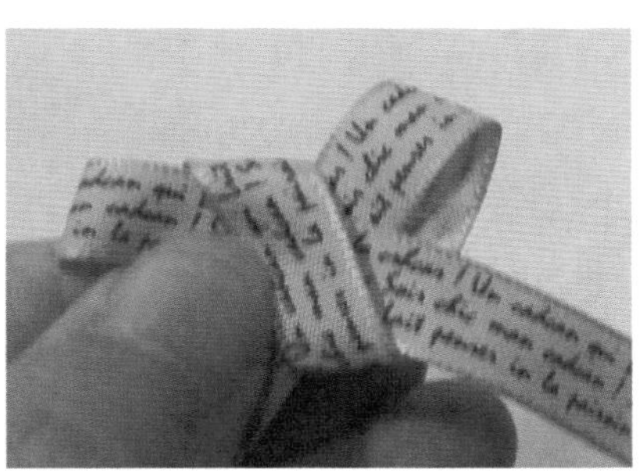

图 5-60　拉出第二个结

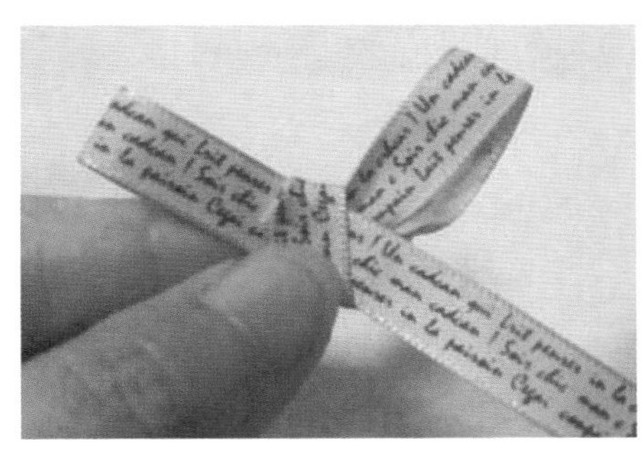
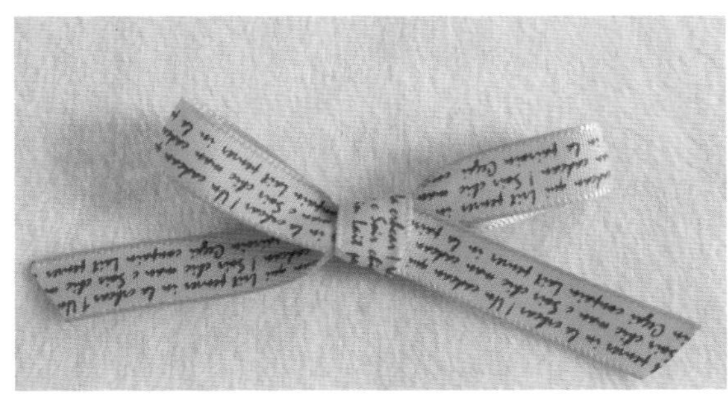

图 5-61　拉紧，整理成型

（二）结身与腰带相结合的蝴蝶结

蝴蝶结的结身有基本款结身、交叉型结身等，腰带有平直腰带、尖型腰带、波浪型腰带等。

1. 基本款蝴蝶结

蝴蝶结的基础款，中间褶山可以是两三个或是多个，依据材料的宽度而定，如图 5-62 所示。

（1）材料准备。

①取宽 2.5cm、长 17cm 的丝带做结身，可依据宽度适当调整长度，如图 5-63 所示。

②取宽 1cm、长 3cm 的丝带做腰带。

图 5-62　基本款蝴蝶结

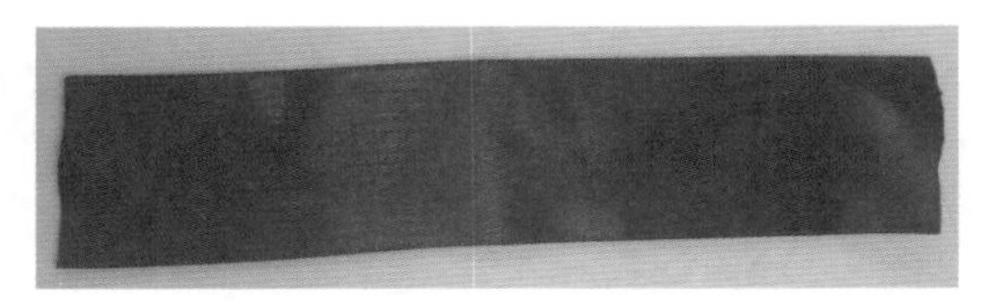

图 5-63　准备材料

（2）制作步骤。

①将丝带两边向中间对折，重叠 0.5 ~ 1cm，黏合或缝合固定，如图 5-64 所示。

②将丝带中间对折，两边再往外折，折成 2 个褶山，中间固定，如图 5-65 所示。如果丝带比较宽，可折成 3 个褶山。

③在丝带中间加上腰带，腰带在背面黏合，如图 5-66 所示。

④完成的蝴蝶结的正面和背面，如图 5-67 所示。

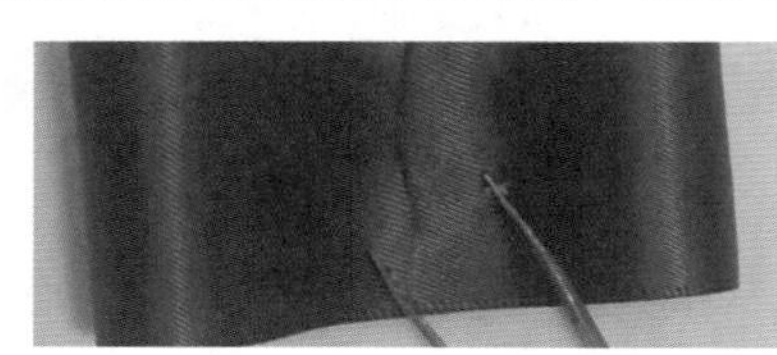

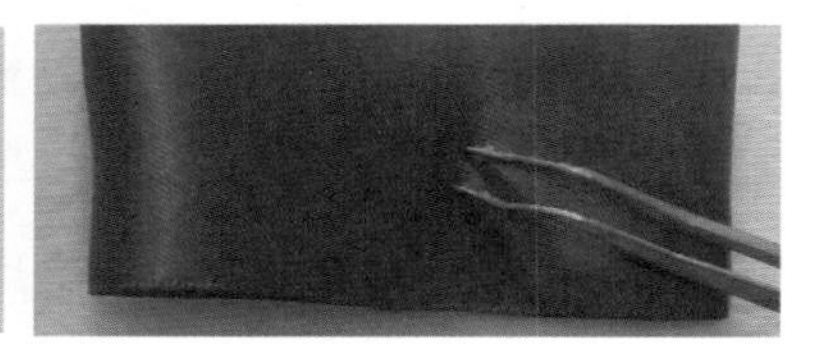

图 5-64　丝带首尾相接

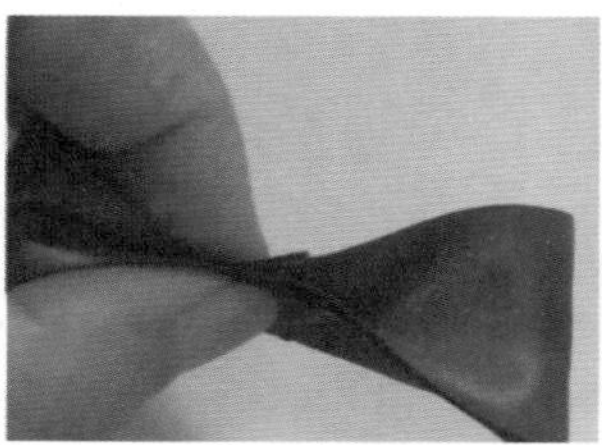

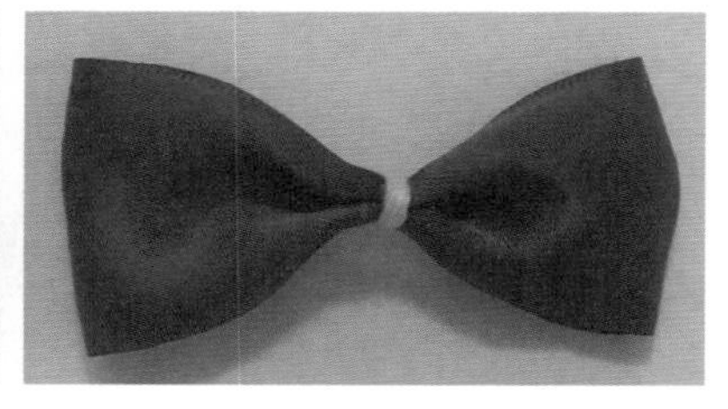

图 5-65　做出褶山

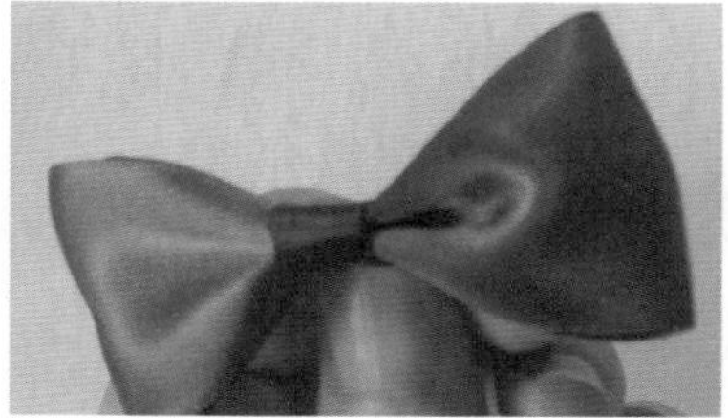

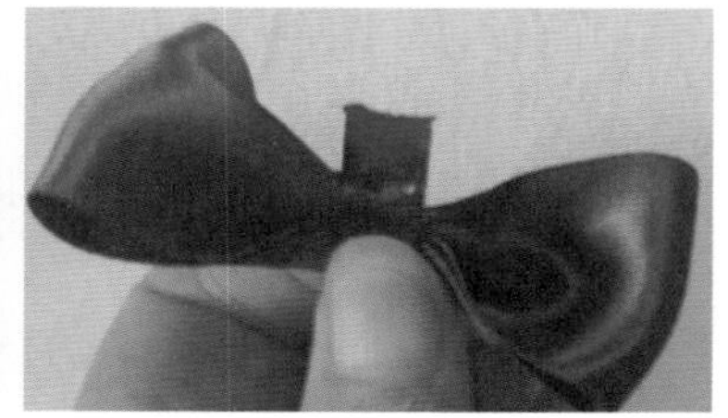

图 5-66　粘上腰带

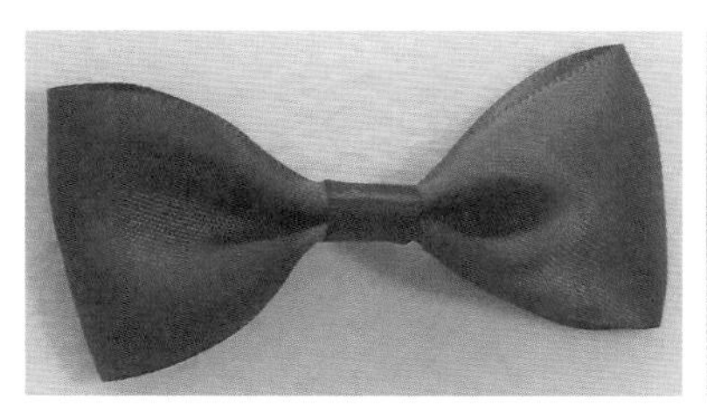
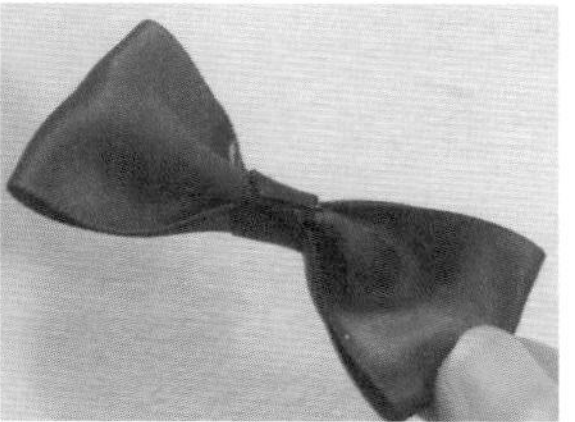

图 5-67 完成图

2. 交叉蝴蝶结

图 5-68 交叉蝴蝶结

使用两条缎带交叉、折叠、固定完成的蝴蝶结，如图 5-68 所示。

（1）材料准备。

①准备宽 2.5cm、长 15cm 缎带两段，依据丝带的宽度适当调整长度。

②取宽 1cm、长 3cm 的丝带做腰带。

（2）制作步骤。

图 5-69 丝带首尾相接

①缎带两边向中间对折，重叠 0.5cm，黏合或缝合固定，如图 5-69 所示。

②将一个套住另一个，接口处向下，然后在中心对折，再两边朝外向下折，做出褶山，如图 5-70 所示。

③在丝带中间固定，然后加上腰带，也可加上其他装饰，蝴蝶结制作完成，如图 5-71 所示。

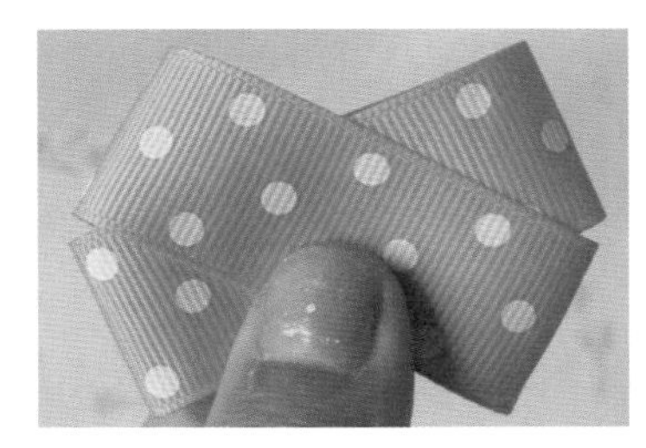
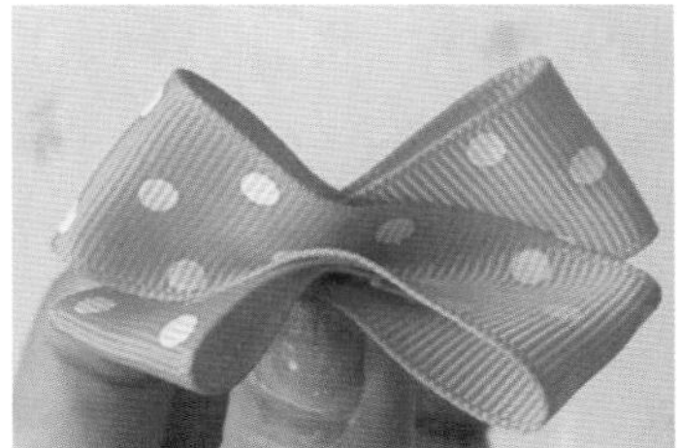
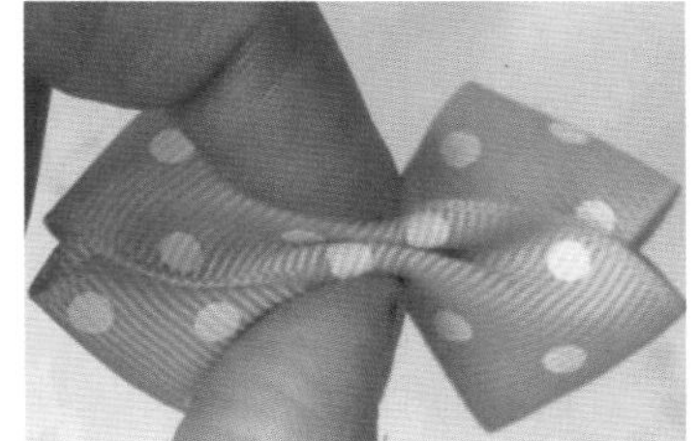

图 5-70 做出褶山

图 5-71 加上腰带，完成

3. 单条丝带交叉蝴蝶结

用一条丝带做出的交叉蝴蝶结，如图 5-72 所示。

图 5-72　单条丝带交叉蝴蝶结

（1）材料准备。

①准备一条宽 2.5cm、长 25cm 的缎带，依据丝带的宽度适当调整长度。

②取宽 1cm、长 3cm 的丝带做腰带。

（2）制作步骤。

①准备一条宽 2.5cm 、长 15cm 的缎带，两边向内折，左右交叉，如图 5-73 所示。

②在丝带中间折出褶山，中间固定，再加上腰带，蝴蝶结制作完成，如图 5-74 所示。

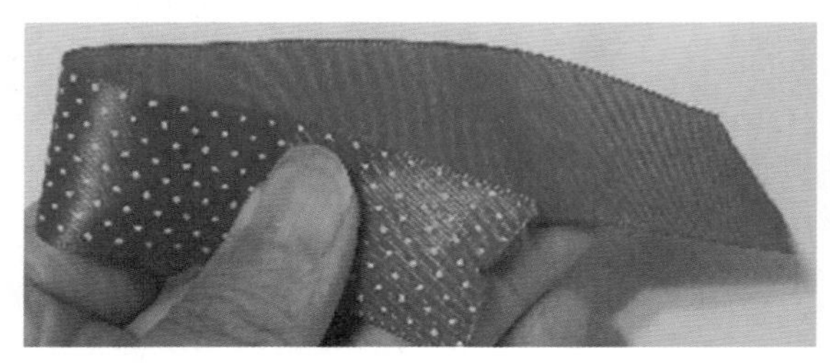
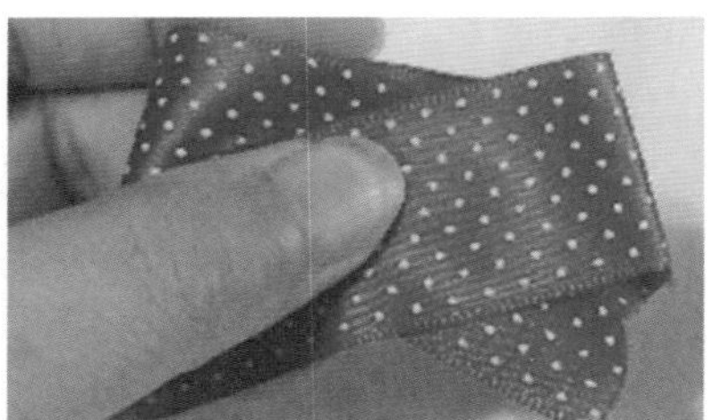

图 5-73　准备材料

图 5-74　做出褶山，加上腰带，完成

4. 尖角蝴蝶结

用一条丝带做出的尖角蝴蝶结，如图 5-75 所示。

图 5-75　尖角蝴蝶结

（1）材料准备。

①准备一条宽 2.5cm、长 27cm 的缎带，依据丝带的宽度适当调整长度。

②取宽 1cm、长 3cm 的丝带做腰带。

（2）制作步骤。

①准备一条缎带，以中心为对称，两边向内折，左右交叉，如图 5-76 所示。

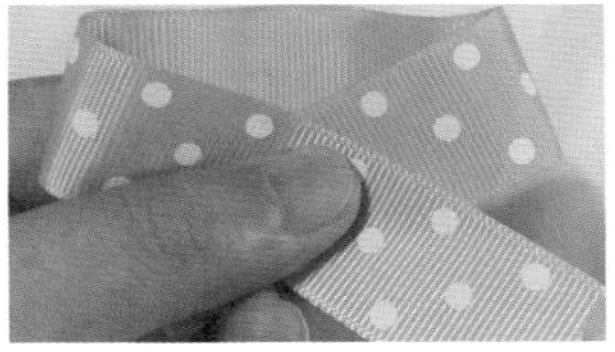

图 5-76　丝带左右交叉

②将底下丝带反转，使丝带正面朝上，形成尖角，然后中间处对折，再往两边翻折，捏出褶山，如图 5-77 所示。

③中间固定，正面和背面不同，如图 5-78 所示。

④加上尖形腰带：取一段宽 0.5 ~ 1cm 的缎带，打结再翻转出立体角，放到蝴蝶结结身中间，背面胶枪粘住，如图 5-79 所示。

⑤波浪型腰带的情况：取一段宽 1.5cm 的缎带，两边分别打褶，放到结身中间，背面胶枪粘住，如图 5-80 所示。

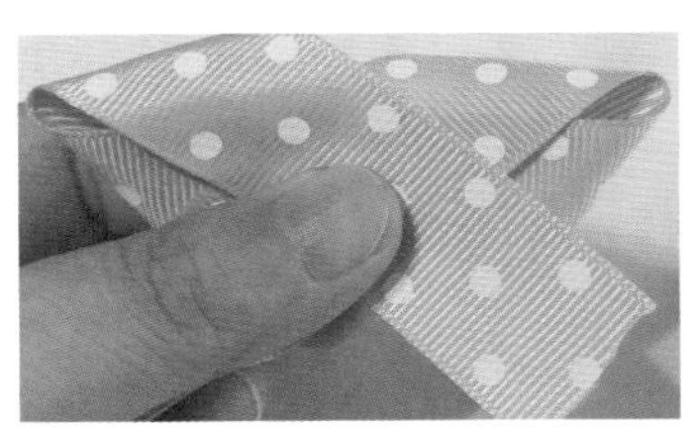

图 5-77　做出尖角和褶山

图 5-78　中间固定

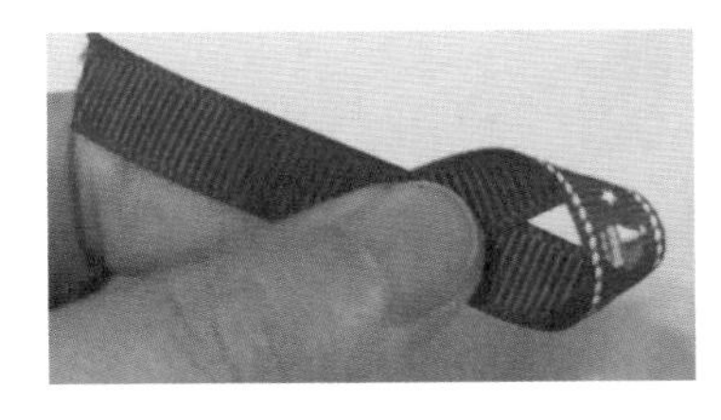

图 5-79　加上尖形腰带，完成

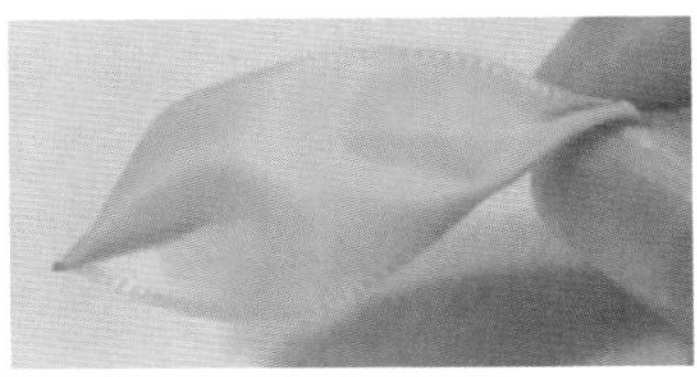
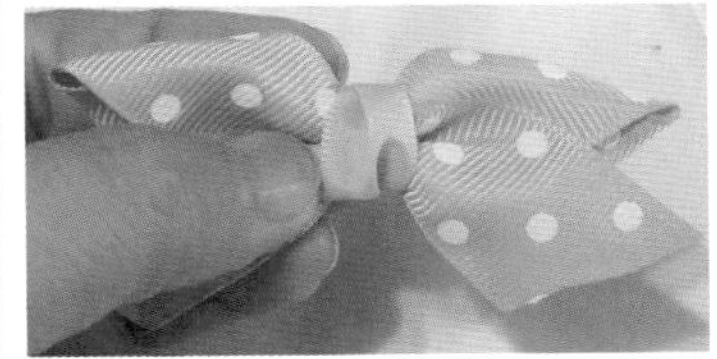

图 5-80　波浪型腰带款式

5. 风车蝴蝶结

将一条缎带通过多次折叠，完成的形似风车的螺旋状蝴蝶结，如图 5–81 所示。

图 5–81　风车蝴蝶结

（1）材料准备。

①准备一条宽 2.5cm、长 30cm 的缎带，依据丝带的宽度和结个数适当调整长度。

②取宽 1cm、长 3cm 的丝带做腰带。

（2）制作步骤。

①取一条缎带，重复折叠两排，如图 5–82 所示。可以折两排，也可以折三排，如图 5–81 所示为三排时的成品图。

②在中间掐出褶山，然后固定，如图 5–83 所示。

③丝带两端可以剪出燕尾，在中间加上腰身，蝴蝶结制作完成，如图 5–84 所示。

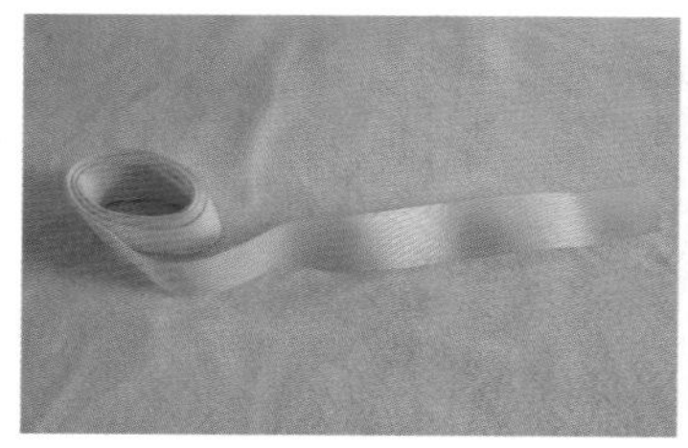

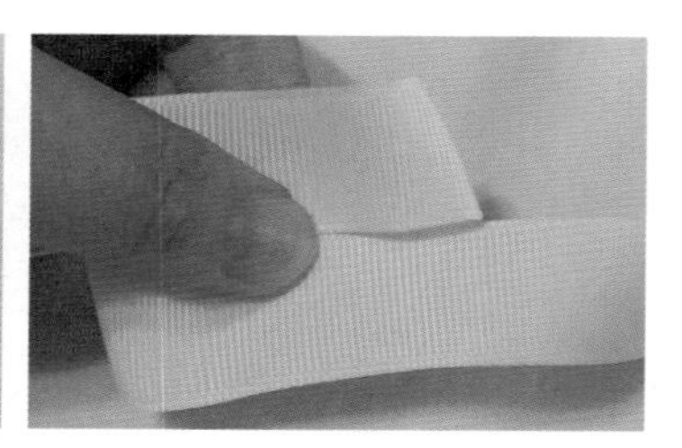

图 5–82　重复折叠缎带

图 5–83　做出褶山

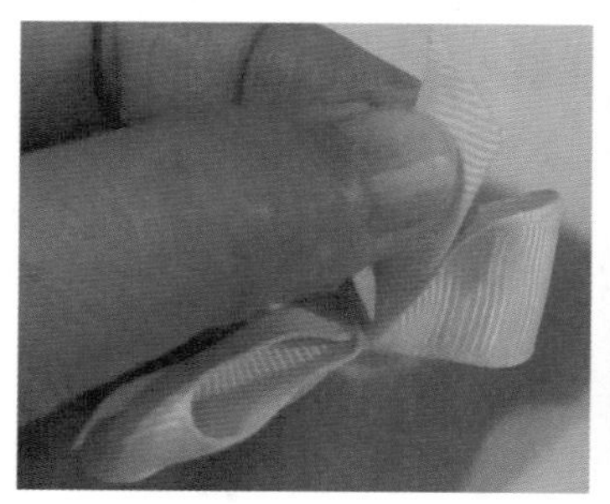

图 5–84　加上腰身，制作完成

第三节　手工花饰工艺应用

前面讲解了布艺花及蝴蝶结的做法，现在介绍几款使用布艺花和蝴蝶结制作的饰品。

一、布衣花发卡

这款布艺花可以做成单层也可以做成多层花瓣，花朵既可以做成发饰也可以做成胸针，如图 5-85 所示。

1. 材料准备

（1）两块长方形布（根据花的大小调解长宽尺寸）。

（2）丝带，纽扣 + 花布（可直接用包扣），发卡，如图 5-86 所示。

2. 制作步骤

（1）将长方形布沿宽度方向对折绗缝，再进行抽褶，如图 5-87 所示。

（2）连接长方形布的边缘，抽成圆形，另一块同样处理，如图 5-88 所示。

图 5-85　布艺花发卡

图 5-86　准备材料

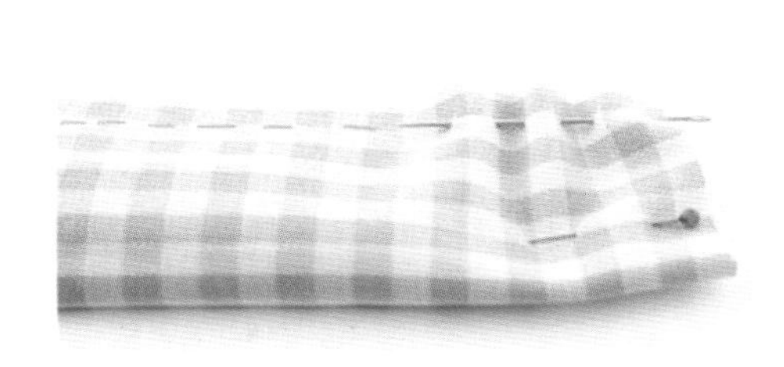

图 5-87　抽缝

（3）将抽完褶的两个圆，圆心重叠放，再将蝴蝶结和纽扣固定到花上，如图 5-89 所示。

（4）将花固定在花托上，再固定到发夹上，布艺花发卡制作完成，如图 5-90 所示。

图 5-88　首尾相连

图 5-89　重叠固定

图 5-90　制作完成

二、蝴蝶结玫瑰花发饰

这款发饰将玫瑰花与蝴蝶结相结合使用，具有独特魅力，如图 5-91 所示。

图 5-91　蝴蝶结玫瑰花发饰

1. 材料准备

（1）多种丝带（叶子：宽 3.8cm，长 9cm；大蝴蝶结：宽 3.8cm，长 18cm；花：宽 2.5cm，长 30cm 和长 20cm，小蝴蝶结：宽 1cm，长 30cm），如图 5-92 所示。

（2）半珍珠、发卡。

图 5-92　准备材料

2. 制作步骤

（1）用宽 2.5cm 的丝带卷出两朵玫瑰花，如图 5-93 所示。

（2）用宽 3.8cm 的丝带做三个蝴蝶结，先将两个蝴蝶结平行固定放在下面，再在上面放一个，中间部位固定，用缎带缠绕一圈，如图 5-94 所示。

（3）用宽 1cm 的丝带制作飘带蝴蝶结，如图 5-95 所示。

（4）用宽 3.8cm 的丝带制作叶子。先将丝带两边向内折，然后边缘处用针线缝，把线拉紧就成了叶子的形状，做好 3 片叶子，如图 5-96 所示。

（5）将 3 片叶子粘到飘带蝴蝶结上，再将两朵玫瑰花粘到叶子中间，如图 5-97 所示。

图 5-93　制作玫瑰花

图 5-94　制作多层蝴蝶结

（6）蝴蝶结加上腰带，在与前面的花、叶子、飘带蝴蝶结的组合粘到一起，如图 5-98 所示。

（7）在表面可以加一些装饰，如半珍珠等，背面再固定到发卡或是胸针托上，蝴蝶结玫瑰花发饰制作完成，如图 5-99 所示。

图 5-95　制作飘带蝴蝶结

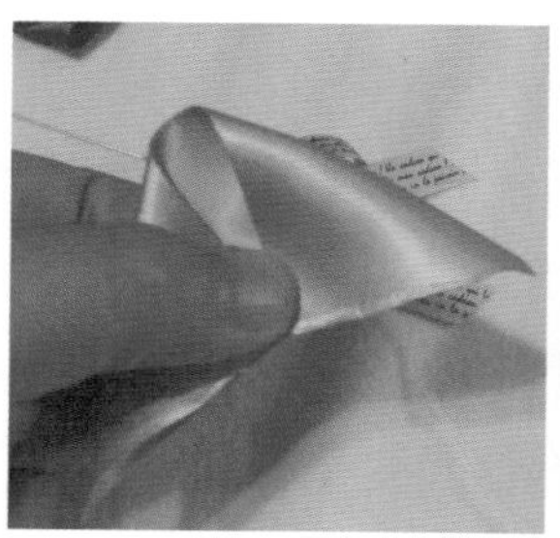
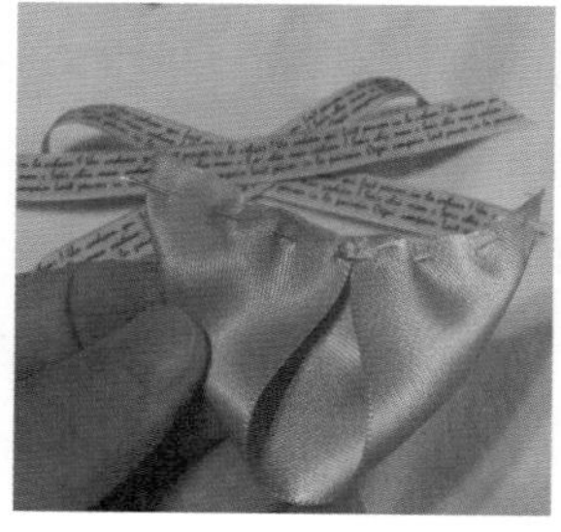
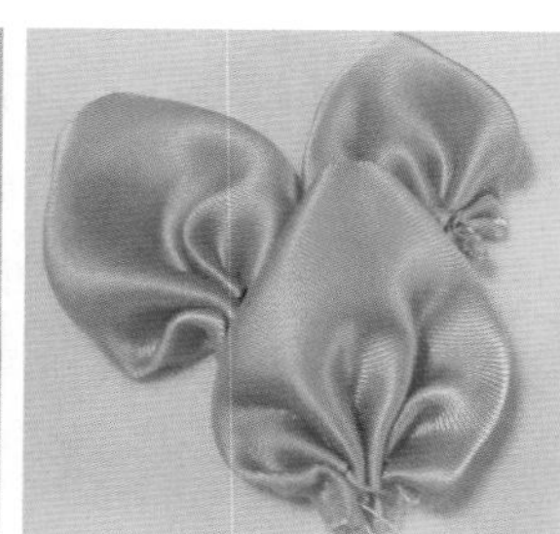

图 5-96　制作叶子

图 5-97　固定飘带蝴蝶结、叶子和玫瑰花

图 5-98　全部组合固定

图 5-99　成品图

第六章　手工包饰工艺与设计

手工包饰工艺与设计

教学课题：手工包饰工艺与设计

教学学时：8 课时

教学方法：任务驱动教学法

教学内容：1. 手工包饰概述

2. 手工包饰工艺应用

教学目标：1. 了解手工包饰技法，掌握手工包制作中绱拉链、袋口抽绳制作工艺。

2. 掌握口金包的种类及制作，熟知制作口金包的材料特性及其制作用具，能够根据样板进行口金包的制作。

3. 学生能够运用一定的手工包饰设计技法，设计并制作适合一定场景的手工包饰品。

教学重点：手工包中拉链的制作及口金包的制作工艺。

课前准备：通过信息化平台及各类书籍了解手工包；手工包饰设计技法应用实例图片；制作手工包的面辅料、直尺、水消笔、针、线、断线小纱剪、熨斗等。

第一节　手工包饰概述

包，作为现代生活中的一种必备配饰品，种类繁多，有背包、单肩挎包、沙滩包、腰包、化妆包、钱包、口金包等，但根据所使用的材料基本上分为三大类：布包、编织包以及皮具包。手工包饰设计与制作就是经过设计者的精心设计搭配，运用一定的技法和工艺，制作出达到一定的艺术审美效果、满足人们的生活需求的包饰产品。

手工包饰设计指对包括材料、造型、色彩、装饰的设计。与服装设计不同之处在于，手工包的装饰设计比较重要，甚至会成为整体着装搭配的中心、亮点。总体来说，手工包的设计要素的选取依托于所使用的环境进行。设计手工包之前，首先要清楚设计手工包的目的，即应用的时间、地点、场合，抑或是搭配怎样的服装使用。除了要考虑手工包的实际用途外，还要考虑是否与着装者整体服装的色彩、风格、款式相得益彰，突显一定的艺术美感。无论手工包的使用情境如何，设计中都离不开常用的几种设计技法。

一、拼布设计

拼布设计是布艺的一个重要方面，通过面料拼接，能达到预期的艺术效果。可以将一些零碎的小块布料运用其中，不但避免了不必要的浪费，更增添了生活的乐趣。拼布可以用两块面料进行拼接，也可以用多块面料进行拼接。

二、绗缝设计

绗缝是在两层布之间加入填充物（棉花、绒、无纺布、线等），三层一起压明线，或两层布缉好明线，再加入填充物的工艺。

绗缝总体上分为四类、整体绗缝、线式绗缝、面式绗缝和补绣式绗缝。线式绗缝与面式绗缝是反面垫布，而补绣式绗缝属于正面补绣。

三、面料的二次设计

1. 图案设计

图案设计是布艺包设计的一个重要方面，成功的图案设计是包饰设计的基础。布艺包图案设计比较极端，或卡通可爱简洁或写意艺术感浓烈，主要通过手绘和彩印技法来完成。手绘技法简单易行，运用专业手绘颜料不用调色，也不用高温烘焙和固色，直接在布料上进行绘制即可达到想要的效果。手绘布艺包如图 6-1 所示。

图 6-1　手绘布艺包

2. 扎染设计

扎染是我国传统的手工艺之一，其制作工艺简单，材料工具易于准备，扎染技法灵活多变，效果变幻莫测，运用扎染工艺创作出来的作品有意想不到的艺术美感。扎染设计的基础也是图案设计。将设计好的图案拓在用于扎染的布料上，通过缝、抽、扎、捆、绑等技法将布料在适当的条件下进行煮染着色的艺术。蜡染艺术是扎染的姊妹艺术，运用传统扎染、蜡染工艺得到的花纹图案具有鲜明的民族艺术特色。扎染布艺包如图 6-2 所示。

图 6-2　扎染布艺包

3. 肌理设计

根据所选择面料进行肌理设计，可出现新颖的造型效果。

四、其他装饰设计

在包饰设计中，装饰设计是重要的一部分设计内容。通过局部装饰设计，可达到调和色彩、过渡、对比等功能。前面章节内容中的刺绣、花饰、珠饰、缎带绣、绳编等技法都是包饰设计中重要的装饰设计技法，包括一些其他材质的搭配运用，如皮质、纽扣、蕾丝、羽毛、金属等。包饰局部装饰设计展示如图 6–3 所示。

图 6–3　局部装饰设计布艺包

第二节　手工包饰工艺应用

一、拉链内袋制作工艺

拉链内袋通常设计在包的背面，表面如图 6–4 所示。此工艺在布艺包制作中比较常见，拉链四周压 0.1cm 明线。

1. 材料与用具准备

（1）长 30cm、宽 30cm 的面料一块；长 24cm、宽 8cm 的拉链垫布一块。

（2）20cm 长的拉链一条。

（3）长 30cm，宽 15 cm 的内袋布两块。

（4）裁布剪刀和断线小剪刀各一把，缝纫线和相应的手针，直尺，记号笔。

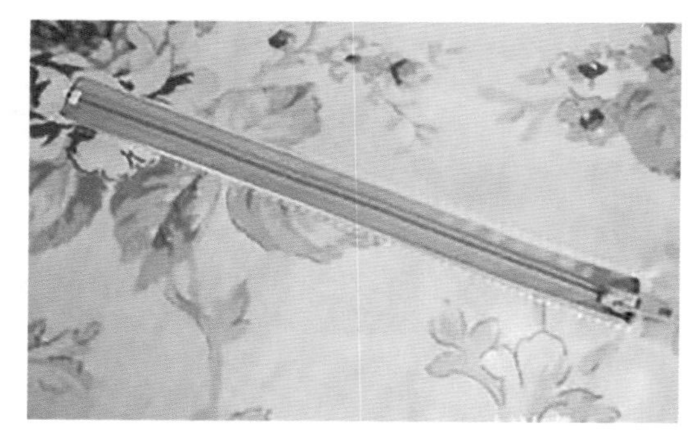

图 6–4　拉链缝制完成效果图

2. 制作工艺步骤

可根据自己的实际情况采用手工制作或机缝。通常纯手工制作用到的缝制工艺有平缝、绷缝、环针缝、卷缝，机缝常用平缝工艺。

（1）将拉链垫布与面料正面相对，放置在适合的位置，用记号笔和直尺在拉链垫布的反面画出一个长 20cm、宽 1.5cm 的长方形，此长度正好是拉链的长度，并如

图 6-5 所示用记号笔画好。

（2）沿长方形线进行缉缝一周，并沿着内部线迹剪开拉链垫布与面料。

（3）沿着剪开处把拉链垫布翻到面料的反面，整理并用熨斗熨烫平整。

（4）将长 20cm 的拉链缝在长 30cm、宽 15cm 的两块内袋布上，拉链的背面与内袋布的正面相对。

（5）将缝好拉链的两块内袋布放置平展，内袋布反面向上与缉缝好拉链垫布的面料反面相对放置。

（6）缉缝拉链周围，0.1cm 处缉明线。

（7）沿着如图 6-6 所示的红色线迹将内袋布缝好，注意只是缝内袋布，不要连同面料缝在一起。至此，拉链内袋工艺结束。

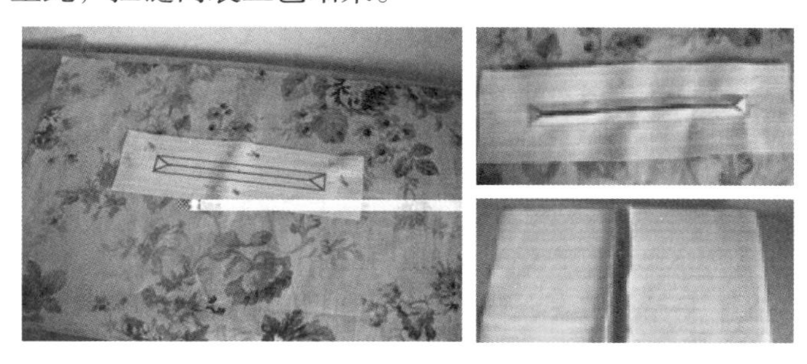

图 6-5　拉链制作过程

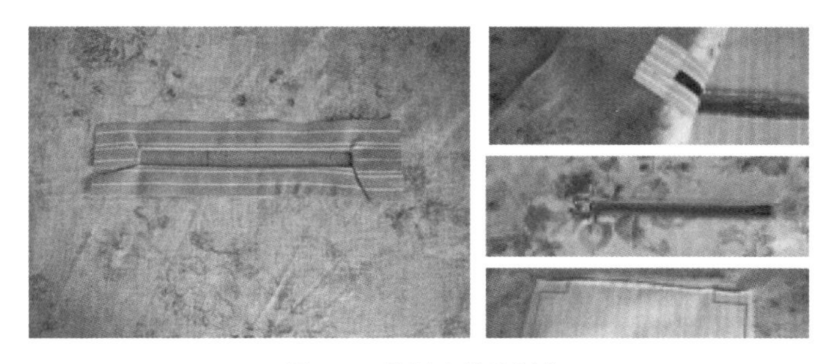

图 6-6　拉链内袋的制作

二、手工包袋口抽绳工艺

1. 材料准备

（1）长 30cm、宽 10cm 的布料一块，如图 6-7 所示。

（2）50cm 的抽口绳 2 根。

（3）针，线，直尺，记号笔，剪刀。

2. 抽绳工艺步骤

（1）将长 30cm、宽 10cm 的布料面面相对对折，即 AB、CD 两边重合（图 6-7）。两侧分别从底部向上测量 10cm，作标记。

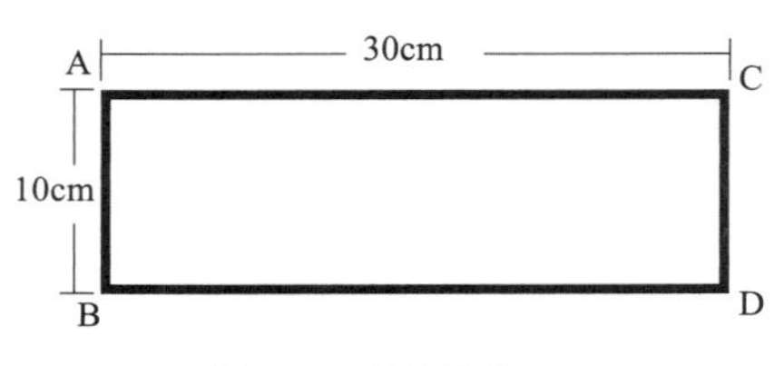

图 6-7　材料裁剪图

（2）从标记点开始向底部缝合，缝份为 0.7cm，缝制至另一侧标记处。

（3）上部两层布料三等分，四个角如图 6-8 所示，沿着虚线向里折叠，并用针线距折线 0.7cm 缝制。

（4）首先在一侧，将两根 50cm 的抽口绳对齐放置在上口部，上口部包住两根抽口绳向里翻折，距边约 1cm 缝合，使两根抽口绳能够在内部穿梭自如。

（5）在另一侧，将两根抽口绳交叉放置，绳的两端对齐，同样的，上口部包住两根抽口绳向里翻折并缝制。

在包饰品的制作中，里布根据实际情况选择纯棉、人造棉、绸类等面料。

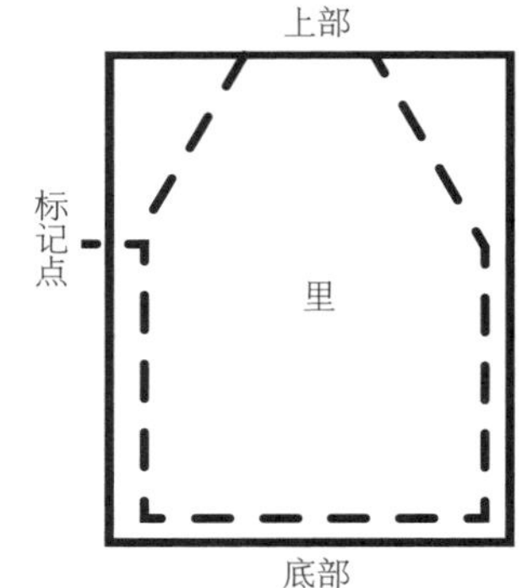

图 6-8　标记布料

三、布艺包制作工艺

（一）袋口抽绳布艺包

此款手工包袋口采用抽绳设计，款式相对比较小巧，为典型的比较简单的袋口抽绳设计手工包，并根据款式进行了布艺樱花的局部花饰设计与制作，如图 6-9 所示。

1. 材料与用具准备

（1）40cm × 40cm 的花布和素色布各一块；5cm × 5cm 的正方形樱花布 5 块。

（2）樱花中心装饰珠一粒；扣子两粒；100cm 的抽绳两根。

图 6-9　手工包成品图

2. 制作工艺步骤

（1）将花布和素色布面面相对，并进行缝合，缝份 0.5cm，留出返口。

（2）翻转缝合好的两块花布和素色布，整理平整后，将返口处用暗藏针进行缝合。

（3）对角折叠成三角形，如图 6-10（a）所示。在三角形的斜边上三等分，两个角向中心折叠，直角也向下折叠，将折痕作好标记。

（4）沿着直角的折痕将一层的直角翻折并缝制，距翻折边的距离视抽绳的粗细缝制，要使两根抽绳在口处来回穿梭自由，如图 6-10（b）所示。

（5）进行折叠，用纽扣固定翻折下来的角，如图 6-10（c）、图 6-10（d）所示。

（6）将正方形靠外的一侧翻折至反面，另一侧重复这个过程。将上口翻折至反面，并进行缝制，与正面缝制时距翻折线的距离一致，如图 6-10（e）所示。

（7）将包背面三个角用针线固定，如图 6-10（f）所示。

（8）将包翻到反面，作三角底，使底部弧度圆顺美观，如图 6-10（g）所示。

（9）做好布艺樱花，并缝制在布艺包正面三个角交点处。

（10）布艺包袋口穿好抽绳，并在抽绳两侧缝制装饰物，这款布艺包制作结束，如图 6-10（h）所示。

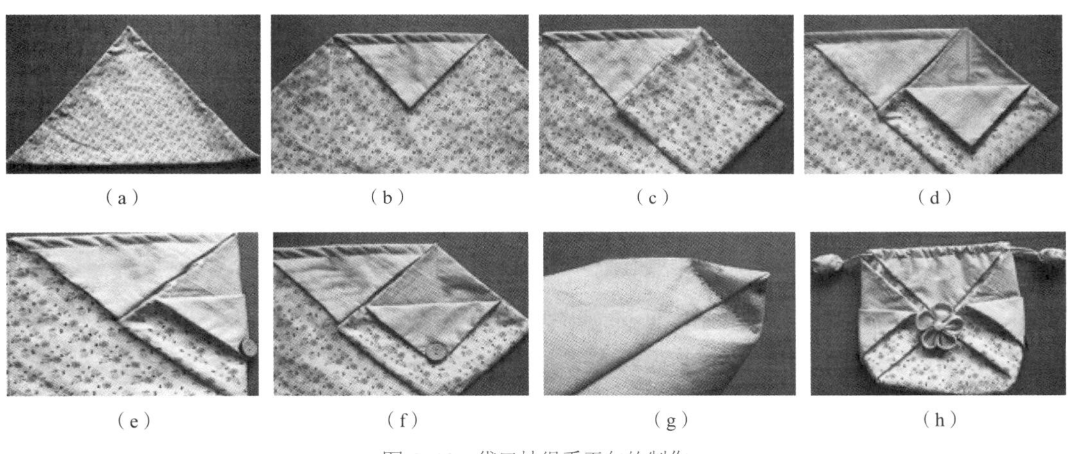

图 6-10　袋口抽绳手工包的制作

（二）钱包

此款布艺钱包的包面采用了拼布设计、衍缝工艺及花边装饰。内部有十个卡袋。包口并没有运用拉链，而是运用本布的包扣设计，与包面呼应，如图 6-11 所示。

图 6-11　钱包成品图

1. 材料与用具准备

（1）表布 A 一块，表布 B 两块，里布一块，辅棉一块，卡袋底布两块，卡袋布 10 块，内袋布 2 块，3cm 宽的斜纱条 120cm，36cm 的花边布，布包扣，缝纫线，如图 6-12 所示。

（2）剪刀，直尺，水消记号笔，针。

2. 制作工艺步骤

（1）分别将十块卡袋布上部 8cm 的一侧三折缝，先折 0.3cm，再折 0.5cm，压

0.1cm 明线，作为卡袋的上边缘。

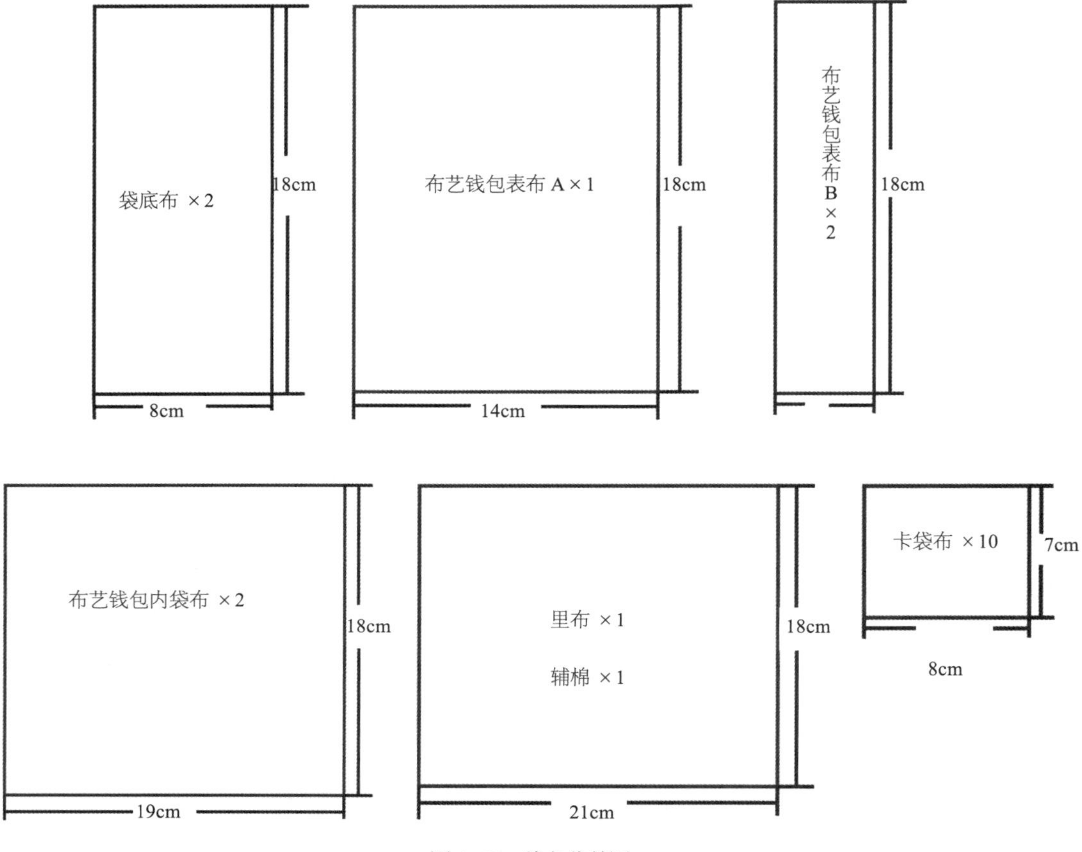

图 6-12　钱包裁剪图

（2）分别将 10 块卡袋布固定在 2 块卡袋底布上，每块卡袋底布上缝 5 块卡袋布，卡袋底布与卡袋布均正面向上，对齐放好后一侧包边，如图 6-13 所示。注意 2 块卡袋底部与 5 块卡袋布对齐固定好后要包边。

（3）拼接布艺钱包的表布。表布 A 在中间，表布 B 在 A 的两侧，花边放置拼接的布之间进行拼接，缝份为 0.5cm。

（4）拼接好的布艺钱包表布、辅棉、里布三层对齐，粗缝固定。在表布上用水消记号笔打好绗缝格子，并进行绗缝，在表布拼接处沿着拼接线缉一趟 0.1cm 的明线，拆去粗缝线。

（5）将内袋布里里相对对折，按着钱包皮、对折的内袋布、缝好卡袋的卡袋底布，按如图 6-14 所示的顺序，四周对齐放置，粗缝固定。

（6）使用剪刀修剪钱包边缘，四个角修剪圆顺成弧形。

（7）使用斜纱条做一个扣扣子的襻。

（8）斜纱条包边，将整个钱包的四周用斜纱条包边，注意将扣襻包在里面。

（9）缝制布包扣。

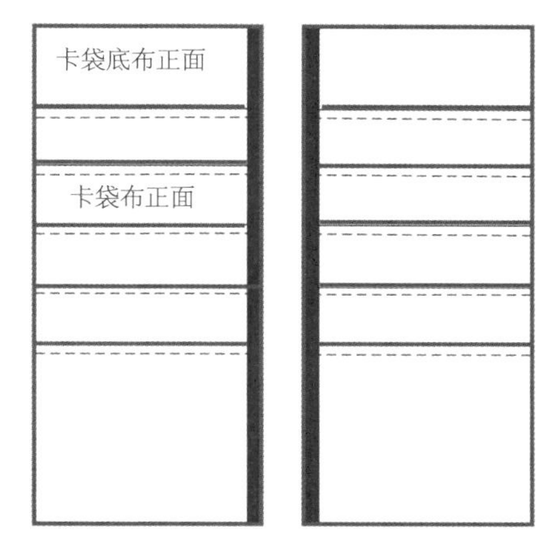

图 6-13　固定卡袋布

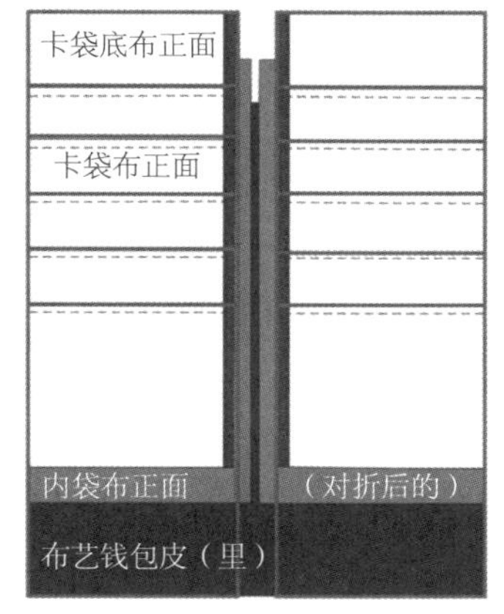

图 6-14　制作卡袋底布、卡袋布

（三）口金包

明末清初时期，搭配旗袍的手拿口金包就已经存在，整体给人的感觉是优雅、高贵，但是具体口金包起源于哪里没有具体的文献记载说明。

1. 口金包的材料

起初，口金包的材质只有布料，设计制作过程中，可以加一些装饰，如在面料上刺绣、在包上挂流苏等。由于口金包最初主要配合旗袍进行着装搭配，材料主要为香云纱、锦缎，后来又慢慢扩展到棉、麻、皮质、毛毡等面料，里料主要为斜纹棉布。

口金包的口金泛指包包或者收纳盒上的金属开口配件。大部分的口金为金属材质，也延伸出了木质、树脂口金，口金的样式很多，如驳脚式、弹片式等。口金上有有孔和无孔之分，有孔口金在制作的时候需要缝合包口与口金，无孔口金在制作时需要用胶来黏合包口与口金。早些时候制作口金包，口金要到口金铺面请专业的师傅来上。

制作口金包的材料还有辅棉、衬和口金线。辅棉主要支持包体，使口金包更挺括有形、舒适，分单面带胶和双面带胶两种，其薄厚有 1mm、1.5mm、3mm 不等，尺寸较小的手包可以用薄辅棉，尺寸较大的口金包主要使用厚一些的辅棉。衬有有纺衬和无纺衬。口金线可使用专用口金线或者普通缝纫用线、透明线等。专用口金线比普通缝纫用线更粗更结实，粗细约为 0.5mm，可根据设计需要和自己的爱好进行选择，如图 6-15 所示。

图 6-15　透明线和专用口金线

2. 口金包的分类

口金包种类繁多。根据其形制及配戴

方式，主要有手持式、手提式、背带式三大类。根据面料裁片数量的多少，分为一片式、两片式、三片式。

（1）手持式。手持口金包是最古老的一种样式，口金包没有环扣或者绳带，直接由人手握搭配服装使用，如图 6-16 所示。

（2）手提式。手提式口金包在口金包的口金上有一个手柄，可手提或者挎在胳膊上，手柄的材质很多，主要有金属、木质和皮质三种，如图 6-17 所示。

（3）背挎式。背挎式口金包是口金包的一种演变，由无带到有带的一种扩展。这时候口金包的尺寸也出现了变化，较大的口金包出现，主要配合现代日常着装使用。背带的材质有纯金属的，有纯皮革的，也有皮革与金属混合的，如图 6-18 所示。

图 6-16　手持式口金包

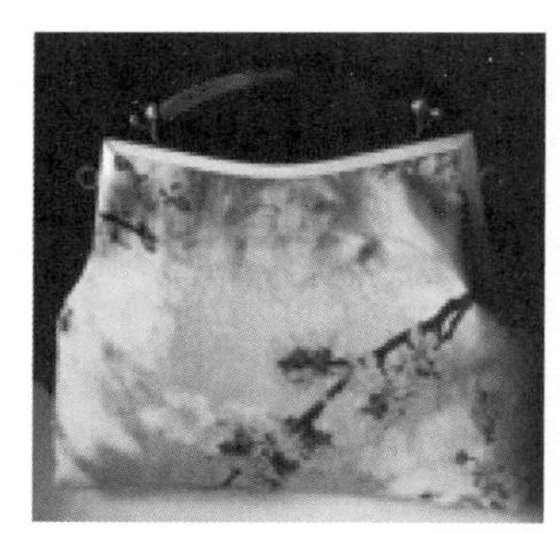

图 6-17　手提式口金包

图 6-18　背带式口金包

3. 口金包的制作

此款口金包为手持式口金包，口金为银色驳脚口外形，包体为前片、底片、后片三片材料，整体立体感较强，如图 6–19 所示。

图 6–19　口金包成品图

（1）材料与用具准备。

①面料 3 片，分别为前片、后片、底片，如图 6–20 所示实线进行裁剪。

②里料 3 片，如图 6–20 所示实线进行裁剪。

③辅棉 3 片，如图 6–20 所示虚线进行裁剪。裁剪后面料、里料、辅棉，如图 6–21 所示。

④ 8.5cm 长银色口金 1 个，珠针，水消笔，针，线，电熨斗，剪刀，顶针。

为了包体平展、挺括、立体感强，通常我们在制作的时候可以在里料上附上一层纸衬，纸衬的裁剪图与辅棉一致。

（2）制作工艺步骤。各裁片按着样板裁剪好以后，开始进行口金包的缝制，具体操作步骤如下：

①用熨斗将辅棉粘在面料裁片上。辅棉放置在面料的正中央，将胶粒一面粘在面

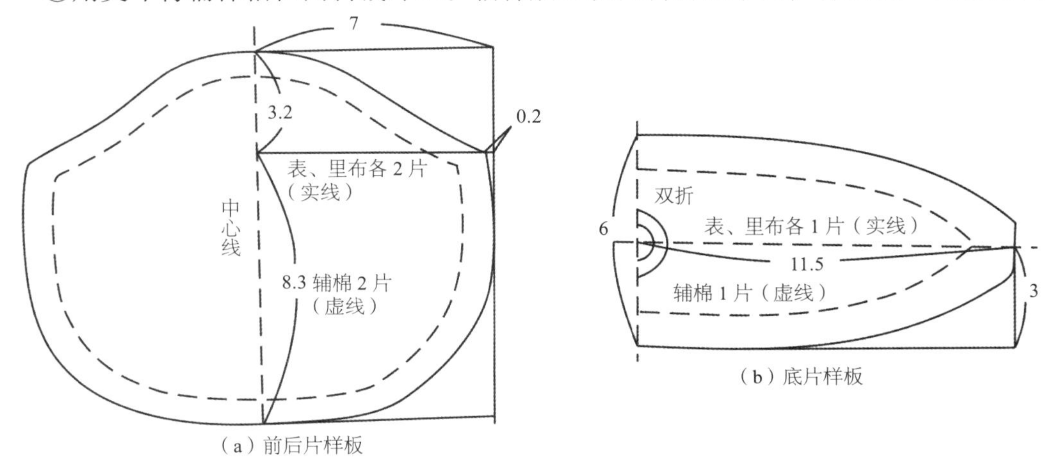

图 6–20　口金包裁剪样板示意图

料的反面，如图 6-22（a）所示。若是里料粘纸衬，此时，将纸衬也粘在里料的反面，操作过程与辅棉一致。

②缝合面料。将粘好辅棉的 3 片面料标记出中点，3 片面料中点、止点对齐，用珠针临时固定，再用针线将 3 片面料面面相对，沿着辅棉的边缘进行缝合，包口除外，如图 6-22（b）所示。

③缝合里料。操作过程与缝合面料一致。

④将缝合好的包面与包里均翻至正面，稍作整理，将包里放在包面里面，使面与面、缝与缝对齐，如图 6-23（a）所示。

⑤缝合口金。将包口的包面与包里沿着辅棉折净缝份，用珠针固定，再用针线将包口缝一圈，将缝合好的包口放进口金边槽里，对齐，可用针线先固定几个点。固定好后，沿着口金依次一孔入针一孔出针，将口金与包口缝合。完成图如图 6-23（b）所示。

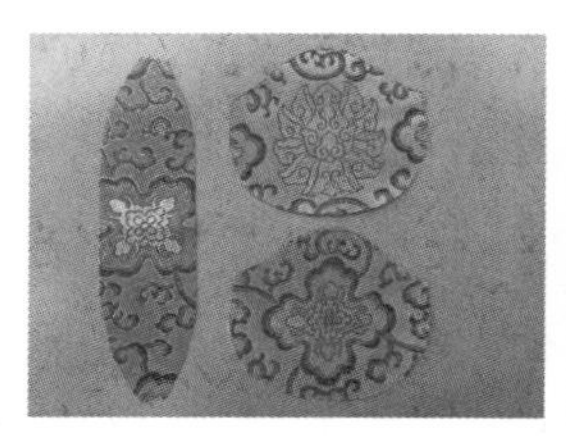
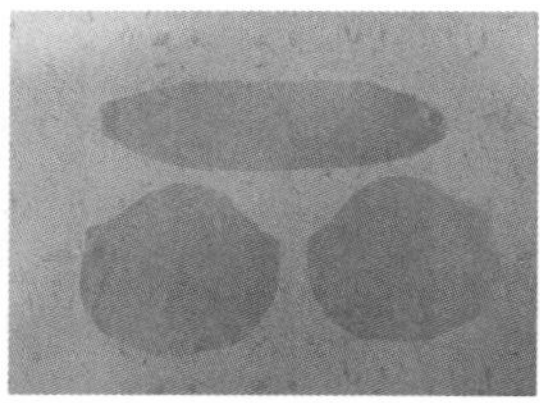
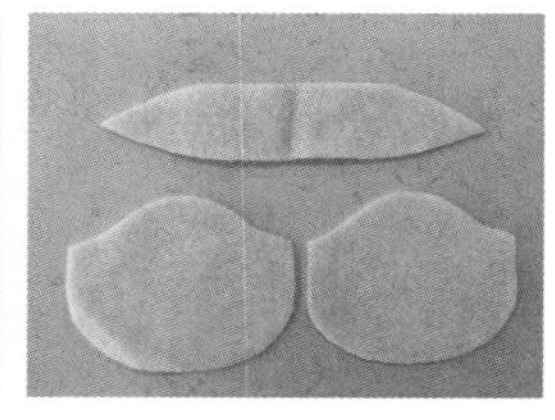

图 6-21　面料、里料、辅棉的裁剪

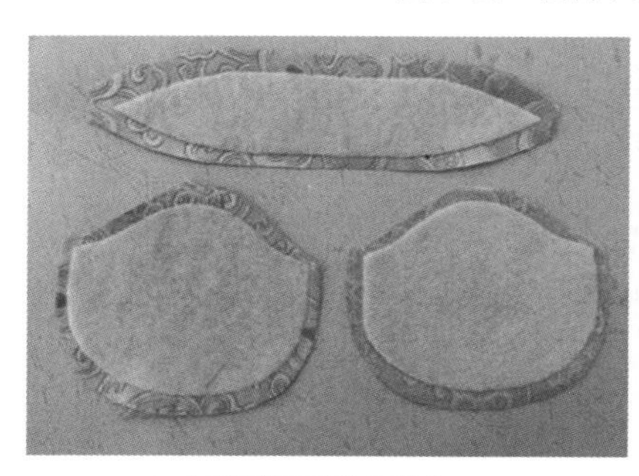

（a）辅棉与面料的黏合

（b）缝合面料

图 6-22　三片弧形口金包的制作

（a）包面与包里的套放

（b）缝合口金

图 6-23　三片弧形口金包的制作

第七章　帽子工艺与设计

帽子工艺与设计

教学课题：帽子工艺与设计

教学学时：8 课时

教学方法：任务驱动教学法

教学内容：1. 帽子概述

2. 帽子制作实例

教学目标：1. 了解帽子的基本概念及其含义，帽子的分类、功能及用途。

2. 了解人们对现代服饰消费的审美偏好、消费习惯、功能需求和对不同种类服饰的穿戴需求，理解帽子的测量及帽子结构的基础制图原理，进行帽子的结构设计。

3. 掌握各类帽子的结构制图方法及帽子基本款的制作工艺。

教学重点：各类帽子的结构制图方法及帽子基本款的制作工艺

课前准备：查阅帽子相关资料，帽饰工艺与设计的教学课件、帽子实物样品、制作帽子的布料小样。帽子测量工具、制图工具、缝纫工具。

第一节　帽子概述

戴帽子现在越来越成为一种流行，人的外在美除了谈及外貌、身材、气质等固有特性外，服装配饰中的帽子一族，也是优美旋律里不可或缺的一段音符。它可以让人时而高贵典雅，时而帅气潇洒，让潮流从“头”开始，帽子既可做装饰，又很实用，在遮阳御寒的同时还能使人看起来与众不同。帽子是服装整体装扮中非常重要的组成部分。

帽子的英语为 Hat，与印度语 Chapeau 是同义语，确切的是指由帽墙（帽围）和帽檐构成的头部服饰用品。在现在日常生活中，帽子是头部服饰用品的统称，包括无檐帽、无边帽。

一、帽子的分类

由于帽饰有许多不同的造型、用途、制作方法、款式等，因此分类方法多种多样，目前已有的分类体系按不同的内容有不同的分类方法。

1. 帽子按功能分

有安全帽、风雪帽、雨帽、遮阳帽、棒球帽、风帽、泳帽、防尘帽、睡帽、工作帽、旅游帽、礼帽等，如图 7–1 所示。

2. 按制作材料分

有皮帽、毡帽、毛呢帽、长毛绒帽、绒绒帽、草帽、竹斗笠、尼龙帽、钢盔等。

3. 按季节气候分

可分为凉帽、暖帽、风雪帽等。

4. 按使用对象和式样分

有男帽、女帽、童帽、少数民族帽、情侣帽、牛仔帽、水手帽、军帽、警帽、职业帽等。

5. 按款式风格分

有贝蕾帽、鸭舌帽、钟型帽、

图 7–1　帽子的分类

三角尖帽、前进帽、披巾帽、无边女帽、龙江帽、京式帽、山西帽、棉耳帽、八角帽、瓜皮帽、虎头帽等。

二、帽子的名称

1. 钟形帽

钟形帽的帽顶高，帽檐向下，外形恰似“吊挂的铜钟”而得名。20 世纪 20 年代，像这种帽顶深、帽檐窄形似铜钟的帽子被用来反映外表像假小子的风格，是当时具有代表性的女子帽。现在这种帽形通常表示出一种随意的感觉。在运动、休闲、城市日常生活的装束中成为不可缺少的一部分。还有依据形或材质的变化可以表现出一种稳重优雅的气质及各式各样的形象。钟形帽是适应范围最广的，被称为帽子的基本型，如图 7–2 所示。

2. 遮阳帽

遮阳帽一般指帽檐宽阔的帽子。帽檐柔软、宽阔，通常是华丽帽子的代表。有力而透明的材质具有线条优美和锐利感，还可以装饰浪漫情趣的花或饰带。像这样材质与装饰品的搭配能产生多种多样的风格变化，适合总体优雅的装束。另一方面，在实用上因其帽檐很宽多用于遮阳，如图 7–2 所示。

图 7–2　钟形帽、遮阳帽

3. 水手帽

水手帽的帽檐全部向上反翘，是从水兵帽而来的名称。其造型多适合于夏季海边避暑时戴用。另外，帽檐宽且全部缓慢向上弯曲、小型帽顶的式样也称作水手帽，其大方、清爽很受人们的喜爱，如图 7–3 所示。

4. 大盖帽

大盖帽一般指前面有帽檐的帽子。与帽子一圈都有帽檐的不同，其戴脱或保管简便，具有很强的功能性和轻快感，可作为各种运动、休闲时的帽子，作业时戴这种帽子也很实用。有多种形式的鸭舌帽类型，主要有棒球帽、军帽、学生帽等，如图 7–3 所示。

5. 无檐帽

无檐帽一般指圆筒型、无帽檐的帽子。其形状简单优雅，戴的方法多样。过去戴帽子曾受年龄的限制，但现在倾向于形式的变化及特色的佩戴，充分表现了帽子对流行的影响。用作礼服的场合佩戴，多是用时髦的材质及装饰品，如参加鸡尾酒会戴的帽子及婚礼帽等，如图 7–3 所示。

图 7–3　水手帽、大盖帽、无檐帽

6. 药盒帽

无檐帽上部平而浅，呈圆形，因形状恰似药盒而得名。20 世纪 50 年代只用于漂亮洒脱的佩戴，发展到现在它同无檐帽一样，也适用于礼服的场合佩戴，如戴在前额部位，如图 7–4 所示。

7. 头巾式帽

头巾式帽以布裹头，可以避暑、防风沙，同时也是民族、职业的象征。现在，以此作为女子时装帽，就是把布在头上卷好，并整理褶纹，使布有流动的美感特征，运用布的不同卷法能产生不同的效果，如图 7–4 所示。

8. 头饰（花箍半帽）

头饰中带有花、丝带、羽毛、面纱、水晶石、串珠等，这些虽说是小部分，但可以自由的设想，能产生很强的效果，如图 7–4 所示。

9. 贝雷帽

贝雷帽以呢料或软毛毡制作，圆形、平软的无檐帽。贝雷帽早在法国的文艺复兴

图 7–4　药盒帽、头巾式帽、头饰

就已经普及了，当时帽子上有绣、嵌的装饰，还饰有珠宝或驼鸟羽毛等，显得非常豪华，并且男女都戴。贝雷帽具有便于折叠、不怕挤压、容易携带、美观等优点，还便于外套钢盔。通常是各国官兵作战、训练中通用的国际标准服饰之一。联合国维持和平部队统一佩带蓝色贝雷帽，蓝色贝雷帽具有特殊的地位，因为它象征着和平。一般来说对贝雷帽的戴法有明确的要求。如美军规定戴贝雷帽时，应使帽圈平正地位于前额上，且高于眉毛1英寸（2.54cm），帽顶向右耳方向倾侧，并使硬衬正好位于左眼上方。贝雷帽在穿常服、作训服和工作服时都可以佩戴。穿常服、戴贝雷帽时，可以穿皮靴，并将裤腿束紧。它还有一种亲近、自由、开放的感觉，在运动、旅行、日常生活中都能戴用，因此到现在贝雷帽仍广泛地被人们喜欢，如图7–5所示。

贝雷帽

鸭舌帽

图7–5 贝雷帽与鸭舌帽

10. 鸭舌帽

鸭舌帽的帽顶较平，且向前倾斜，以扣系于前帽檐上，形似鸭舌。19世纪末，英国的上层阶级外出狩猎时戴这种鸭舌帽，也称作猎帽。在当时是用与上衣相同的粗纺呢制作的。由于它的功能性，很适合各阶层的人们配戴。现在它仍然是具有自由的开放感的帽子，不管是作为运动、休闲还是日常用，也无论是男女老少，喜欢鸭舌帽的人们很多，如图7–5所示。

11. 大礼帽

大礼帽是圆筒型高帽顶、窄帽檐、两侧帽檐稍微反翘的帽子。18世纪末，大礼帽是用海狸皮制作的，由于对海狸的胡乱捕捞导致海狸毛皮的减少，到19世纪初期，就开始选用绒毛较长的绢织物来制作，称为丝绒礼帽。特别是从19世纪末到20世纪第二次世界大战以前，这种大礼帽已经成为正式礼仪场合中不可缺少的装饰（正式时戴黑色，非正式戴灰色或黄褐色）。除此之外，在乘马及运动时也使用，像当今英国的阿斯科特大赛马中的黑的或灰色大礼帽等，用作传统风格的运动或仪式，具有优雅和怀旧的感觉。如今大礼帽也派上了他的新用途——魔术，在许多有趣的魔术表演中，都能看见一顶大礼帽，里面总能变出让人意想不到的东西，如图7–6所示。

大礼帽

圆顶硬礼帽（礼帽）

图7–6 大礼帽与圆顶硬礼帽

12. 圆顶硬礼帽

圆顶硬礼帽是用硬的毛毡制作的圆顶的帽

子，1850年由英国人詹姆斯·寇克发明。起先设计的出发点是利用硬式材质来保护头部。在英国伦敦，圆顶硬礼帽曾是英国绅士与文化的象征。在1960年代才逐渐式微，今日多数的英国年轻人没有看过圆顶硬礼帽作为正式礼服的样子。在同一时代，如果说丝绒大礼帽是正装用的，那么圆顶硬呢帽则是略装用的，也称小礼帽。通常是黑色，夏季为灰色，男女都可使用，如图7-6所示。

13. 便服帽

便服帽是半球形的，帽顶软平且有高有低，前面有帽檐。便帽主要是用布料制作的。常见的类型有棒球帽、高尔夫帽、学生帽等，还有一种是钓鱼时戴的多角形的帽子，称作戴高乐帽子。从运动、休闲、外出旅游用的帽子到各种功能性的工作帽，便服帽以多方面的形式被使用着，如图7-7所示。

14. 牛仔帽

牛仔帽是在美国西南部或是加拿大、墨西哥等地牧童带的宽檐帽，是帽顶高、中央洼、宽帽檐、两侧向上翻卷的大帽子。牛仔帽一般用麦秆或者毛毡制作。骑马上时为了帽子不会被吹落，两侧有带子可系。美国西部帽帽顶中央能倒入十加仑的水，帽檐宽大，也称作骑马牧童帽。另外，墨西哥宽檐帽是墨西哥的牛仔帽，西班牙语是“背阴”的意思，帽檐宽大并且饰有色彩鲜艳的纹样，显示了强烈的民族风情，这种帽子也适合遮阳，如图7-7所示。

图7-7　便服帽与牛仔帽

三、帽子的结构及其设计

1. 帽子的结构

为了便于对帽子制图与制作时进行说明，首先了解帽子各部分的名称。帽子的基本型可分为以下几部分（图 7–8）：

（1）帽山：帽檐以上的部分，可以是一片结构，亦可为多片组合。

（2）帽顶：帽山最上面的部分，通常为椭圆形，也有叫天井。

（3）帽墙（侧）：帽檐与帽顶之间的部分是帽墙，帽顶与帽墙分为两部分的帽山常在后中线处接合帽墙。

（4）帽檐：帽山以下的部分。帽檐有大有小，形状可能是平的，也可能是向上卷或向下垂。

（5）帽口（箍）条：缝于帽山内口的织带，用于固定帽里并紧箍头部。

（6）帽带：帽山外围的装饰丝带。通常沿帽山与帽檐交界线围绕帽山装饰。

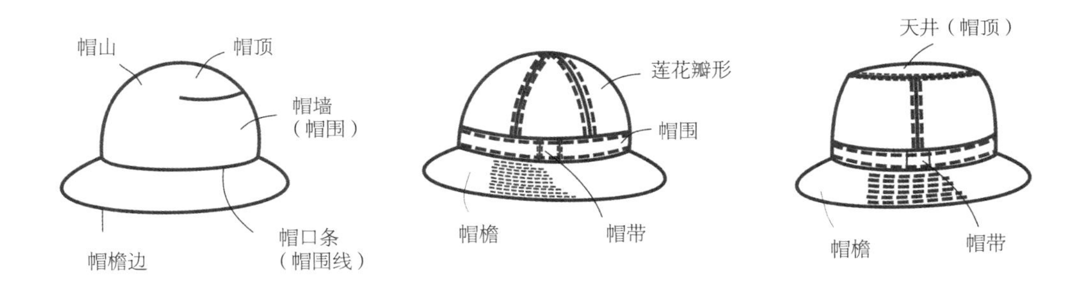

图 7–8　帽子的结构

2. 帽子的结构设计

帽子的结构设计主要从四个方面考虑：帽山的变化、帽檐的变化、帽子的装饰与帽子的材料。要考虑以上各个部位的整体关系，从实用功能、色彩、面料、造型等方面入手。同时要结合流行风格、时尚和社会风情等因素。

（1）考虑设计的总体构思、风格体现、实用性、造型定位。

（2）帽子的帽围尺寸要与人的头围相符。无论帽子的外形如何设计，都应考虑帽口的形状与大小。特殊的小口帽如贝雷帽、船形帽等除外。

（3）改变帽顶造型。可扩大、缩小、倾斜设计甚至取消帽顶，也可增加帽顶的层次，作必要的突出和强调。

（4）改变帽山或帽墙的造型。将帽山或帽墙加长、缩短，作特别的设计，增加层次和折叠感。

（5）变化帽檐。帽檐是整个帽子最有变化、最有创造性的部位，通过帽檐的形态变化来体现帽子的造型效果。帽檐采用加宽、变窄、翻卷、切割、折叠、起翘、倾斜、取消等方法进行变化，将构成奇特、新颖、巧妙、大方的视觉效果。

（6）增加装饰。帽子上的装饰空间是非常广阔的。在帽子基型上，适当地添加一些丝带、蝴蝶结、花朵、羽毛、面纱、草叶、毛皮、丝网、珠片、首饰等物，使帽子显得活泼、美丽、装饰性更强。

以上因素是设计中应重点考虑的内容，在设计时可有所侧重，相互联系。在考虑变化帽檐的同时，还要强调扩展帽顶，增加装饰；在考虑帽口形态时，还要注重帽山的分割等。要从帽饰整体上把握住设计的规律和要素，顾大局又不忽视细节，强调局部又不脱离整体，使帽子的设计更为得体、完美、富有创造性。

四、帽子结构制图基础

（一）测量

要想制作出脱戴容易，造型美丽的帽子，重要的是需要正确进行尺寸测量，测量头部的围度和深度是帽子制作的先决程序。测量时，被测量者斜向前站好，按顺序快速测量，另外，在测量时还要仔细观察头部的形状特征。

1. 头围（HS）

用皮尺沿前头部发根经两耳根向上 1cm 过后头隆起点向下 2cm 测量一周，余量加放 1 或 2 手指，小孩加放 3 个手指，如图 7–9 所示。

2. 头高（左右 RL）

从左耳根向上 1cm 处绕过头顶到右耳根向上 1cm 间的距离。

3. 前后距离（FB）

从前头部发根至后头隆起点向下 2cm 间的距离。在帽子制作时，头高与前后多为参考尺寸，头围尺寸最主要。

帽子的大小以“号”来表示。帽子的标号部位是帽下口内圈，用皮尺测量帽下口内圈周长，所得数据即为帽号。“号”是以头围尺寸为基础制定的。帽的取号方法是用皮尺围量头部（过前额和头后部最突出部位）一周，皮尺稍能转动，此时的头部周长为头围尺寸。根据头围尺寸确定帽号。

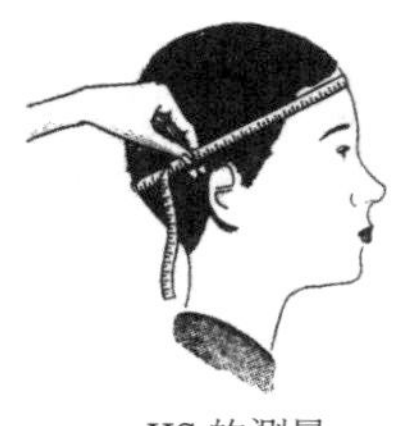

HS 的测量

RL 的测量

图 7–9 测量

中国帽子的规格从46号开始，46 ~ 56号为童帽，55 ~ 60号为成人帽，60号以上为特大号帽。号间等差为1cm，组成系列，见表7-1~表7-3。

表7-1　女子帽子尺寸表

女子　　单位：cm

规格/尺寸/名称	S	M	L
HS（头围）	54~56	57~58	59~60
RL（左右）	29	30	31

表7-2　男子帽子尺寸表

男子　　单位：cm

规格/尺寸/名称	S	M	L
HS（头围）	54~56	56~57	58~60

表7-3　儿童帽子尺寸表

儿童　　单位：cm

规格/尺寸/名称	0~1	1~2	3~4	5~6	7~8	9~12	13以上
HS（头围）	46~48	48~51	52~53	53~54	54~55	55~56	56~57
RL（左右）	26	27	28	29	29.5	30	30

（二）基础制图

帽围尺寸、帽山和帽檐是构成帽子的平面制图基础。基本型的帽子由帽山与帽檐两部分组成。在平面上若变换造型，即把基础制图进一步地展开、应用，就能得到所设想的制图。

1. 帽围尺寸

帽围线（帽口）是头围的形状，帽子基本型尺寸来源于头形尺寸，其中帽口等于头围，帽围尺寸主要使用于帽檐的制图中。

以头围HS尺寸为基础，计算出a、b的尺寸，再使用a、b尺寸制图。弧线呈头部形状，整体为椭圆形，注意制图时前后中心必须取直角，如图7-10所示。另外，各个HS尺寸所计算出a、b的尺寸见表7-4。

表7-4　用HS算出的尺寸

HS	a	b
50	17	7.3
51	17.3	7.4
52	17.7	7.5
53	18	7.7
54	18.4	7.8
55	18.7	8
56	19	8.1
57	19.4	8.3

续表

HS	a	b
58	19.7	8.4
59	20.1	8.6
60	20.4	8.7
61	20.7	8.8
62	21	9

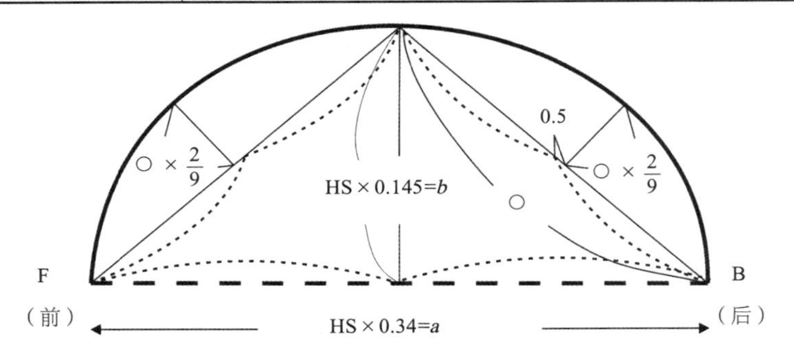

图 7–10　帽围尺寸基础制图

2. 帽山

应从左耳上方经头顶至右耳上方，再除以 2 取得。作图时，已知帽口就是圆周长，求出半径的长度，公式为 $r=\frac{周长}{2}$。用求出的半径画出准确的周长。设计帽子时，分割的片数宽度也取决于周长。一是帽口的周长，二是帽山或帽顶的周长。将分割的片数确定下来，用周长除以片数即可得到每片的宽度。把帽山从头顶放射状等分量纵分割圆帽山的制图方法。分割后帽山有三面构成、四面构成、六面构成、八面构成等。虽然纵分割片数是自由的，但从布料的性质上考虑，一般多分割为 4 ~ 8 片，其中缝制较容易且帽山呈圆形的多是用 6 片分割。帽山制图如图 7–11 所示。

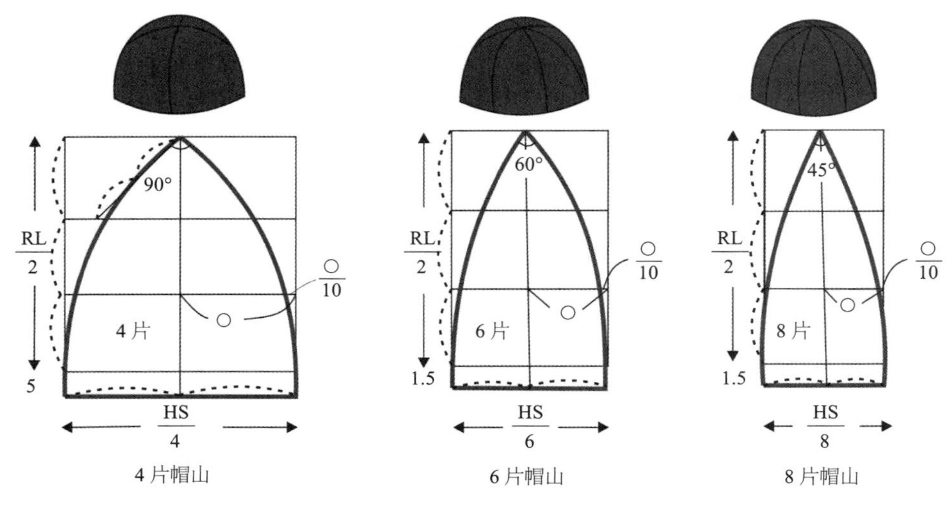

图 7–11　帽山制图

在水平基础线上，HS 尺寸分割成几片就除以几，垂直基础线上是 RL 尺寸的$\frac{1}{2}$再加上 1.5cm 余量。在顶部水平是 360°，除以分割的片数就是 1 片顶点的角度。6 片帽山，帽顶的度数是 60°，从顶点分别向下顺着 60° 画出其轮廓线，连到垂直基础线$\frac{1}{3}$处，下面$\frac{2}{3}$的位置按图示画顺。但是，对 4 片帽山来说，是从顶点到度数的延长线的$\frac{1}{2}$处，以下图示画顺。

3. 帽檐

据帽檐倾斜的程度，可分为水平帽檐、平帽檐、下斜帽檐、急下斜帽檐、特急下斜帽檐等，如图 7–12 所示。帽檐在帽围线的基础上制图，如图 7–13 所示。

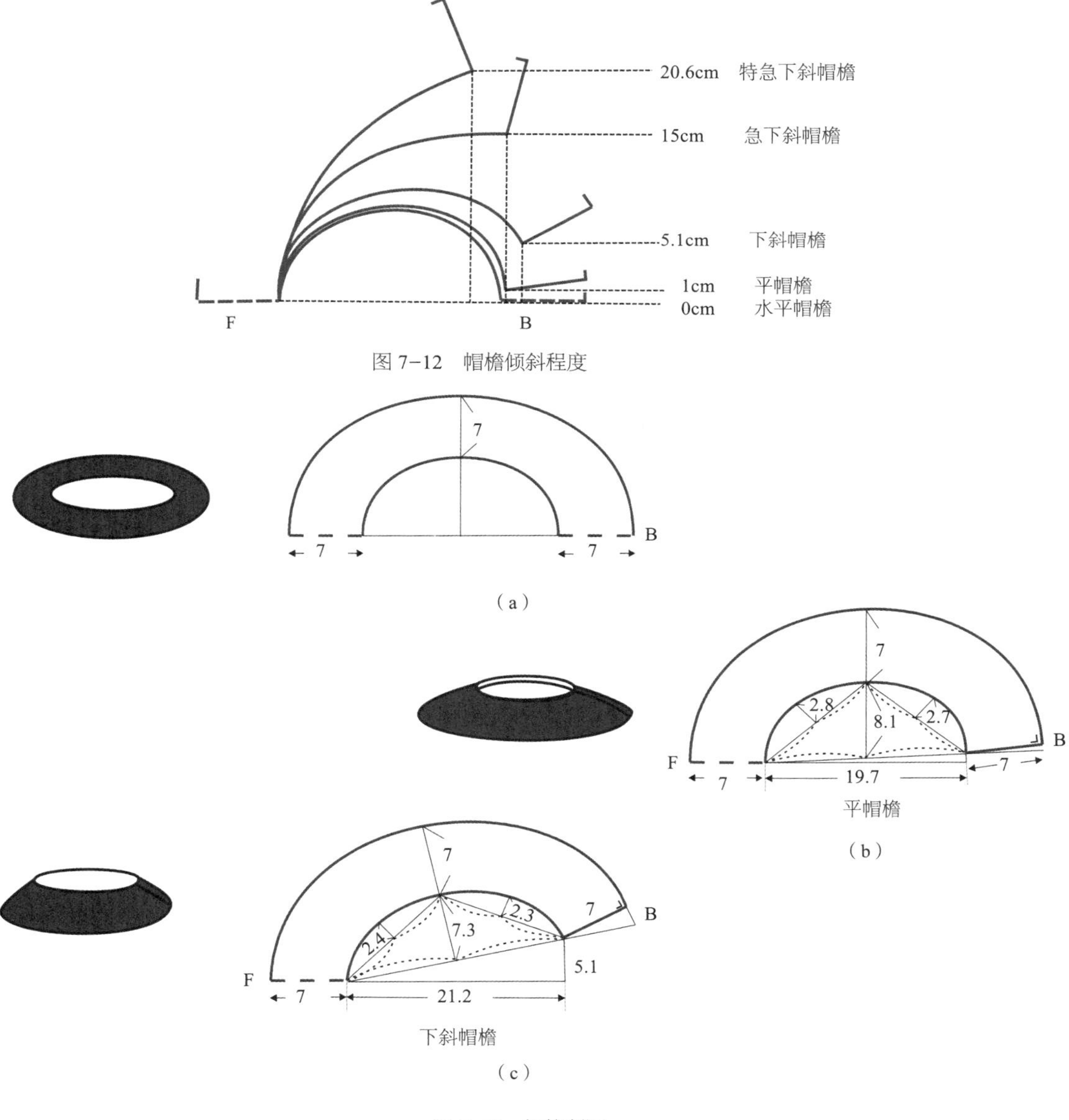

图 7–12　帽檐倾斜程度

图 7–13　帽檐制图

第二节　帽子制作实例

在帽子制作时，依据不同素材，其制作技法有很大的差异。帽子的制作专业性较强，需要一定的设备和工具、专门的配料、辅料。制帽的工具设备包括木模具、金属模具、熨烫设备、熨斗、剪刀、专门的缝纫设备等。制作帽子还需准备一些配料和辅料，如帽条、衬条、帽标、特制的帽檐、搭扣、松紧带、里料、装饰布、纽扣等物品。

帽子的制作根据设计要求，大致可分为模压法、塑型法、编结法、裁剪法等。

模压法的原料采用毛毡，并将毛毡在模具上定型，定型后卷边缝制而成。有的帽子经模压后再进行裁剪缝制，并装饰上花朵、丝带等物，效果较好。有的贝雷帽、卷边小礼帽就是用模压法制成的。

塑型法指用塑料、橡胶等材料在特制的模具中定型而成，定型后在内附加衬里、支撑物。头盔多以此法制成。

编结法在帽子的制作中尤为多见。编结材料有绳线、柳条、竹蔑、麦秸、麻、草等经过处理的纤维材料。编结的方法很多，有整体编结、局部编结后再加以缝合等。密集编结、镂空编结、双层及多层编结等造型独特，美观、适用，在编结的基础上还可加饰花边、花朵、珠片、羽毛等物。这种方法流行甚广，经久不衰，很受人们的欢迎。

裁剪法是制做帽子方法中最为普遍采用的。按照设计要求，将面料裁剪成一定的形状，配上里料、辅料缝制而成。我们在这里主要介绍布料帽子的制作。

一、布料帽子的制作

把平面的布料制作成立体的帽子有两种方法。一种是根据设计进行制图，再把布料分成几个部分裁断，然后进行缝合。一般为较粗糙的、配戴轻松的便帽、运动帽等。另一种是把布料（帽坯）戴在木模型上进行拉伸，帽顶和帽围连成一体，整个帽子没有拼接缝合的制作方法。为了保型使用硬麻衬或棉衬，帽体用了衬后整体变硬，改变了外观感觉，正如所见到的礼服帽。在这里我们对第一种制作方法进行举例说明。

（一）六片钟型帽

六片钟型帽作为运动、休闲、外出的选择，是可以广泛应用的基本型。在春夏季为棉、麻、化纤材料，秋冬季是灯芯绒或毡及毛织物、混纺织物等材料为宜。因为在其设计中没有明显的特征，所以要点缀围巾、饰带及花等有个性的搭配品，如图 7-14 所示。

图 7-14　六片钟型帽

1. 材料准备

（1）幅宽 90cm 面料，用量 50cm。

（2）幅宽 90cm 厚黏合衬（帽檐、带），用量 50cm。

（3）幅宽 1.2cm 斜纱牵条，用量 90cm。

（4）幅宽 2.5cm 帽口条，用量 HS 尺寸 +3cm。

2. 制图如图 7-15 所示

六片帽山的基础制图和帽檐基础制图组合起来的制图方法由于该帽的帽围上有帽带，所以在制图中帽山的高要减掉帽带的宽度，帽檐的宽比基础制图要窄。

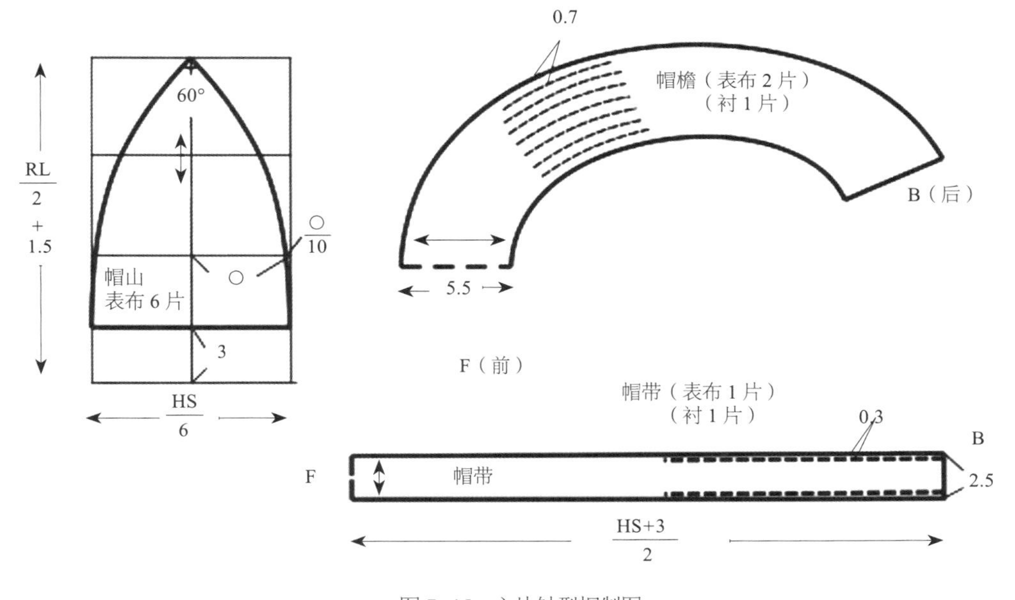

图 7-15　六片钟型帽制图

3. 样板制作

帽山和帽檐的帽围线及上下缝头量都是 0.7cm，其他都按 0.5cm 裁剪。假缝时的缝头量为 1cm，假缝时选用白棉布或细布缝制，帽檐用纸或白纸板，是为了更有型。帽带和表帽檐的里面全粘黏合衬，如图 7-16 所示。

4. 制作工艺

（1）帽山面与面相对，分别缝合左右两侧的 3 片帽冠，缝头劈烫，如图 7-17（a）所示。

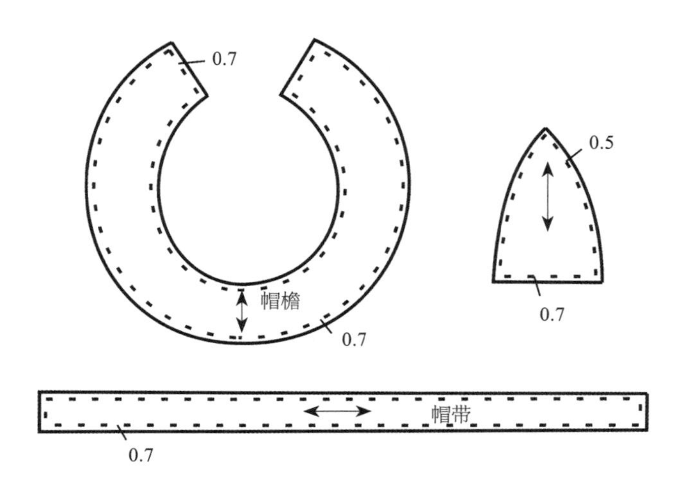

图 7-16　六片钟型帽样板

（2）左右两侧的 3 片帽山面与面相对缝合，缝头劈烫，如图 7-17（b）所示。

（3）在劈烫的缝头上压缝 1.2cm 宽的斜纱牵条，如图 7-17（c）所示。

（4）带的后中心拼按合劈烫，然后与帽山的后中心对齐缝合，缝头向带的方向竖烫，看着表面压明线，如图 7-17（d）所示。

（5）把帽檐表、里的后中心分别缝合劈烫，然后面对面相对，表与里的帽檐外围线勾缝，如图 7-17（e）所示。

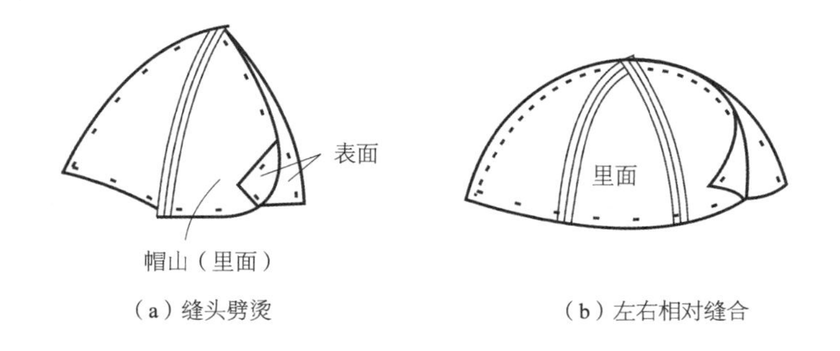

（a）缝头劈烫　　（b）左右相对缝合

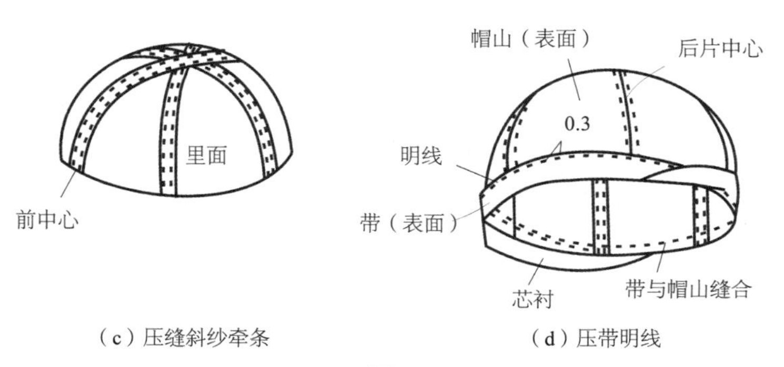

（c）压缝斜纱牵条　　（d）压带明线

图 7-17

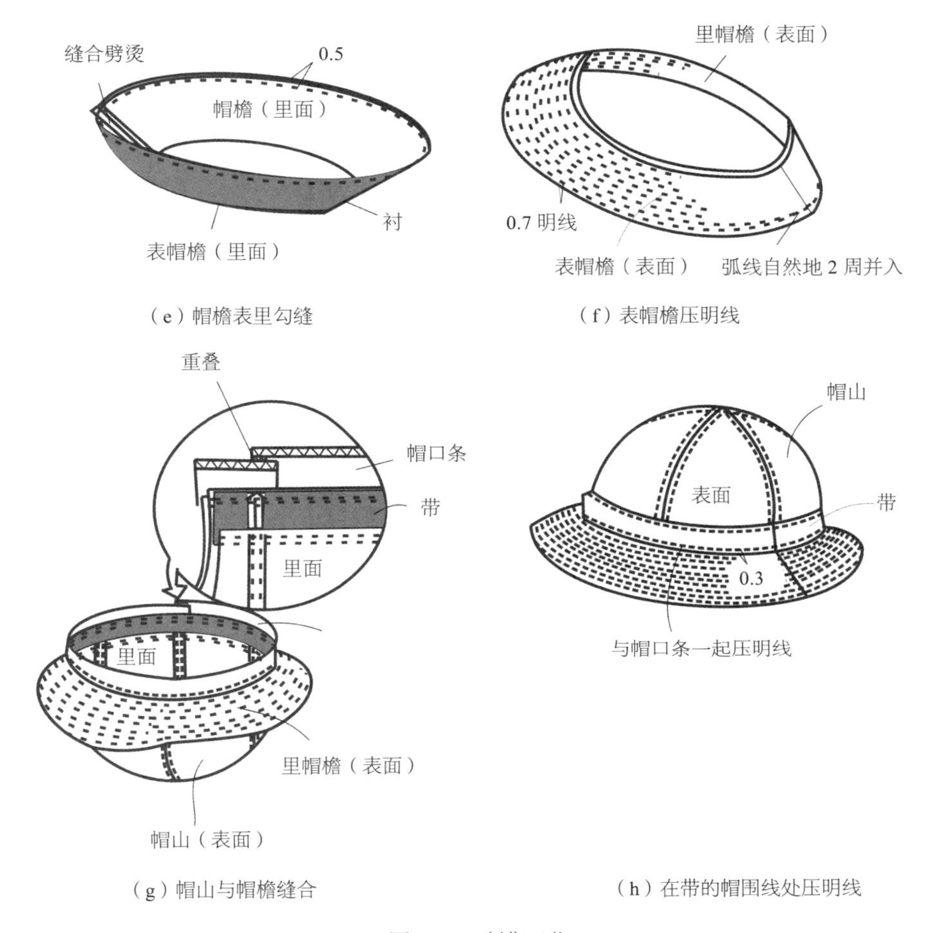

（e）帽檐表里勾缝

（f）表帽檐压明线

（g）帽山与帽檐缝合

（h）在带的帽围线处压明线

图 7–17　制作工艺

（6）帽檐外围线的缝头向表面倒烫，翻向表面整理，从后中心开始螺旋状自然地压明线，如图 7–17（f）所示。

（7）帽山与帽檐对齐后缝合，把与 HS 尺寸相吻合的帽口条缝在缝头上，帽口条的后端重叠 1.5cm，上端向内侧折叠一个缝头，如图 7–17（g）所示。

（8）把帽口条倒向帽带侧，看着表面在帽带的帽围线处压明线，同时把帽口条也缝上，最后整理成品，如图 7–17（h）所示。

（二）两片贝雷帽

两片贝雷帽是贝雷的基本形，简单且容易制作和配戴。根据帽子的大小及使用的材料可制成轻便型或时髦型。一般外出用的贝雷帽可使用棉、麻、毡等材料，礼服用的可使用蝉翼纱或花边、饰带、网眼织物等。贝雷帽是四季皆宜，戴用范围很广的帽子，如图 7–18 所示。

1. 材料准备

（1）幅宽 90cm 表布，用量 50cm。

（2）幅宽 90cm 里布，用量 50cm。

（3）幅宽 2.5cm 帽口条，用量 HS 尺寸 +3cm。

2. 计算尺寸

按照设计帽顶的直径（a），帽围的高（b），头围（HS）尺寸都相应变化时，就可以得到喜欢的贝雷帽及不同的造型的贝雷帽。贝雷帽的基础制图如图 7–19 所示。HS 尺寸为 57cm，帽顶圆的直径为 26cm 是标准型。

图 7–18　两片贝雷帽

表 7–5　HS 圆的直径（c）的计算尺寸

HS	50	51	52	53	54	55	56	57	58	59	60
$c=\frac{HS}{3.14}$	15.9	16.2	16.6	16.9	17.2	17.5	17.8	18.2	18.5	18.8	19.1

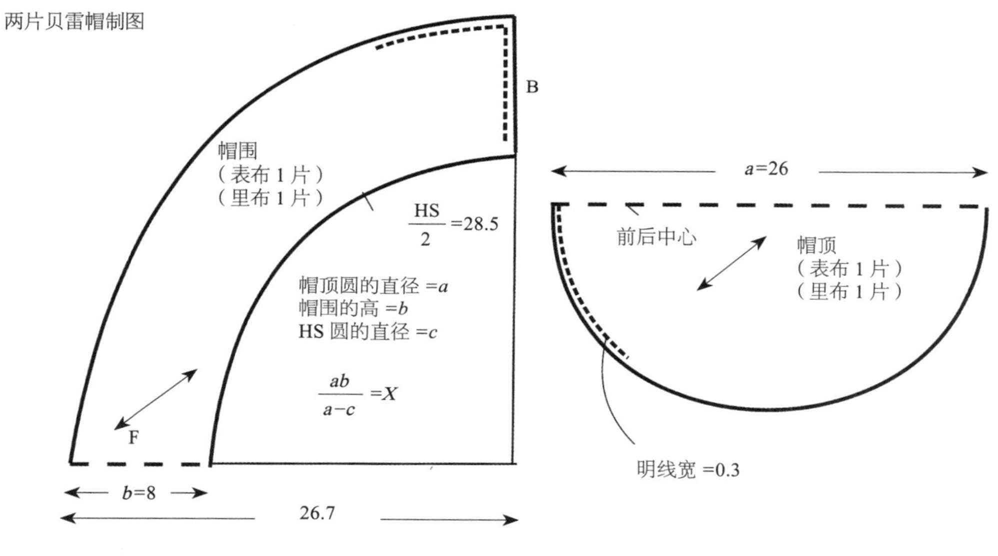

图 7–19　样板制作

3. 制作工艺

表布和里布的帽围线为 1cm 缝缝，其他是 0.7cm 的缝缝裁剪。

（1）缝合帽墙的后中线，缝缝劈烫并压明线，然后帽顶当帽墙的表面相对缝合，如图 7–20（a）所示。

（2）缝缝劈烫，在缝的两侧压明线，如图 7–20（b）所示。

（3）里布按照表布同样的要领进行缝合，缝缝向帽墙侧倒，表布和里布像图示那样对好，用手针固定缝缝，如图 7-20（c）所示。

（4）把里布放在表布的内侧，表与里的帽围线对好，在净样印的缝头侧机缝，然后绱上帽口条，帽口条绱在帽围线的净印线上，如图 7-20（d）所示。

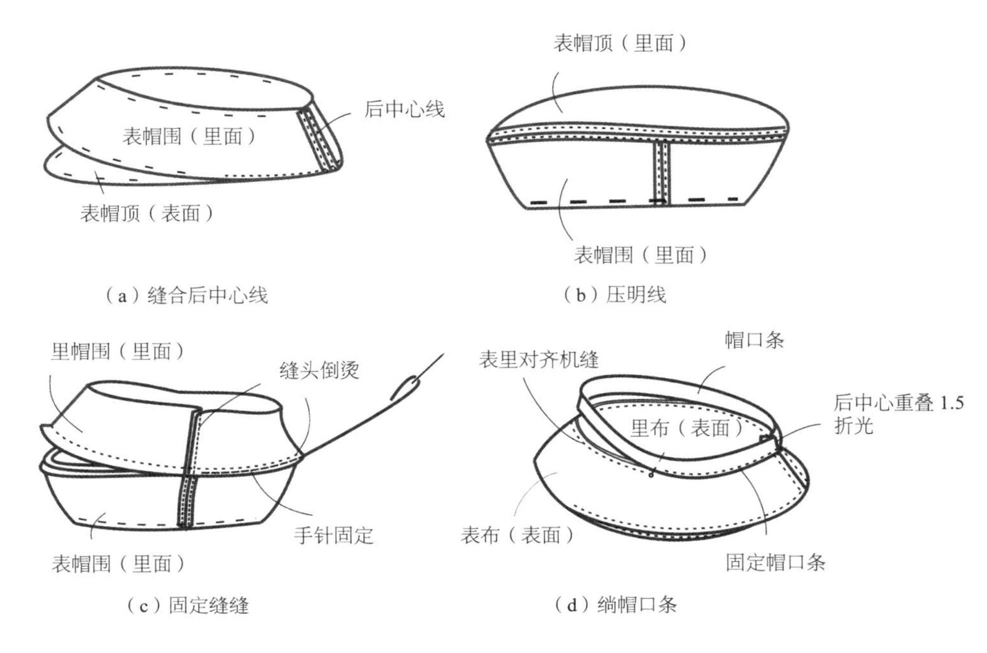

图 7-20　制作工艺

（三）花环型礼帽

这种花环型的帽子是药盒帽的一种变化型。把饰带缝在制作好的帽墙表布的一周，有可爱华丽的感觉。再把面纱附加上，又有一种柔和的气氛。由于表布是敷在衬上面一起缝制的，所以衬要使用容易适合的布为宜。另外，代替饰带的还有毛皮（水貂的尾）等，它已成为礼装用的帽子，这是应用范围很广的设计，如图 7-21 所示。

图 7-21　花环型礼帽

1. 材料准备

（1）表布（金丝绒）50cm × 50cm。

（2）棉布衬 50cm × 50cm。

（3）幅宽 22cm 面纱，用量 85cm。

（4）幅宽 3.6cm 饰带，用量 120cm。

（5）幅宽 1.8cm 帽口条，用量 56cm。

（6）棉卷金属丝 53cm、45cm 各 1 根。

（7）金属管 2 个，梳卡 2 个。

2. 制作工艺

（1）表布和棉布衬各裁剪 1 片并且斜纱下裁，帽子长 54cm，后中心距边 0.5cm 为缝头，如图 7-22（a）所示。

（2）把衬与表布的里面重合，在中心手针临时固定。然后在布端上下距边 0.2cm 机缝固定表布和衬，像图那样从上侧往下 1.5cm（A）、3cm（B）、6cm（C）的位置分别画印，如图 7-22（b）所示。

（3）缝合后中心，缝头劈开，如图 7-22（c）所示。

（4）把 2 根棉卷金属丝分别弯成环形。金属丝头的连结方法有金属管的方法和用线固定，如图 7-22（d）所示。

（5）把 53cm 的金属丝环放到 A 印的位置，布端下折包住金属丝，距布边 0.5cm 的位置机缝一周，如图 7-22（e）所示。

（6）在 B 的位置放入 45cm 的金属丝环，由于金属丝的一周比布的小，要先在 B 的位置用指尖上下伸布使之变细，然后从下侧套入金属丝，如图 7-22（f）所示。

（7）在 C 的位置以下按 C 印向上折，上侧按 45cm 金属丝 B 的位置向下折，整个翻向表面，C 的位置就是帽子的帽围线，如图 7-22（g）所示。

（8）把帽口条按帽围尺寸绕成圈儿，绱在帽围线上，帽口条在帽围线内侧进去 0.5cm 固定。类似这种帽子都是很浅的，为了佩戴稳定在帽围线内侧需要固定梳卡、别针、或是圆松紧带（黑色）。梳卡、别针是在两侧，松紧带是在两侧向前 1cm 的位置固定，如图 7-22（h）所示。

（9）把饰带两端缝合成环形，波浪形拱针缝合收缩成花环。固定饰带时后中心比齐对好，弧线形的固定，注意花环的造型，并且固定的针迹不要太明显，如图 7-22（i）所示。

（10）制作面纱。用同色或是透明的线把面纱缝成圈儿，缝头倒向一侧。上面距边 0.5cm 拱针缝使之收缩，然后用熨斗轻轻烫平。其次翻向表面，在后中心拼缝的位置从下面 15cm 开始拱针，收缩成 2cm，如图 7-22（j）所示。

（11）面纱的中心与帽子的中心相吻合，一边注意面纱不要附在面颜上，一边在帽子的上部固定几点，如图 7-22（k）所示。

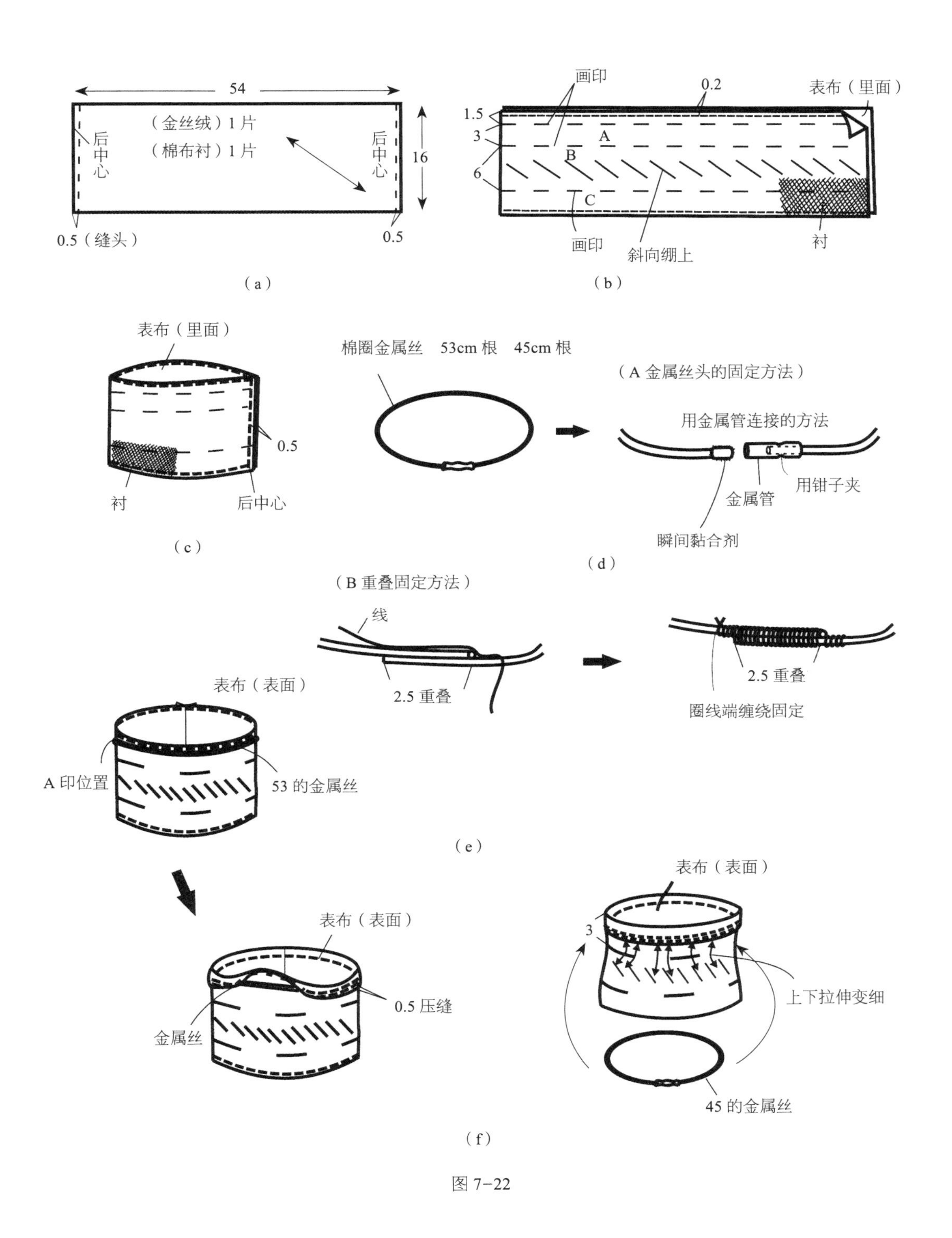
54
（金丝绒）1 片
（棉布衬）1 片
后中心
后中心
16
0.5（缝头）
0.5
(a)
画印
0.2
表布（里面）
1.5
3
6
A
B
C
画印
斜向绷上
衬
(b)
表布（里面）
0.5
衬
后中心
(c)
棉圈金属丝 53cm 根 45cm 根
（A 金属丝头的固定方法）
用金属管连接的方法
用钳子夹
金属管
瞬间黏合剂
(d)
（B 重叠固定方法）
线
2.5 重叠
2.5 重叠
圈线端缠绕固定
表布（表面）
A 印位置
53 的金属丝
(e)
表布（表面）
金属丝
0.5 压缝
表布（表面）
3
上下拉伸变细
45 的金属丝
(f)

图 7-22

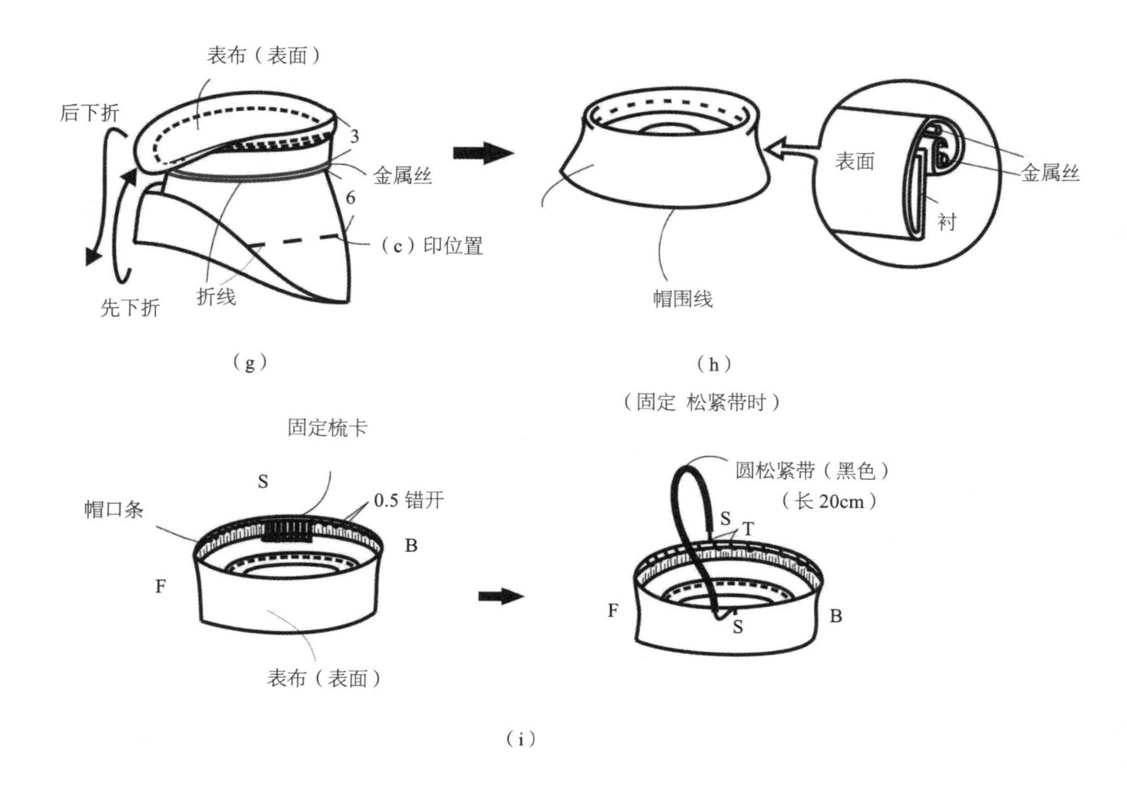
表布（表面）
后下折
3
金属丝
6
（c）印位置
先下折
折线
表面
金属丝
衬
帽围线
（g）
（h）
（固定 松紧带时）
固定梳卡
S
帽口条
0.5 错开
B
F
表布（表面）
圆松紧带（黑色）
（长 20cm）
S
T
F
S
B
（i）

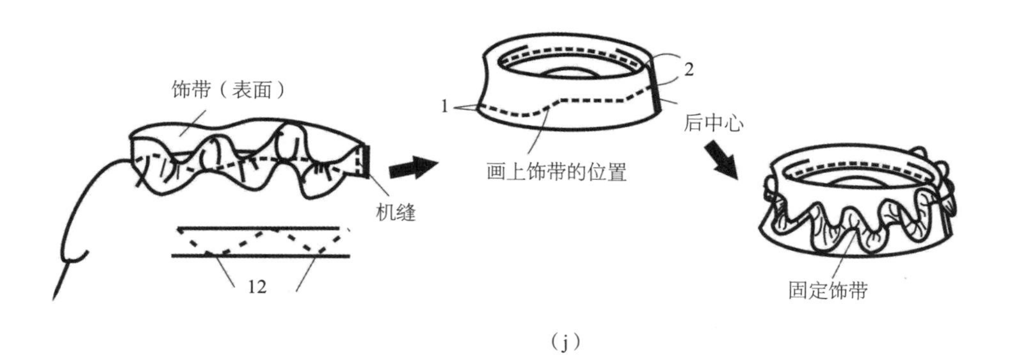
饰带（表面）
机缝
12
1
2
后中心
画上饰带的位置
固定饰带
（j）

图 7-22

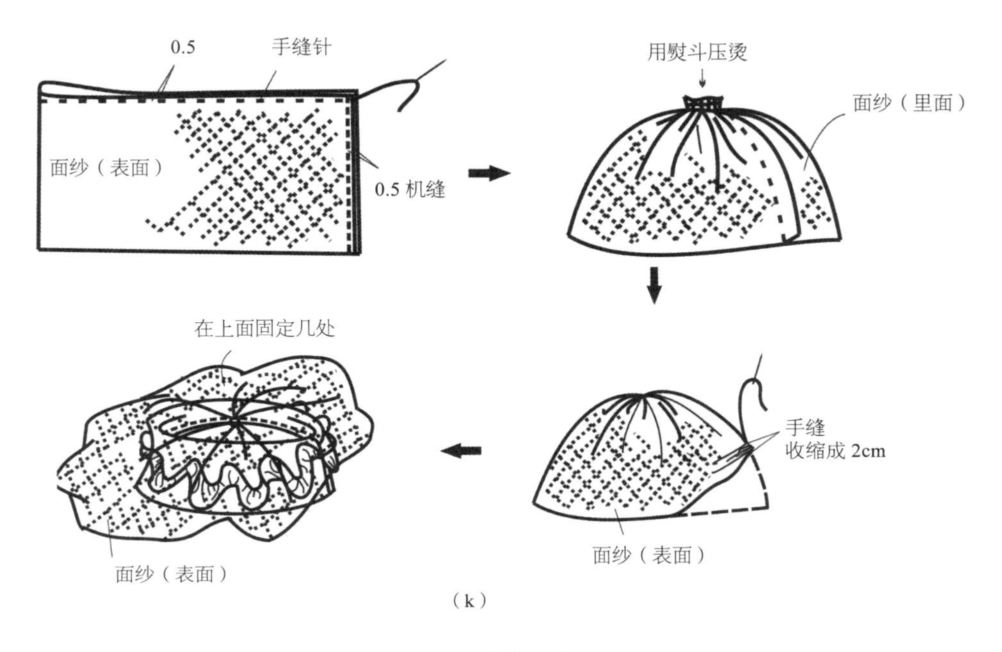

（k）

图 7-22　制作工艺

二、帽子的质量检验

帽子的质量一般从规格、造型、用料、制作几方面来检验。

（1）规格尺寸应符合标准要求；造型应美观大方，结构合理，各部位对称或协调；用料应符合要求。

（2）单色帽各部位应色泽一致，花色帽各部位应色泽协调；经纬纱无错向、偏斜、面料元明显残疵；皮面毛整齐、无掉毛、虫蛀现象；辅件齐全；帽檐有一定硬度。

（3）帽子各部件位置应符合要求，缝线整齐，与面料配色合理，无开线、松线和连续跳针现象；绱帽口无明显偏头凹腰，绱帽檐端正，卡住适合。

（4）棉帽内的棉花应铺匀，纳线疏密合适；帽上装饰件应端正、协调；绣花花型不走型，不起皱；整烫平服、美观，帽里无打绺现象。

（5）帽子整体洁净，无污渍、无折痕、无破损等。